中国机械工业教育协会“十四五”技工教育和职业培训规划教材

“十四五”高等职业教育公共课程类系列教材

信息技术实验指导

主　编　訾永所　容　会　邱鹏瑞

副主编　王　军　钱　民　赵云薇　王　旭　胡存林　王　竹

参　编　刘云昆　李宛鸿　陈云川　宋　浩　欧阳志平　王俊英　毕柱兰　邢玉凤
姜　维　罗玉梅　孙土土　董　娟　太梦思云　孟显富　姚　远　卢晶晶
陈鸿联　曾　秋　陈杉杉　陈　航

机械工业出版社

本书是《信息技术》的配套实训教材，内容包括计算机基础知识、Windows 10操作系统、文字处理软件Word 2019、电子表格处理软件Excel 2019、演示文稿制作软件PowerPoint 2019、信息检索、新一代信息技术概述、信息素养与社会责任、计算机网络与Internet应用、多媒体技术基础、网页设计基础、信息安全、项目管理、机器人流程自动化、程序设计基础、大数据、人工智能、云计算、现代通信技术、物联网、数字媒体、虚拟现实和区块链共23个项目。

本书配套教学资料齐全（包括教学大纲、电子课件、案例素材、教学视频、习题答案、教学题库和程序源码），适合应用型本科及高职高专院校的师生使用。

图书在版编目（CIP）数据

信息技术实验指导 / 訾永所，容会，邱鹏瑞主编. —北京：机械工业出版社，2022.9（2025.1 重印）
ISBN 978-7-111-71331-9

Ⅰ. ①信… Ⅱ. ①訾…②容…③邱… Ⅲ. ①电子计算机－教学参考资料 Ⅳ. ① TP3

中国版本图书馆CIP数据核字（2022）第139028号

机械工业出版社（北京市百万庄大街22号 邮政编码100037）
策划编辑：张雁茹 责任编辑：张雁茹 王振国
责任校对：李 杉 李 婷 封面设计：张 静
责任印制：常天培
北京机工印刷厂有限公司印刷
2025年1月第1版第4次印刷
184mm×260mm · 14.25印张 · 426千字
标准书号：ISBN 978-7-111-71331-9
定价：39.80元

电话服务 网络服务
客服电话：010-88361066 机 工 官 网：www.cmpbook.com
010-88379833 机 工 官 博：weibo.com/cmp1952
010-68326294 金 书 网：www.golden-book.com
 机工教育服务网：www.cmpedu.com

本书是《信息技术》的配套实训教材，是对主教材内容的进一步加深和巩固。本书紧紧围绕党的二十大提出的“为党育人、为国育才”，办好人民满意的教育，培养更多适应经济和社会发展需要的高素质技术技能人才的新思想、新要求，根据教育部发布的《高等职业教育专科信息技术课程标准（2021 年版）》进行编写，同时兼顾全国计算机等级考试和云南省计算机等级考试要求。

本书由计算机基础知识、Windows 10 操作系统、文字处理软件 Word 2019、电子表格处理软件 Excel 2019、演示文稿制作软件 PowerPoint 2019、信息检索、新一代信息技术概述、信息素养与社会责任、计算机网络与 Internet 应用、多媒体技术基础、网页设计基础、信息安全、项目管理、机器人流程自动化、程序设计基础、大数据、人工智能、云计算、现代通信技术、物联网、数字媒体、虚拟现实和区块链共 23 个项目组成。根据《信息技术》的内容逐项设计训练项目，并融入了课程思政元素，突出实用性，注重学生实际操作能力的培养。

本书可以单独使用，也可以和《信息技术》配套同步使用。各学校可根据课时和各专业学生的实际情况，适当调整或选取相应项目进行教学。

本书由长期从事计算机基础教学的一线教师和企业工程师共同编写。昆明冶金高等专科学校訾永所、容会、邱鹏瑞任主编，昆明冶金高等专科学校王军、钱民、赵云薇、王旭、王竹及北京华晟经世信息技术股份有限公司胡存林任副主编，参加编写的人员有昆明冶金高等专科学校刘云昆、李宛鸿、陈云川、宋浩、欧阳志平、王俊英、毕柱兰、邢玉凤、姜维、罗玉梅、孙土土、董娟、太梦思云，以及北京华晟经世信息技术股份有限公司孟显富、姚远、卢晶晶、陈鸿联、曾秋、陈杉杉、陈航。项目 1 由容会、欧阳志平编写，项目 2~4 由訾永所编写，项目 5 由钱民编写，项目 6 由胡存林编写，项目 7 由陈鸿联编写，项目 8 由陈航编写，项目 9 由宋浩、罗玉梅、孙土土编写，项目 10 和项目 11 由赵云薇编写，项目 12 由孟显富编写，项目 13 由姚远编写，项目 14 由卢晶晶编写，项目 15 由邱鹏瑞、欧阳志平编写，项目 16 由陈云川编写，项目 17 由邱鹏瑞、王旭编写，项目 18 由王军、李宛鸿编写，项目 19 由王竹、刘云昆、太梦思云编写，项目 20 由曾秋编写，项目 21 由王俊英、毕柱兰、董娟编写，项目 22 由陈杉杉编写，项目 23 由邢玉凤、姜维编写。全书的大纲审定由訾永所完成，统稿及修改由容会完成。昆明冶金高等专科学校的领导对本书的编写进行了指导并给予了帮助，在此对各位领导表示衷心的感谢。

本书的教学资源包括教学大纲、电子课件、案例素材、教学视频、习题答案、教学题库和程序源码，读者可联系邮箱 573233998@qq.com 获取，也可在机械工业出版社教育服务网（http://www.cmpedu.com）下载。

由于编者水平有限，书中难免有不妥之处，恳请各位读者批评指正。

编　者

扫一扫查看
更多资源

目录 Contents

拓　展　篇

基础篇

项目 1　Project 1

计算机基础知识

回复“71331+1”
观看视频

实验 1　打字练习

一、实验目标

1. 熟悉打字的基本指法。
2. 熟悉键盘操作。
3. 熟练使用常用快捷键。
4. 熟练使用软键盘。
5. 熟悉特殊字符的录入方式。
6. 录入图片中的文字。

二、实验准备

1. 打开金山打字 2006 软件。
2. 打开 Microsoft Office 2010 软件。

三、实验内容与操作步骤

实验内容

1. 使用金山打字 2006 软件，按照打字教程，反复练习录入《社会主义核心价值观》全文，以提高打字速度。

2. 练习全角、半角的切换和输入内容。

3. 练习文本录入方式，包括复制和粘贴等。

操作步骤

1. 打字教程

按照金山打字教程的指导方法，熟练掌握键盘的运用、基本输入法切换、基本指法、标准姿势，养成良好的打字习惯，开启打字学习之旅。

（1）认识键盘　开启金山打字教程之后，其键盘功能页面如图 1-1 所示。根据图示内容，对照自己使用的键盘实物，认识键盘的功能键区、状态指示区、主键盘区、编辑键区和辅助键区。

（2）打字姿势　开启打字教程的打字姿势页面，如图 1-2 所示，对照图示内容和说明，调整好自己的打字姿势，养成良好的打字习惯，保证用正确的姿势投入到打字学习中。

按照打字姿势要求，打字时随时注意脚、腰、臂、双肘的姿势，保持身体离键盘的距离最佳，眼观文稿时身体不要跟着倾斜。

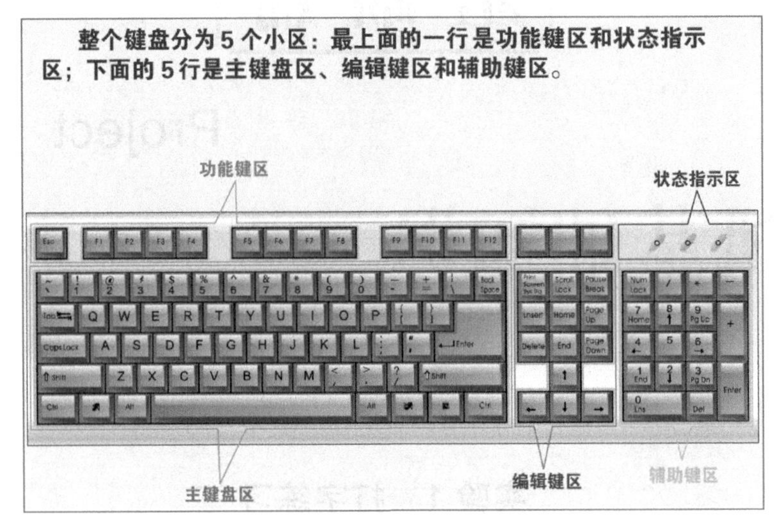

图 1-1　键盘功能页面

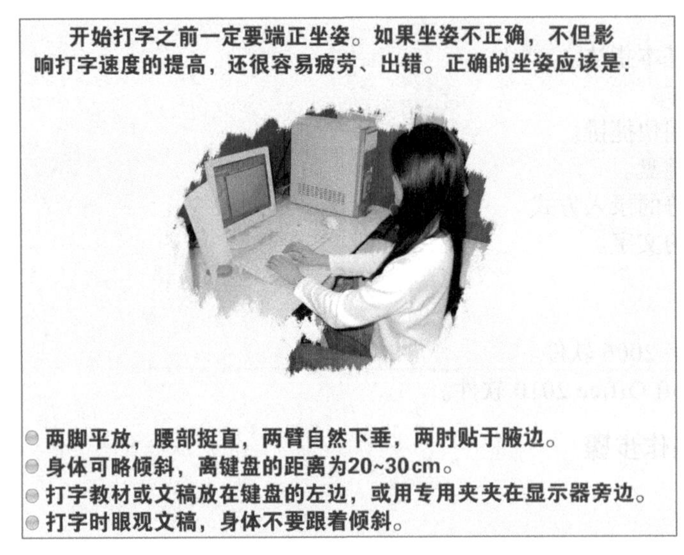

图 1-2　打字姿势页面

（3）基本指法　切换到打字教程的打字指法选项，展开打字指法详解页面，如图 1-3 所示。按照图示手指分工，把左右手放在基本键位上，不要越位。养成良好的打字习惯，各个手指均得到相应的锻炼，才是实现快速打字的基础。

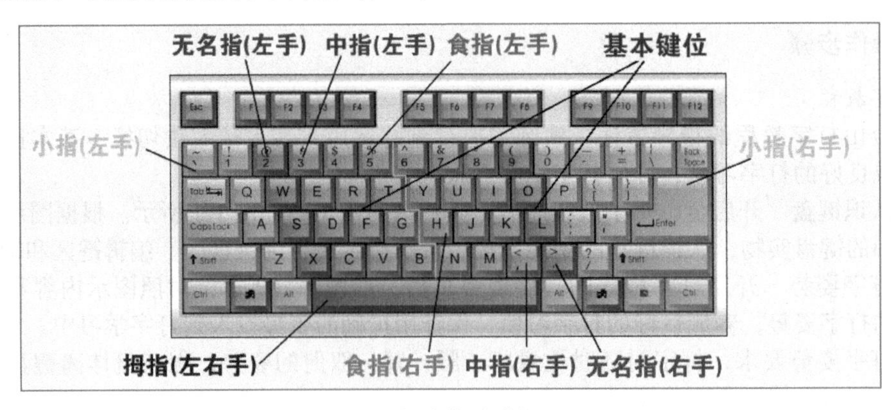

图 1-3　打字指法详解页面

（4）输入法切换　进入实际打字练习阶段，首先要记住输入法切换、中英文切换、大小写切换和上档键切换的快捷键。

输入法切换：<Ctrl+Shift> 键。

中英文切换：<Ctrl+ 空格 > 键。

大小写切换：<Caps Lock> 键。

上档键切换：<Shift> 键。

2. 全角和半角

（1）全角和半角的定义　全角是指一个字符占用两个标准字符的位置。汉字字符和规定了全角的英文字符及 GB/T 2312—1980 中的图形字符和特殊字符都是全角字符。一般的系统命令不用全角字符，只是在进行文字处理时才会使用全角字符。

半角是指一个字符占用一个标准字符的位置。通常的英文字母、数字、符号都是半角字符，半角字符的显示内码都是一个字节。在系统内部，以上 3 种字符是作为基本代码处理的，所以用户输入命令和参数时一般都使用半角字符。

（2）全角和半角的使用场合

1）全角占两个字节，半角占一个字节。

2）半角和全角主要是针对标点符号来说的，全角标点符号占两个字节，半角标点符号占一个字节，而不管是半角还是全角，汉字都要占两个字节。

3）在编写程序的源代码中只能使用半角标点符号（不包括字符串内部的数据）。

4）在不支持汉字等语言的计算机上只能使用半角标点符号。

5）对大多数字体来说，全角看起来比半角大，但这不是本质区别。

（3）全角和半角的区别

1）全角就是与汉字占等宽位置的字符。半角就是 ASCII 码中的字符。在汉字输入法没有起作用的时候输入的字母、数字和标点符号都是半角的。

2）在汉字输入法下输入的字母、数字默认为半角的，但标点符号则默认为全角的，可以通过单击输入法工具条上的相应按钮来改变。

（4）全角字符和半角字符

1）全角字符是指 GB/T 2312—1980《信息交换用汉字编码字符集 基本集》中的各种字符。

2）半角字符是指 ASCII 码中的各种字符。

3. 文本录入方式

打开 Word 文档，在录入文本的时候，一般原则是：对于用键盘没有办法录入的字符，就用软键盘录入；对于用软键盘也没有办法录入的字符，那就用插入特殊符号的方法录入字符。

（1）常用快捷键　编辑文档时还经常用到一些快捷键，见表 1-1，需要记住这些常用快捷键。

表 1-1　常用快捷键

快捷键	功能	快捷键	功能
Ctrl+X	剪切	Ctrl+S	保存
Ctrl+C	复制	Ctrl+W	关闭程序
Ctrl+V	粘贴	Ctrl+N	新建
Ctrl+A	全选	Ctrl+O	打开
Ctrl+Shift	输入法切换	Ctrl+Z	撤销
Ctrl+ 空格	中英文切换	Ctrl+F	查找
Ctrl+ 拖动文件	复制文件	Ctrl+Enter	QQ 号中发送信息
Ctrl+[	缩小文字	Ctrl+Home	光标快速移到文件头
Ctrl+]	放大文字	Ctrl+End	光标快速移到文件尾
Ctrl+B	粗体	Ctrl+Esc	显示开始菜单
Ctrl+I	斜体	Ctrl+Shift+<	快速缩小文字
Ctrl+U	下划线	Ctrl+Shift+>	快速放大文字
Ctrl+Back Space	启用 \ 关闭输入法	Ctrl+F5	在 IE 中强行刷新

（2）键盘录入

1）使用键盘主键盘区按键录入的文本，默认是小写的英文。若需要录入大写字母，按一下<Caps Lock>键，则可以在大小写间切换。大写状态开启时，键盘状态指示区对应的指示灯亮。

2）按住<Shift+该键>可以实现录入键盘主键盘区的上位键字符。

3）删除键有<Back Space>和<Delete>，前者删除光标之前的内容，后者删除光标之后的内容。

4）<Insert>键（插入/改写键）可以在改写输入和插入输入之间切换。特别注意该键的使用，因为不常用，所以万一不小心按到该键成为改写状态，一定要学会按该键切换成插入状态。

5）<Print Screen>键（印屏幕键）可以实现对当前屏幕的全屏抓取功能，抓取到的图片可以使用快捷键<Ctrl+V>快速粘贴到需要的位置。若需要对抓取的内容进行简单处理，可以打开操作系统自带的画图软件，执行<Ctrl+V>操作，在画图软件中进行简单处理。

6）<Num Lock>（键盘锁）键用于开启或关闭右侧小键盘，小键盘开启时，键盘状态指示区对应的指示灯亮。

（3）软键盘录入　有时，在键盘没有办法录入文本的情况下，就要考虑使用软键盘录入。在中文输入法状态下，右击输入法的软键盘图标，弹出软键盘界面，如图1-4所示。根据所需录入字符内容，选择相关项，可以直接用鼠标单击录入。

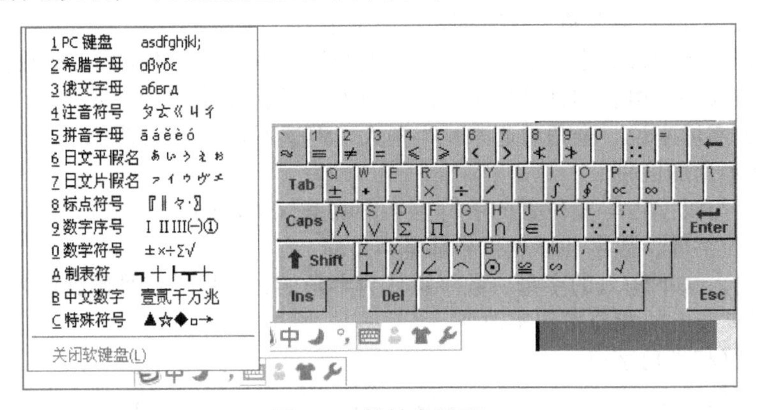

图 1-4　软键盘界面

（4）特殊符号录入　当遇到键盘和软键盘都无法录入时，我们就要考虑使用插入特殊符号的方法进行文本录入。在打开Word文档条件下，执行“插入”/“符号”/“其他符号”，开启特殊符号录入对话框，如图1-5所示。单击“符号”选项卡，在开启的下拉菜单里有许多选项，根据录入需要选择查找对应的特殊符号，选中符号后，单击“插入”即可。

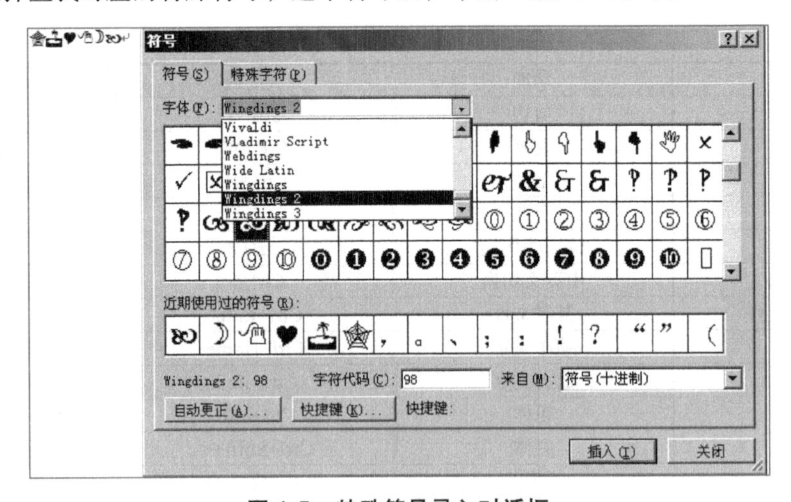

图 1-5　特殊符号录入对话框

4. 录入文字

录入图 1-6 所示文字，要求内容、格式、字符、特殊符号全部一致。

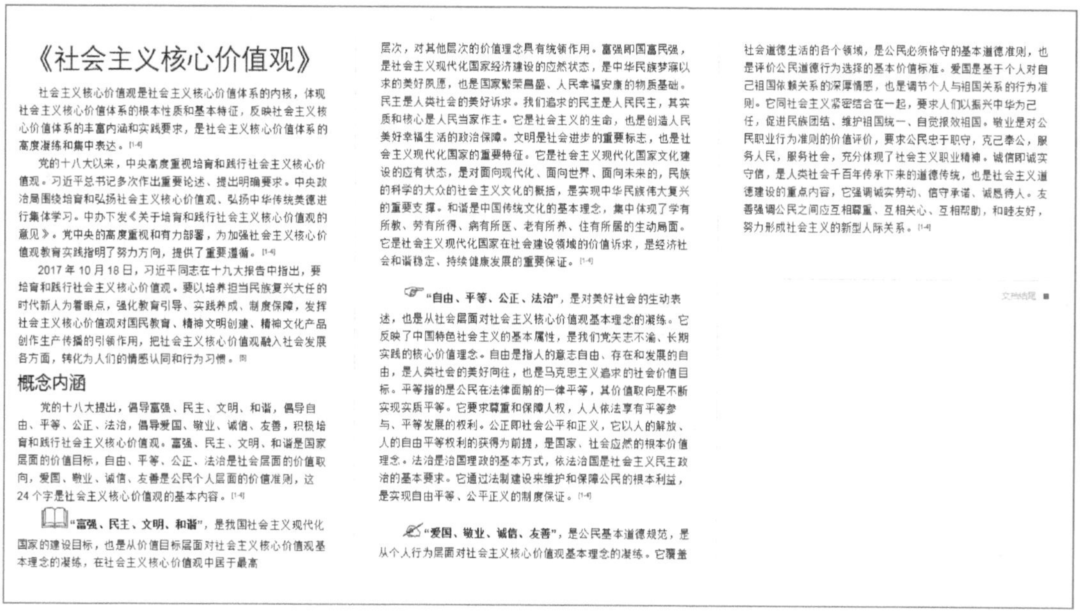

《社会主义核心价值观》

社会主义核心价值观是社会主义核心价值体系的内核，体现社会主义核心价值体系的根本性质和基本特征，反映社会主义核心价值体系的丰富内涵和实践要求，是社会主义核心价值体系的高度凝练和集中表达。[1-4]

党的十八大以来，中央高度重视培育和践行社会主义核心价值观。习近平总书记多次作出重要论述、提出明确要求。中央政治局围绕培育和弘扬社会主义核心价值观、弘扬中华传统美德进行集体学习。中办下发《关于培育和践行社会主义核心价值观的意见》。党中央的高度重视和有力部署，为加强社会主义核心价值观教育实践指明了努力方向，提供了重要遵循。[1-4]

2017 年 10 月 18 日，习近平同志在十九大报告中指出，要培育和践行社会主义核心价值观。要以培养担当民族复兴大任的时代新人为着眼点，强化教育引导、实践养成、制度保障，发挥社会主义核心价值观对国民教育、精神文明创建、精神文化产品创作生产传播的引领作用，把社会主义核心价值观融入社会发展各方面，转化为人们的情感认同和行为习惯。[5]

概念内涵

党的十八大提出，倡导富强、民主、文明、和谐，倡导自由、平等、公正、法治，倡导爱国、敬业、诚信、友善，积极培育和践行社会主义核心价值观。富强、民主、文明、和谐是国家层面的价值目标，自由、平等、公正、法治是社会层面的价值取向，爱国、敬业、诚信、友善是公民个人层面的价值准则，这 24 个字是社会主义核心价值观的基本内容。[1-4]

🕮**“富强、民主、文明、和谐”**，是我国社会主义现代化国家的建设目标，也是从价值目标层面对社会主义核心价值观基本理念的凝练，在社会主义核心价值观中居于最高层次，对其他层次的价值理念具有统领作用。富强即国富民强，是社会主义现代化国家经济建设的应然状态，是中华民族梦寐以求的美好夙愿，也是国家繁荣昌盛、人民幸福安康的物质基础。民主是人类社会的美好诉求。我们追求的民主是人民民主，其实质和核心是人民当家作主。它是社会主义的生命，也是创造人民美好幸福生活的政治保障。文明是社会进步的重要标志，也是社会主义现代化国家的重要特征。它是社会主义现代化国家文化建设的应有状态，是对面向现代化、面向世界、面向未来的，民族的科学的大众的社会主义文化的概括，是实现中华民族伟大复兴的重要支撑。和谐是中国传统文化的基本理念，集中体现了学有所教、劳有所得、病有所医、老有所养、住有所居的生动局面。它是社会主义现代化国家在社会建设领域的价值诉求，是经济社会和谐稳定、持续健康发展的重要保证。[1-4]

☞**“自由、平等、公正、法治”**，是对美好社会的生动表述，也是从社会层面对社会主义核心价值观基本理念的凝练。它反映了中国特色社会主义的基本属性，是我们党矢志不渝、长期实践的核心价值理念。自由是指人的意志自由、存在和发展的自由，是人类社会的美好向往，也是马克思主义追求的社会价值目标。平等指的是公民在法律面前的一律平等，其价值取向是不断实现实质平等。它要求尊重和保障人权，人人依法享有平等参与、平等发展的权利。公正即社会公平和正义，它以人的解放、人的自由平等权利的获得为前提，是国家、社会应然的根本价值理念。法治是治国理政的基本方式，依法治国是社会主义民主政治的基本要求。它通过法制建设来维护和保障公民的根本利益，是实现自由平等、公平正义的制度保证。[1-4]

✍**“爱国、敬业、诚信、友善”**，是公民基本道德规范，是从个人行为层面对社会主义核心价值观基本理念的凝练。它覆盖社会道德生活的各个领域，是公民必须恪守的基本道德准则，也是评价公民道德行为选择的基本价值标准。爱国是基于个人对自己祖国依赖关系的深厚情感，也是调节个人与祖国关系的行为准则。它同社会主义紧密结合在一起，要求人们以振兴中华为己任，促进民族团结、维护祖国统一、自觉报效祖国。敬业是对公民职业行为准则的价值评价，要求公民忠于职守，克己奉公，服务人民，服务社会，充分体现了社会主义职业精神。诚信即诚实守信，是人类社会千百年传承下来的道德传统，也是社会主义道德建设的重点内容，它强调诚实劳动、信守承诺、诚恳待人。友善强调公民之间应互相尊重、互相关心、互相帮助，和睦友好，努力形成社会主义的新型人际关系。[1-4]

文档结尾 ■

图 1-6　社会主义核心价值观

《社会主义核心价值观》

社会主义核心价值观是社会主义核心价值体系的内核，体现社会主义核心价值体系的根本性质和基本特征，反映社会主义核心价值体系的丰富内涵和实践要求，是社会主义核心价值体系的高度凝练和集中表达。[1-4]

党的十八大以来，中央高度重视培育和践行社会主义核心价值观。习近平总书记多次作出重要论述、提出明确要求。中央政治局围绕培育和弘扬社会主义核心价值观、弘扬中华传统美德进行集体学习。中办下发《关于培育和践行社会主义核心价值观的意见》。党中央的高度重视和有力部署，为加强社会主义核心价值观教育实践指明了努力方向，提供了重要遵循。[1-4]

2017 年 10 月 18 日，习近平同志在十九大报告中指出，要培育和践行社会主义核心价值观。要以培养担当民族复兴大任的时代新人为着眼点，强化教育引导、实践养成、制度保障，发挥社会主义核心价值观对国民教育、精神文明创建、精神文化产品创作生产传播的引领作用，把社会主义核心价值观融入社会发展各方面，转化为人们的情感认同和行为习惯。[5]

概念内涵

党的十八大提出，倡导富强、民主、文明、和谐，倡导自由、平等、公正、法治，倡导爱国、敬业、诚信、友善，积极培育和践行社会主义核心价值观。富强、民主、文明、和谐是国家层面的价值目标，自由、平等、公正、法治是社会层面的价值取向，爱国、敬业、诚信、友善是公民个人层面的价值准则，这 24 个字是社会主义核心价值观的基本内容。[1-4]

🕮**“富强、民主、文明、和谐”**，是我国社会主义现代化国家的建设目标，也是从价值目标层面对社会主义核心价值观基本理念的凝练，在社会主义核心价值观中居于最高层次，对其他层次的价值理念具有统领作用。富强即国富民强，是社会主义现代化国家经济建设的应然状态，是中华民族梦寐以求的美好夙愿，也是国家繁荣昌盛、人民幸福安康的物质基础。民主是人类社会的美好诉求。我们追求的民主是人民民主，其实质和核心是人民当家作主。它是社会主义的生命，也是创造人民美好幸福生活的政治保障。文明是社会进步的重要标志，也是社会主义现代化国家的重要特征。它是社会主义现代化国家文化建设的应有状态，是对面向现代化、面向世界、面向未来的，民族的科学的大众的社会主义文化的概括，是实现中华民族伟大复兴的重要支撑。和谐是中国传统文化的基本理念，集中体现了学有所教、劳有所得、病有所医、老有所养、住有所居的生动局面。它是社会主义现代化国家在社会建设领域的价值诉求，是经济社会和谐稳定、持续健康发展的重要保证。[1-4]

☞**“自由、平等、公正、法治”**，是对美好社会的生动表述，也是从社会层面对社会主义核心价值观基本理念的凝练。它反映了中国特色社会主义的基本属性，是我们党矢志不渝、长期实践的核心价值理念。自由是指人的意志自由、存在和发展的自由，是人类社会的美好向往，也是马克思主义追求的社会价值目标。平等指的是公民在法律面前的一律平等，其价值取向是不断实现实质平等。它要求尊重和保障人权，人人依法享有平等参与、平等发展的权利。公正即社会公平和正义，它以人的解放、人的自由平等权利的获得为前提，是国家、社会应然的根本价值理念。法治是治国理政的基本方式，依法治国是社会主义民主政治的基本要求。它通过法制建设来维护和保障公民的根本利益，是实现自由平等、公平正义的制度保证。[1-4]

✍**“爱国、敬业、诚信、友善”**，是公民基本道德规范，是从个人行为层面对社会主义核心价值观基本理念的凝练。它覆盖社会道德生活的各个领域，是公民必须恪守的基本道德准则，也是评价公民道德行为选择的基本价值标准。爱国是基于个人对自己祖国依赖关系的深厚情感，也是调节个人与祖国关系的行为准则。它同社会主义紧密结合在一起，要求人们以振兴中华为己任，促进民族团结、维护祖国统一、自觉报效祖国。敬业是对公民职业行为准则的价值评价，要求公民忠于职守，克己奉公，服务人民，服务社会，充分体现了社会主义职业精神。诚信即诚实守信，是人类社会千百年传承下来的道德传统，也是社会主义道德建设的重点内容，它强调诚实劳动、信守承诺、诚恳待人。友善强调公民之间应互相尊重、互相关心、互相帮助，和睦友好，努力形成社会主义的新型人际关系。[1-4]

四、任务扩展

1. 使用五笔输入法练习打字。
2. 使用打字游戏练习打字。

实验 2　数制计算

一、实验目标

1. 熟练掌握十进制与 N 进制之间相互转换的方式。
2. 熟练掌握二进制、八进制、十六进制之间的相互转换。
3. 熟练掌握原码、反码、补码的计算。
4. 熟悉 ACSII 码的编码规则。

二、实验准备

1. 熟悉数制转换的方法。
2. 熟悉 ASCII 码的编码规则。

三、实验内容及操作步骤

实验内容

1. 将“课程思政”和“家国情怀”分别注音（提示：用软键盘录入拼音的声调），填在横线上。

____

2. 已知小写字母“e”的ASCII码为0110 0101，根据ASCII码的编码规则，将其余25个小写字母的ASCII码计算出来，填在横线上。

a的ASCII码 = e的ASCII码 −4，即________
b的ASCII码 = e的ASCII码 −3，即________
c的ASCII码 = e的ASCII码 −2，即________
d的ASCII码 = e的ASCII码 −1，即________
f的ASCII码 = e的ASCII码 +1，即________
g的ASCII码 = e的ASCII码 +2，即________
h的ASCII码 = e的ASCII码 +3，即________
i的ASCII码 = e的ASCII码 +4，即________
j的ASCII码 = e的ASCII码 +5，即________
k的ASCII码 = e的ASCII码 +6，即________
l的ASCII码 = e的ASCII码 +7，即________
m的ASCII码 = e的ASCII码 +8，即________
n的ASCII码 = e的ASCII码 +9，即________
o的ASCII码 = e的ASCII码 +10，即________
p的ASCII码 = e的ASCII码 +11，即________
q的ASCII码 = p的ASCII码 +1，即________
r的ASCII码 = p的ASCII码 +2，即________
s的ASCII码 = p的ASCII码 +3，即________
t的ASCII码 = p的ASCII码 +4，即________
u的ASCII码 = p的ASCII码 +5，即________
v的ASCII码 = p的ASCII码 +6，即________
w的ASCII码 = p的ASCII码 +7，即________
x的ASCII码 = p的ASCII码 +8，即________
y的ASCII码 = p的ASCII码 +9，即________
z的ASCII码 = p的ASCII码 +10，即________

3. 将“课程思政”拼音的每个字母（小写）用ASCII码编码表示出来并转换成八进制和十六进制，结果填在表1-2对应的位置。

表1-2 “课程思政”拼音的数制转换

项目	二进制	八进制	十六进制
k对应的ASCII码			
e对应的ASCII码			
c对应的ASCII码			
h对应的ASCII码			
e对应的ASCII码			
n对应的ASCII码			

（续）

项目	二进制	八进制	十六进制
g 对应的 ASCII 码			
s 对应的 ASCII 码			
i 对应的 ASCII 码			
z 对应的 ASCII 码			
h 对应的 ASCII 码			
e 对应的 ASCII 码			
n 对应的 ASCII 码			
g 对应的 ASCII 码			

4. 求出表 1-3 中所给数字的原码、反码、补码，结果填在表中对应位置。

表 1-3　原码、反码、补码

原始数据（二进制）	原码（二进制）	反码（十六进制）	补码（八进制）	备注
01011011101				最高位为符号位，0 表示正数，1 表示负数
10111010111				
10011011011				
10110111110				
01111011110				

四、任务扩展

1. 把十六进制数 98DCEA 转化成八进制数和二进制数。
2. 把十进制数 89.25 转化为二进制数。

实验 3　计算机拆装

一、实验目标

1. 了解计算机的硬件构成。
2. 熟练掌握计算机的拆卸方法和要点。
3. 熟练掌握计算机的安装方法和要点。
4. 学会组装计算机。

二、实验准备

1. 熟悉计算机的构成和硬件知识。
2. 有完整部件的计算机 1 台。
3. 螺钉旋具套装、毛刷、干净的擦拭布等。

三、实验内容及操作步骤

实验内容

了解计算机的 CUP、主板、内存条、显卡等主要部件，熟悉主板各个插槽的作用和接线柱的识别，掌握计算机组装技术。

操作步骤

1. 计算机拆卸

1）拔掉与机箱连接的各种数据线，包括显示器、键盘、鼠标等。

2）用螺钉旋具拧下机箱侧面板的螺钉，拆开机箱。

3）拔掉主板上的数据线和电源线，注意记住它们的位置。

4）依次把主板上的内存条、显卡、声卡、网卡、CPU 风扇和 CPU 拆下。拆卸内存条、显卡时要把两边的卡子放到底，否则容易损坏内存条、显卡及主板接口。

5）拆卸主板时，注意工具不要划伤主板。

6）拆卸硬盘、光驱。

2. 计算机组装

1）安装电源。

2）安装 CPU 和 CPU 风扇、内存条到主板。

3）固定主板整体到机箱。

4）连接电源线，连接机箱面板上的开关和指示灯。

5）安装硬盘、光驱、显卡和声卡。

6）连接显示器、音箱、键盘、鼠标和打印机等。

7）通电测试。

单元习题

一、单选题

1. 从性能和电子元器件角度看，计算机已经历了（　　）代变化。

A. 2　　B. 3　　C. 4　　D. 5

2. 计算机硬件系统中，被称为计算机的“大脑”的是（　　）。

A. CPU　　B. 内存　　C. 运算器　　D. 控制器

3. 整数 7 转换为二进制数是（　　）。

A. 7　　B. 111　　C. 101　　D. 110

4. 在微型计算机中，将 CPU、存储器、输入和输出设备等硬件连接在一起的是（　　）。

A. 电缆线　　B. I/O 接口　　C. 扩展槽　　D. 总线

5. 下列选项中，不属于计算机病毒特征的是（　　）。

A. 破坏性　　B. 免疫性　　C. 传染性　　D. 潜伏性

二、填空题

1. 计算机系统由________系统和________系统两大部分组成。

2. 计算机硬件系统由________、________、________、________和________5 大部件组成。

3. 计算机软件系统按功能通常分为________软件和________软件两大类。

4. 硬盘可分为________硬盘和________硬盘。

5. 十进制数 −27 对应的 8 位二进制补码为________。

三、简答题

1. 冯·诺依曼体系结构的基本思想是什么?

2. 计算机病毒的防范措施有哪些?

3. 简述计算思维的概念和特征。

2 Project 项目 2

Windows 10 操作系统

回复“71331+2”观看视频

实验 1 Windows 10 的基本操作和程序管理

一、实验目标

1. 掌握 Windows 10 的基本操作。
2. 掌握 Windows 10 的程序管理。
3. 掌握任务管理器的常用操作。

二、实验准备

Windows 10 操作系统。

三、实验内容及操作步骤

实验内容

1. Windows 10 的基本操作和桌面管理。
2. Windows 10 的应用程序及其管理。
3. 任务管理器的使用。

操作步骤

1. Windows 10 的基本操作和桌面管理

（1）Windows 10 的启动与退出

1）打开计算机电源开关，计算机进入自检，自动引导启动 Windows 10。

> **提示：** 打开需要使用的外部设备。

2）关闭所有正在运行的应用程序，单击“开始”菜单，单击“电源”，再单击“关机”，退出 Windows 10。

> **提示：**“电源”下还有“切换用户”“睡眠”“重启”选项。

（2）鼠标的操作 熟悉鼠标的指向、单击、双击、拖动、右击等操作，认识窗口和对话框的组成。

（3）键盘的操作 熟悉键盘的组成及键位指法。

（4）Windows 10 的桌面管理

1）将“计算器”固定到“开始”屏幕。单击“开始”菜单，在第二列程序列表区找到“计算器”，右击，在弹出的快捷菜单中选择“固定到‘开始’屏幕”，如图 2-1 所示，即可在右侧“开始”屏幕显示“计算器”，方便快速打开应用。

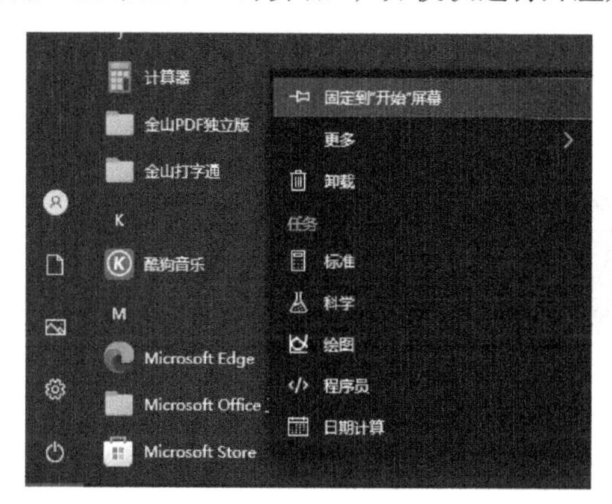

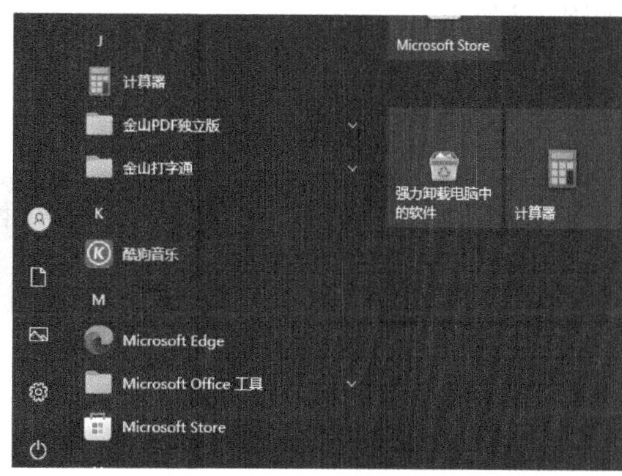

图 2-1　将“计算器”固定到“开始”屏幕

2）在桌面上创建“记事本”的快捷方式。单击“开始”菜单，在第二列程序列表区找到“记事本”，右击，在弹出的快捷菜单中选择“更多”/“打开文件位置”，如图 2-2 所示。

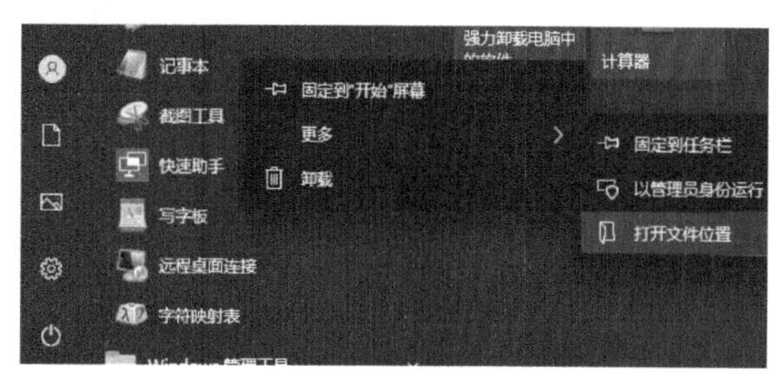

图 2-2　选择“打开文件位置”

找到“记事本”，右击，在弹出的快捷菜单中选择“发送到”/“桌面快捷方式”，如图 2-3 所示。

3）将“控制面板”图标显示在桌面上。在桌面空白处右击，在弹出的快捷菜单中选择“个性化”，如图 2-4 所示。

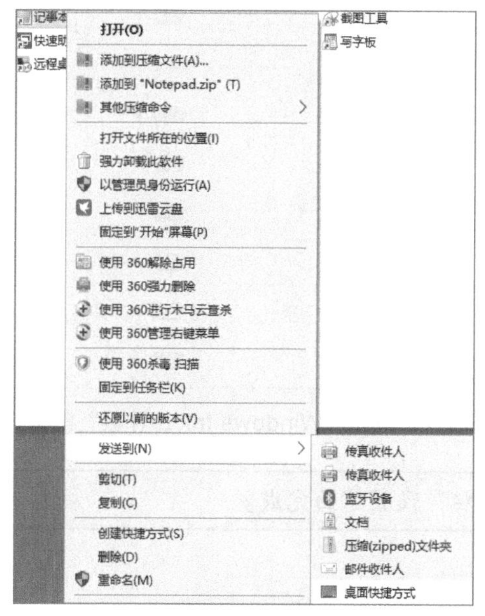

图 2-3　在桌面上创建“记事本”的快捷方式

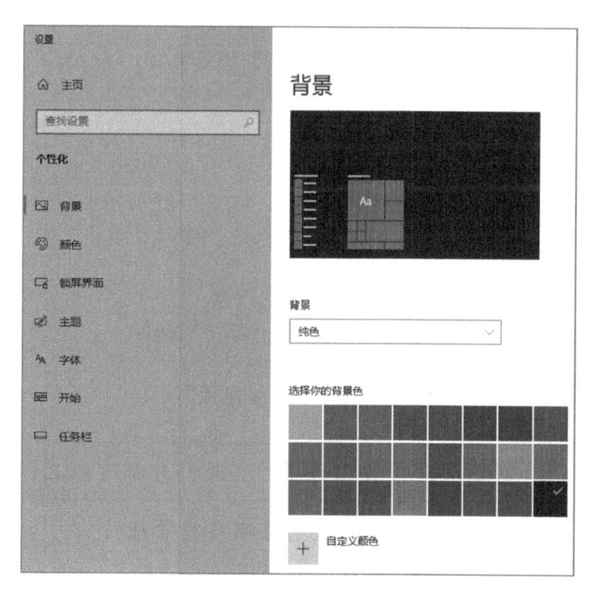

图 2-4　打开“个性化”设置

选择“主题”中的“桌面图标设置”，如图 2-5 所示。

选择“控制面板”，如图 2-6 所示，单击“确定”，设置完毕后就会在桌面上显示“控制面板”图标了。

4）将任务栏通知区域的“Windows Ink 工作区”图标关闭。在任务栏上右击，在弹出的快捷菜单中选择“任务栏设置”，在打开的对话框通知区域中选择“打开或关闭系统图标”，找到“Windows Ink 工作区”，将其设置为“关”，则“Windows Ink 工作区”图标在通知区域不再显示，如图 2-7 所示。

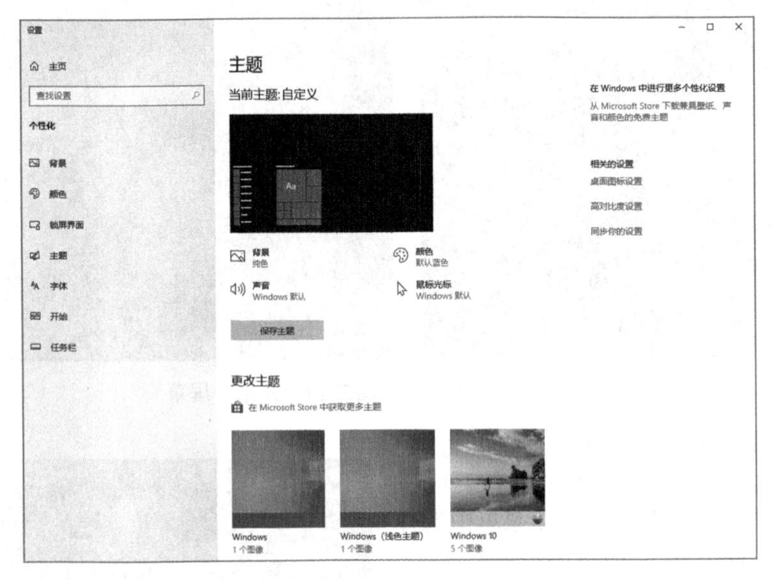

图 2-5　选择“桌面图标设置”

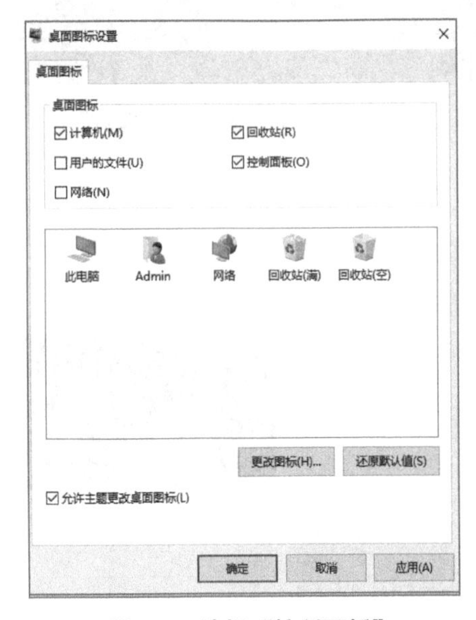

图 2-6　选择“控制面板”

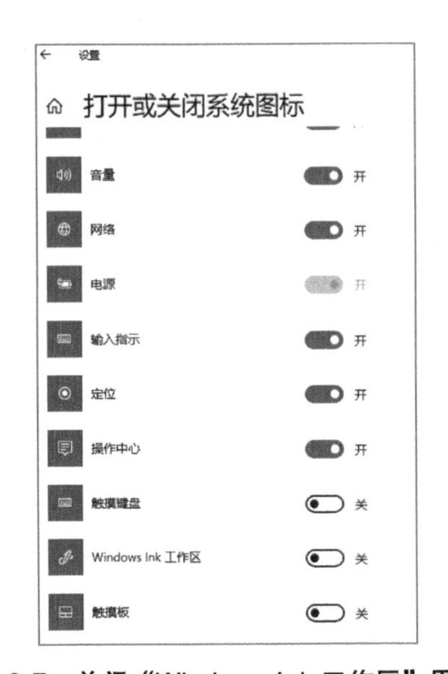

图 2-7　关闭“Windows Ink 工作区”图标

提示：对任务栏的操作，大部分都可以在“任务栏”设置下面完成。

2. Windows 10 的应用程序及其管理

（1）安装金山打字通

1）下载金山打字通，双击安装文件启动安装向导，单击“下一步”，如图 2-8 所示。

2）接受用户许可协议。单击“我接受”，如图 2-9 所示。

3）选择安装位置。单击“浏览”可设置安装位置，这里使用默认位置，直接单击“下一步”，如图 2-10 所示。

4）自动安装。在“开始菜单”文件夹窗口中，使用默认设置，单击“安装”，如图2-11所示。

图 2-8　金山打字通安装向导

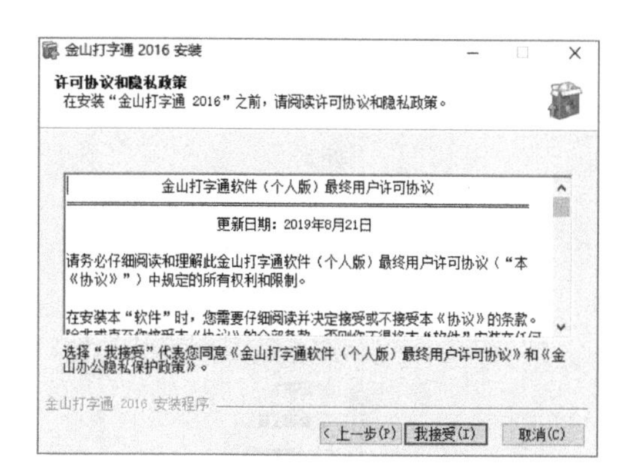

图 2-9　许可协议

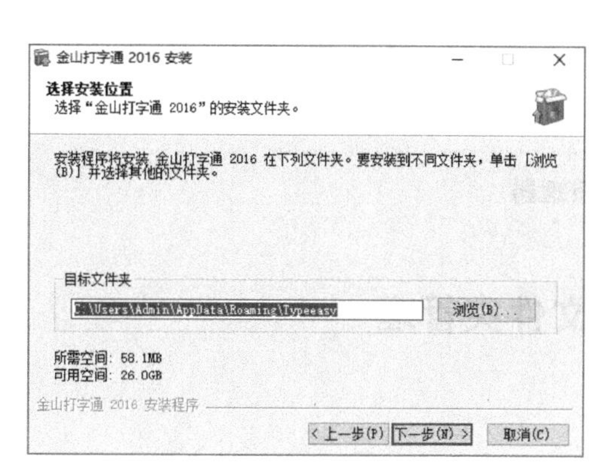

图 2-10　选择安装位置

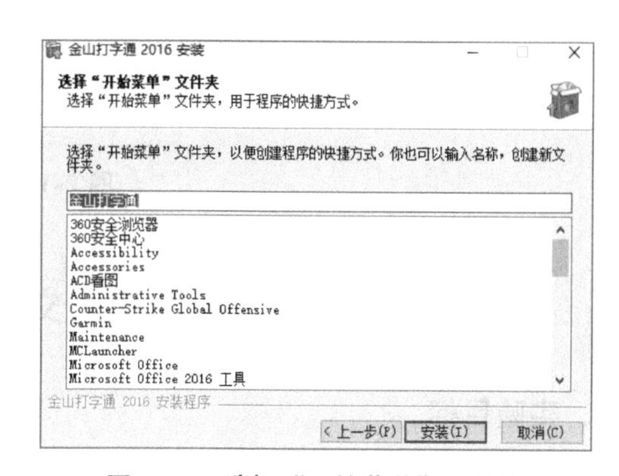

图 2-11　选择“开始菜单”文件夹

5）安装完成，如图 2-12 所示。

6）打开金山打字通即可使用，如图 2-13 所示。

图 2-12　安装完成

图 2-13　金山打字通界面

（2）任务管理器的使用

1）同时打开 Word、Excel、记事本，然后在任务栏上右击，在弹出的快捷菜单中选择“任务管理器”，如图 2-14 所示。

2）选择“记事本”，单击“结束任务”。

> **提示：**我们可以使用任务管理器查看计算机的性能，显示计算机上所运行的程序、进程，关闭应用程序，关闭未响应的应用程序。

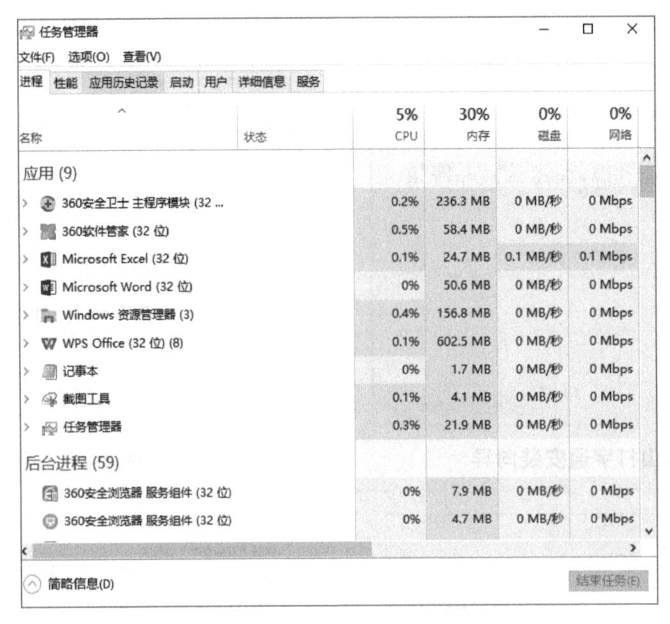

图 2-14　任务管理器

实验 2　文件和文件夹管理

一、实验目标

1. 掌握 Windows 10“此电脑”和“文件资源管理器”的应用。
2. 掌握 Windows 10 文件和文件夹的基本操作。

二、实验准备

Windows 10 操作系统。

三、实验内容及操作步骤

实验内容

1.Windows 10“此电脑”和“文件资源管理器”的使用。
2. 创建文件夹结构，对文件和文件夹进行操作。

操作步骤

1. 创建文件夹

打开“此电脑”，创建图 2-15 所示的文件夹结构。

1）双击桌面上的系统图标“此电脑”，或者在“开始”菜单右击，选择“文件资源管理器”，可打开同样的窗口。

2）单击左边导航窗格中的“(C:)”图标，显示 C 盘目录结构。

3）在右边工作区空白处右击，选择“新建”/“文件夹”，如图 2-16 所示。或者在“主页”功能区中单击“新建文件夹”进行新建，如图 2-17 所示。

4）将新建的文件夹重命名为“XXJS”，然后打开该文件夹。

5）使用同样的方法在“XXJS”文件夹里新建文件夹“WINDOWS”和“OFFICE”。

6）完全按照图 2-15 所示建立文件夹结构。

图 2-15　文件夹结构

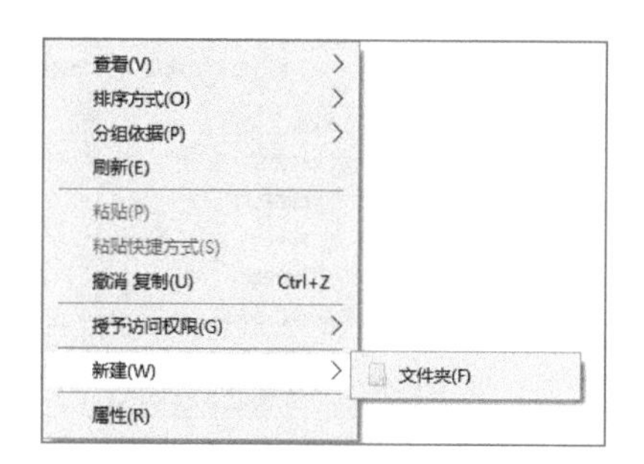

图 2-16　新建文件夹（一）

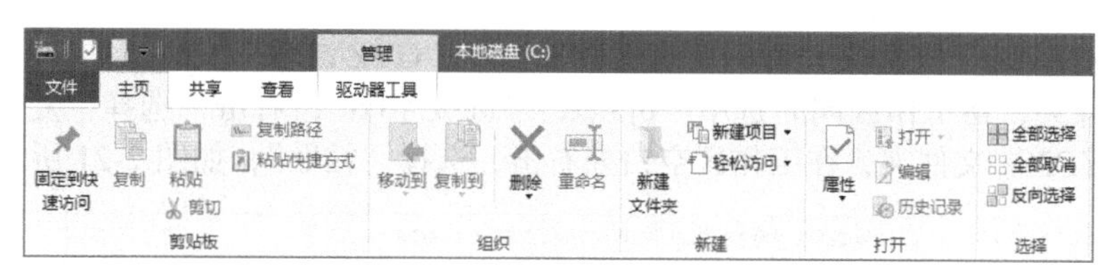

图 2-17　新建文件夹（二）

2. 文件和文件夹的选择

（1）选择连续的多个文件

1）在“PPT”文件夹下创建多个文件，如图 2-18 所示。

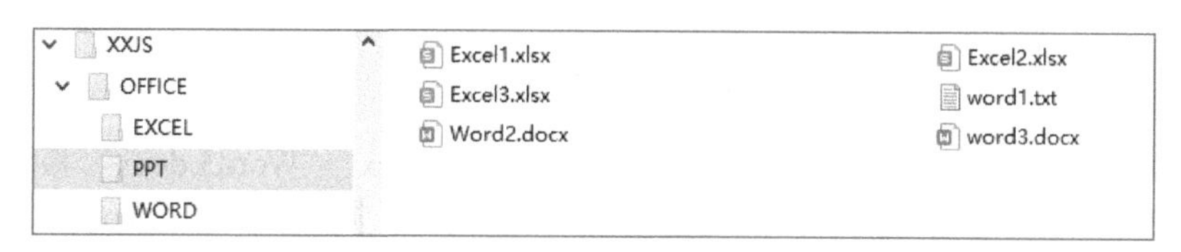

图 2-18　创建文件

2）单击“Excel3.xlsx”文件，按住 <Shift> 键不放，再单击“word3.docx”文件，操作效果为选中了“Excel3.xlsx”到“word3.docx”共 4 个文件。

（2）选择不连续的多个文件　单击“Excel3.xlsx”文件，按住 <Ctrl> 键不放，再单击“word3.docx”文件，操作效果为选中了“Excel3.xlsx”和“word3.docx”两个文件。

文件夹的选择方法同文件。

3. 文件和文件夹的重命名

（1）将图 2-15 中“KMYZ1”文件夹的名字改为“GYZYDX”　在导航窗格单击“WINDOWS”文件夹，在工作区选中“KMYZ1”文件夹，右击，选择“重命名”，将文件夹名字改为“GYZYDX”，如图 2-19 所示。

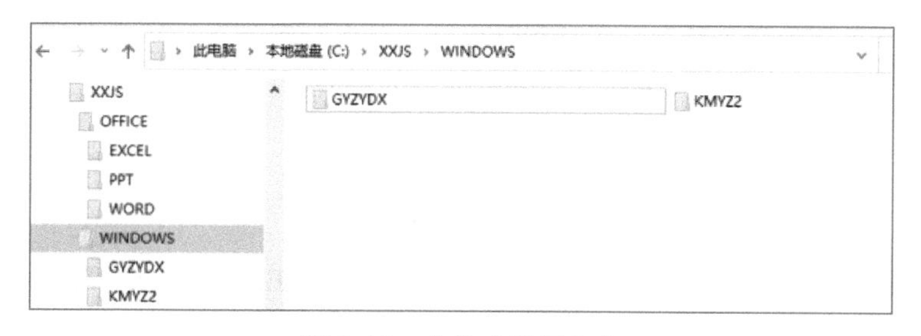

图 2-19　文件夹的重命名

（2）将“KMYZ2”文件夹里面的“班级 3.txt”改名为“bj3.txt”　在导航窗格单击“KMYZ2”文件夹，新建两个文本文件“班级 3.txt”“班级 4.txt”，在工作区中选中“班级 3.txt”文件，右击，选择“重命名”，将文件名改为“bj3.txt”，如图 2-20 所示。

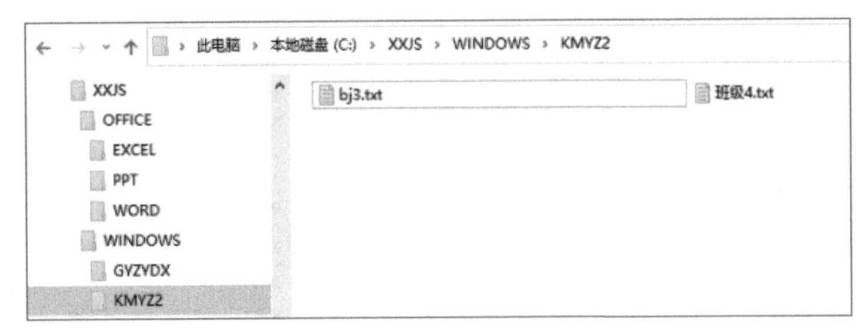

图 2-20　文件的重命名

4. 文件和文件夹的复制和移动

（1）将“KMYZ2”文件夹里面的所有文件复制到“GYZYDX”文件夹中　在导航窗格单击“KMYZ2”文件夹，在工作区同时选中“bj3.txt”“班级 4.txt”，右击，选择“复制”，在导航窗格单击“GYZYDX”文件夹，在工作区空白处右击，选择“粘贴”，如图 2-21 所示。

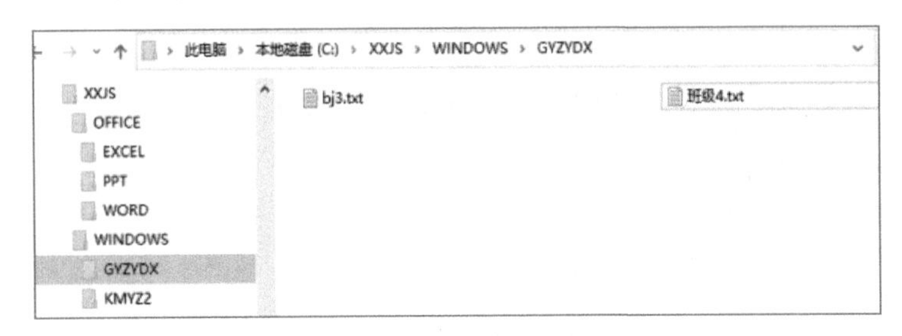

图 2-21　复制文件

（2）将“PPT”文件夹里面的“Word1.docx”“Word2.docx”“Word3.docx”移动到“WORD”文件夹中　在导航窗格单击“PPT”文件夹，在工作区同时选中“Word1.docx”“Word2.docx”“Word3.docx”，单击“主页”功能区中的“移动到”，选择最下面的“选择位置”，在弹出的对话框中找到“WORD”文件夹，选择“移动”即可，如图 2-22 所示。

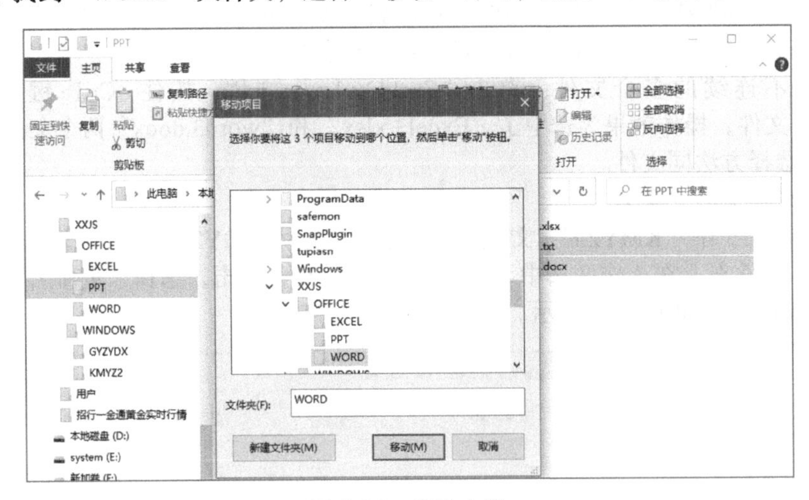

图 2-22　移动文件

（3）将“PPT”文件夹里面的“Excel1.xlsx”“Excel2.xlsx”“Excel3.xlsx”移动到“EXCEL”文件夹中　用同样的方法把“PPT”文件夹里面的“Excel1.xlsx”“Excel2.xlsx”“Excel3.xlsx”移动到“EXCEL”文件夹中。

（4）将“GYZYDX”文件夹移动到“XXJS”文件夹下　在导航窗格单击“WINDOWS”文件夹，在工作区选中“GYZYDX”文件夹，使用组合键 <Ctrl+X> 进行剪切，在导航窗格单击“XXJS”文件夹，在空白的地方使用组合键 <Ctrl+V> 进行粘贴，完成移动，如图 2-23 所示。

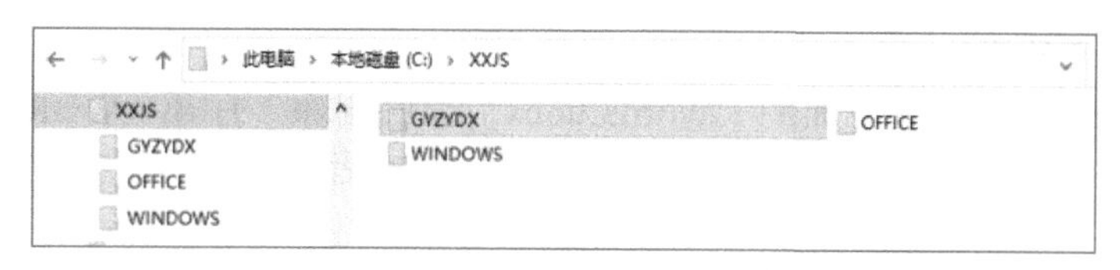

图 2-23 移动文件夹

5. 文件和文件夹属性的设置

（1）将“GYZYDX”文件夹中的“班级 4.txt”设置为只读 在导航窗格单击“GYZYDX”文件夹，在工作区中选中“班级 4.txt”，右击，选择“属性”，在属性对话框中选择“只读”，单击“确定”，如图 2-24 所示。

（2）将“EXCEL”文件夹中的“Excel1.xlsx”设置为隐藏 在导航窗格单击“EXCEL”文件夹，在工作区中选中“Excel1.xlsx”，单击“主页”功能区中的“属性”，打开对话框，选择“隐藏”，单击“确定”，如图 2-25 所示。

图 2-24 设置为只读

图 2-25 设置为隐藏

（3）将“WINDOWS”文件夹设置为只读和隐藏 使用以上方法，将“WINDOWS”文件夹设置为只读和隐藏，并将隐藏更改应用于此文件夹、子文件夹和文件，如图 2-26 所示。

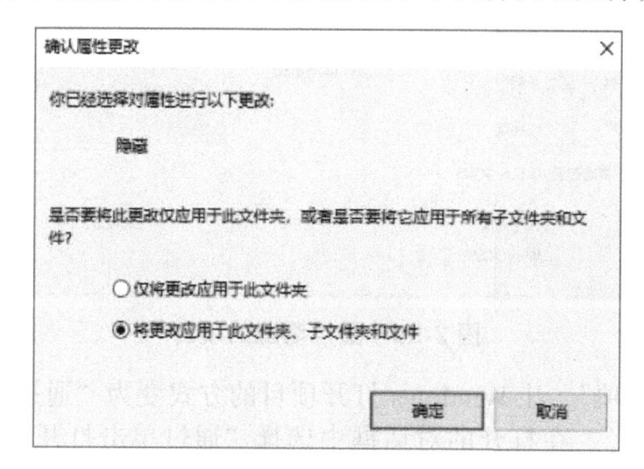

图 2-26 设置文件夹

6. 文件和文件夹的删除

（1）将“WORD”文件夹下面的“Word3.docx”彻底删除　打开“WORD”文件夹，选择“Word3.docx”，按组合键<Shift+Delete>，单击“是”，或者在“主页”功能区中选择“删除”下面的“永久删除”，彻底删除该文件，如图 2-27 所示。

（2）将“PPT”文件夹删除到回收站　在导航窗格单击“OFFICE”文件夹，在工作区中选中“PPT”文件夹，右击，选择“删除”，或者在“主页”功能区中选择“删除”下面的“回收”，将文件夹删除到回收站，如图 2-28 所示。

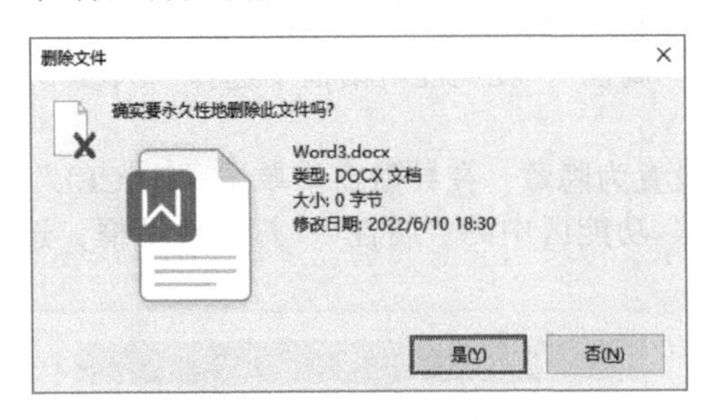

图 2-27　彻底删除文件

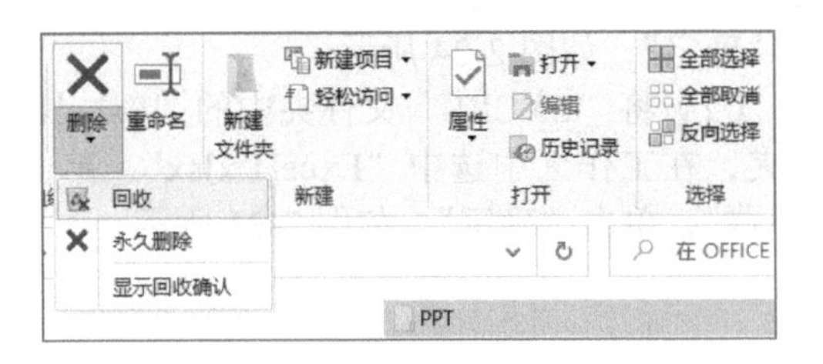

图 2-28　将文件夹删除到回收站

7. “文件夹选项”对话框的设置

（1）设置“文件夹选项”，让已知的文件扩展名不显示　在“查看”功能区中取消勾选“文件扩展名”复选框，让已知的文件扩展名不显示，如图 2-29 所示。

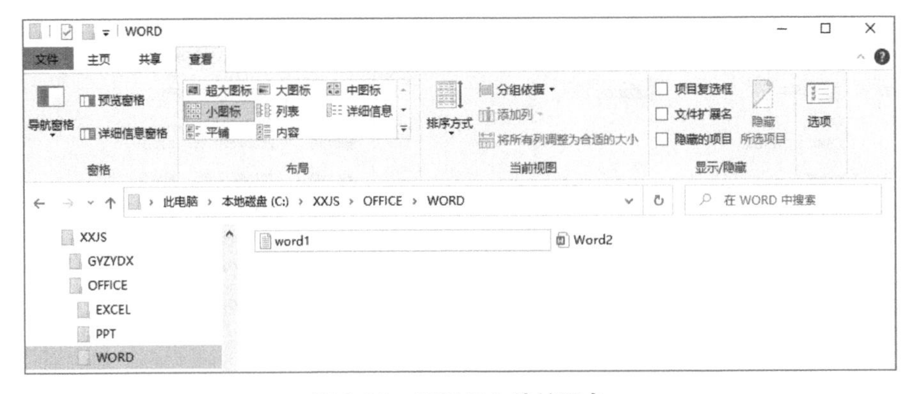

图 2-29　不显示文件扩展名

（2）设置“文件夹选项”，让隐藏的文件及文件夹显示　在“查看”功能区中勾选“隐藏的项目”复选框，刚才隐藏的文件夹“WINDOWS”出现，以淡色显示，如图 2-30 所示。

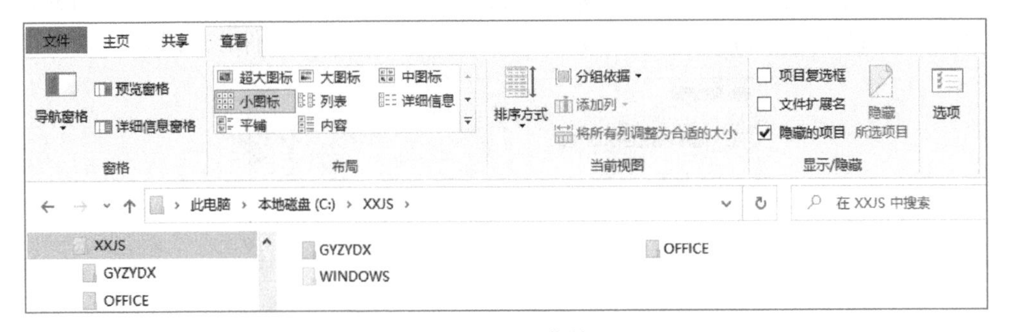

图 2-30　显示隐藏的项目

（3）设置“文件夹选项”，让 Windows 打开项目的方式变为“通过单击打开项目”　在“查看”功能区中选择“选项”，在打开的对话框中选择“通过单击打开项目”，单击“确定”，如图 2-31 所示。

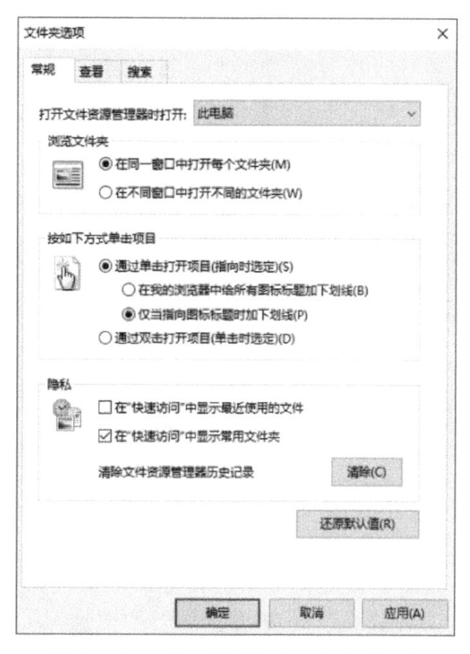

图 2-31　选择“通过单击打开项目”

实验 3　计算机管理与控制面板

一、实验目标

掌握 Windows 10 控制面板和 Windows 设置。

二、实验准备

Windows 10 操作系统。

三、实验内容及操作步骤

实验内容

1.Windows 10 控制面板界面和 Windows 设置界面的学习。
2.Windows 10 外观与个性化显示设置。
3. 查看计算机基本信息及设置虚拟内存。
4.Windows 10 磁盘管理。

操作步骤

1. 打开控制面板和 Windows 设置

（1）打开控制面板，熟悉界面及各个类别

1）双击桌面上的“控制面板”图标，或者在“开始”菜单中选择“Windows 系统”/“控制面板”，打开控制面板，如图 2-32 所示。

2）打开控制面板以后，选择不同的查看方式，熟悉各类别功能，如图 2-33 和图 2-34 所示。

（2）打开 Windows 设置，熟悉界面

1）在桌面空白地方右击，选择“显示设置”或“个性化”均可进入“Windows 设置”界面，如图 2-35 所示。

图 2-32　控制面板

图 2-33　“大图标”查看方式

图 2-34　“小图标”查看方式

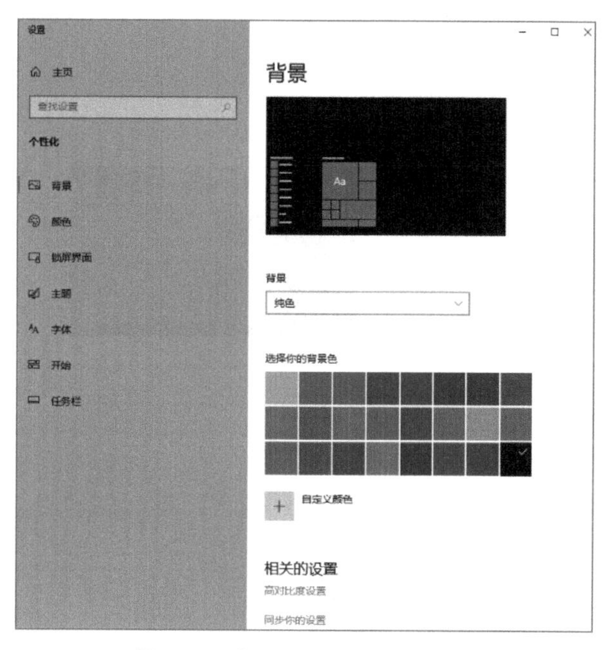

图 2-35　“Windows 设置”界面

2）单击“主页”，进入“Windows 设置”主页，熟悉各类选项的功能，如图 2-36 所示。

图 2-36　“Windows 设置”主页

> **提示：** Windows 10 的控制面板和 Windows 设置可以对 Windows 10 进行基本系统信息的查看、更改基本设置和更改辅助功能。

2. Windows 10 外观与个性化显示设置

（1）利用素材设置桌面背景

1）在桌面空白地方右击，选择“个性化”，打开 Windows 设置，如图 2-35 所示。

2）在“背景”下选择“图片”，通过浏览找到桌面图片素材，单击“选择图片”，如图 2-37 所示。

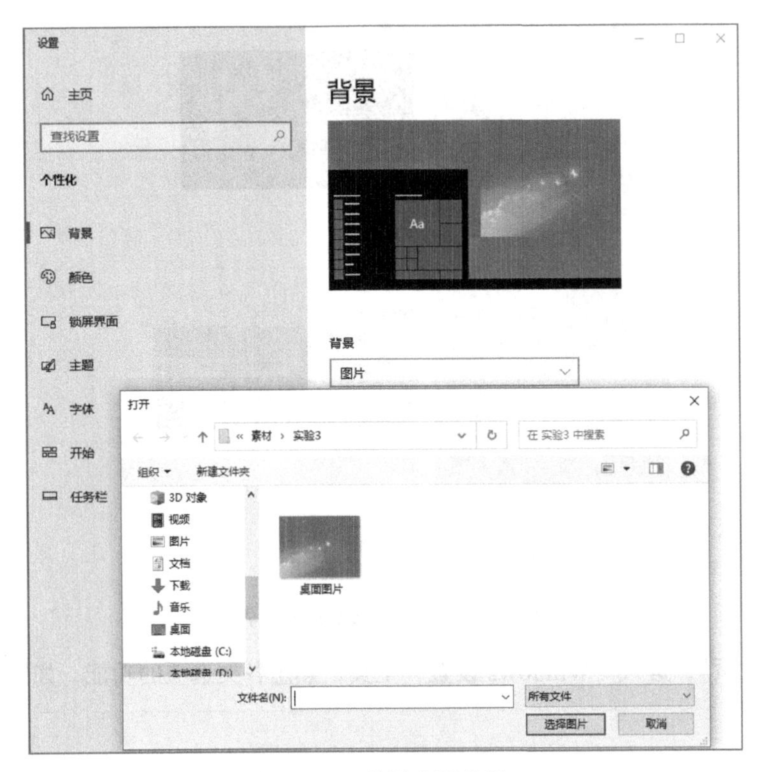

图 2-37　设置桌面背景

3）契合度选择“平铺”，如图 2-38 所示，设置完成。

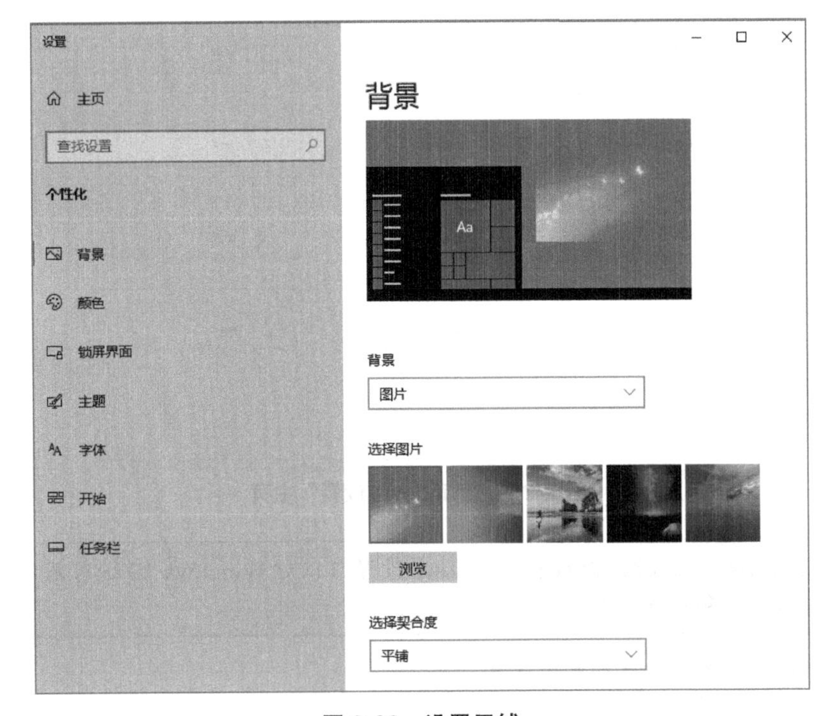

图 2-38　设置平铺

（2）设置标题栏和窗口边框为“酷蓝色”　单击左侧的“颜色”，然后勾选“标题栏和窗口边框”复选框，颜色选择“酷蓝色”，如图 2-39 所示。

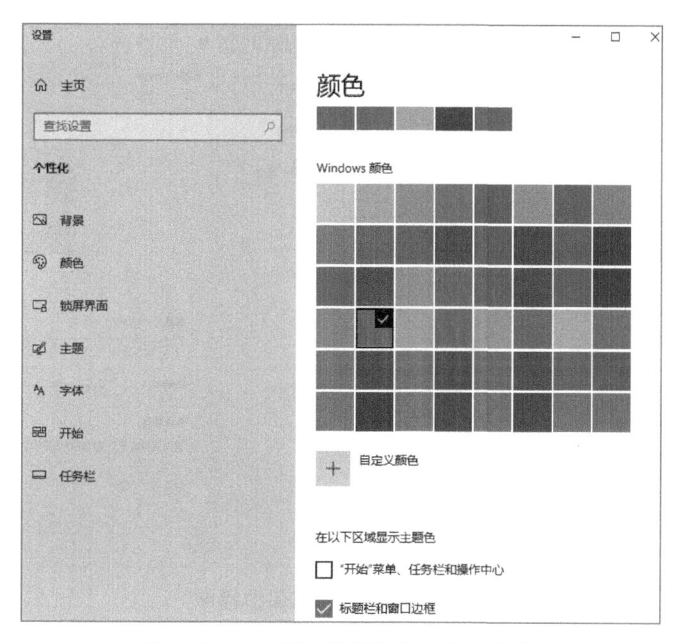

图 2-39　设置标题栏和窗口边框颜色

（3）屏幕保护程序设置为 3D 文字“学而时习之，不亦说乎”（等待时间为 3min）

1）单击左侧的“锁屏界面”，选择“屏幕保护程序设置”，如图 2-40 所示。

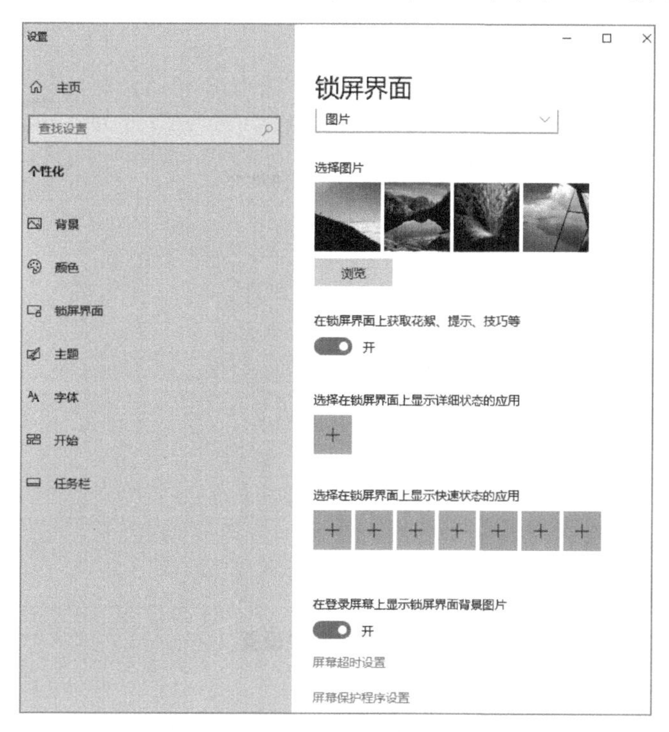

图 2-40　锁屏界面

2）设置屏幕保护程序为“3D 文字”，文本文字设为“学而时习之，不亦说乎”，等待时间设为“3 分钟”，如图 2-41 所示。

（4）设置成在接通电源的情况下，计算机经过 20min 进入睡眠状态　单击“锁屏界面”中的“屏幕超时设置”，在对话框中将“在接通电源的情况下，电脑在经过以下时间后进入睡眠状态”下的时间设为“20 分钟”，如图 2-42 所示。

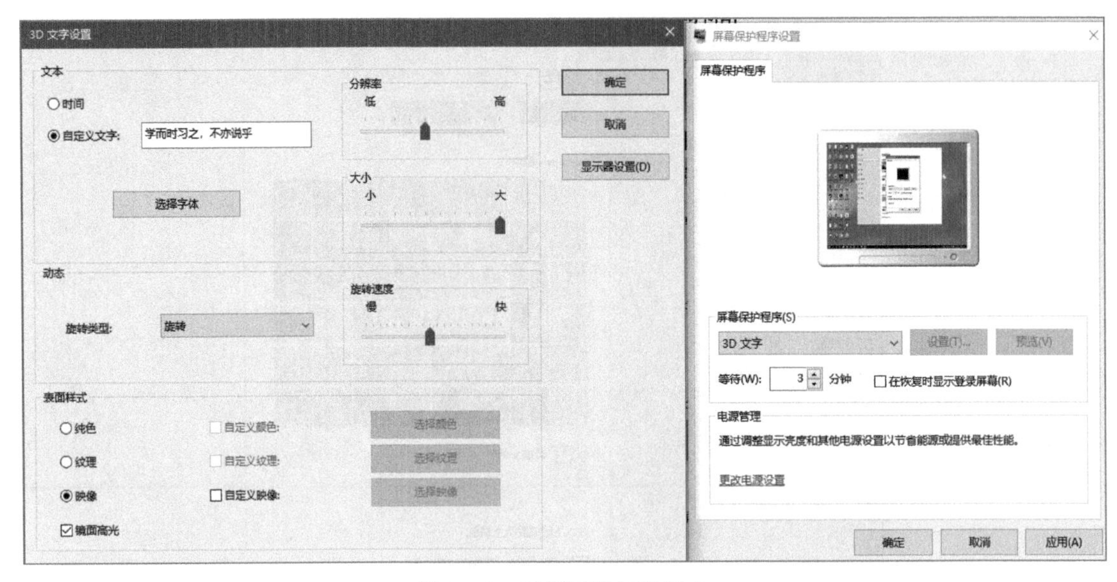

图 2-41 设置屏幕保护程序

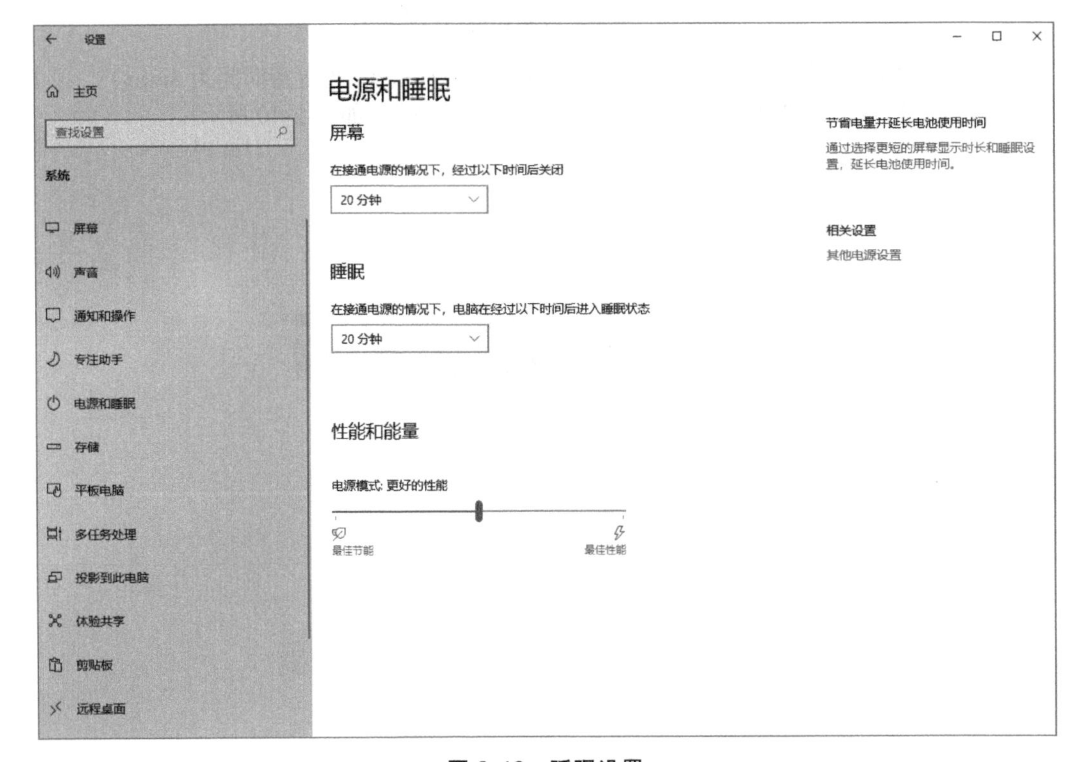

图 2-42 睡眠设置

3. 查看计算机基本信息及设置虚拟内存

（1）查看计算机基本信息 单击左侧的“关于”，即可查看计算机基本设备规格和 Windows 规格，如图 2-43 所示。

（2）设置虚拟内存

1）选择右侧的“高级系统设置”，在对话框中选择“性能”下面的“设置”，然后选择“高级”选项卡中“虚拟内存”下的“更改”，如图 2-44 所示。

2）在对话框中选择 D 盘，根据计算机情况，设置自定义大小，单击“确定”，如图 2-45 所示。设置的虚拟内存需要重新启动系统才能生效。

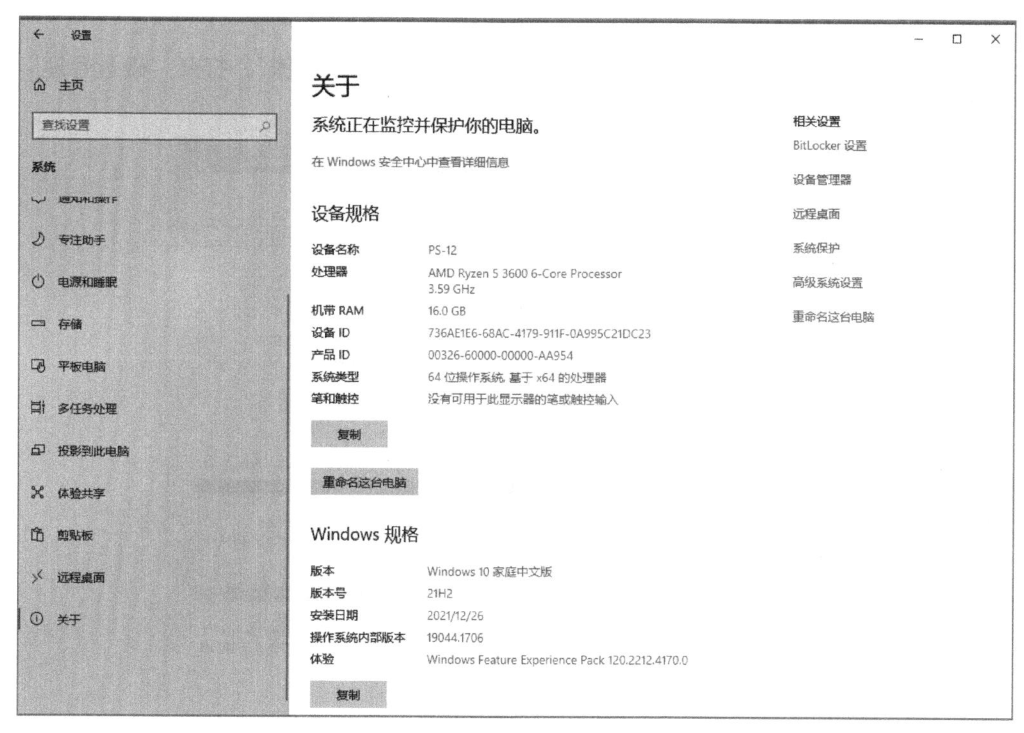

图 2-43 查看计算机基本信息

图 2-44 设置虚拟内存

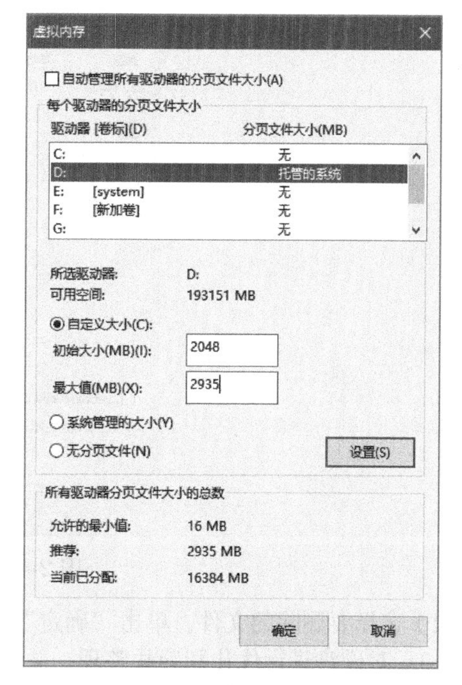

图 2-45 设置大小

4. Windows 10 磁盘管理

（1）对磁盘进行信息查看　右击“开始”菜单，选择“磁盘管理”，打开“磁盘管理”界面对计算机磁盘信息进行查看，如图 2-46 所示。

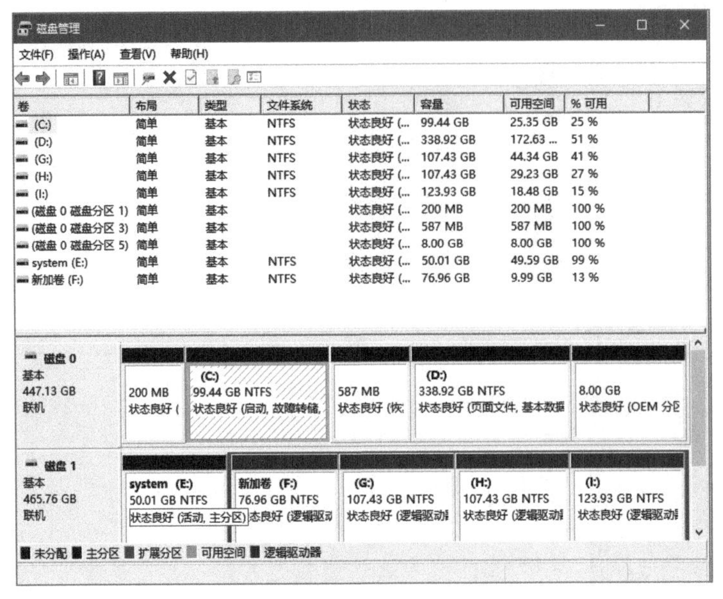

图 2-46　“磁盘管理”界面

（2）对磁盘进行清理

1）打开“此电脑”，选中 C 盘，右击，选择“属性”，在打开的对话框中选择“磁盘清理”，如图 2-47 所示。

图 2-47　磁盘属性对话框

2）选择要删除的文件，单击“确定”，如图 2-48 所示，完成 C 盘磁盘清理。

（3）对磁盘进行优化和碎片整理

1）选择磁盘属性对话框中的“工具”选项卡，单击“优化”，对磁盘进行优化和碎片整理，如图 2-49 所示。

图 2-48　磁盘清理

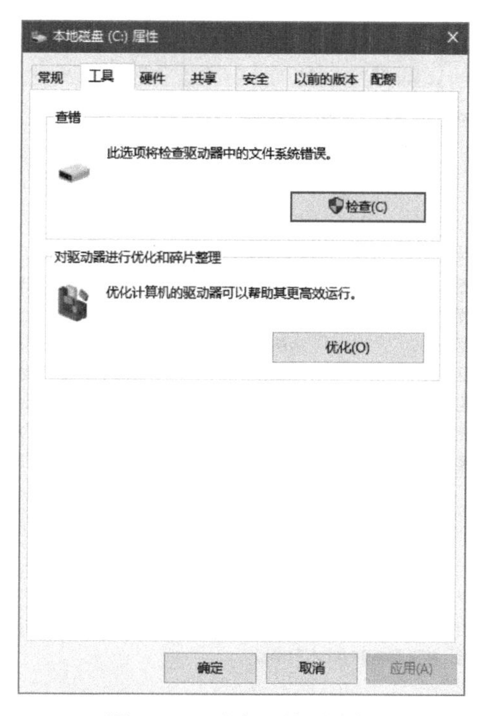

图 2-49　磁盘属性对话框

2）对磁盘进行分析，如图 2-50 所示。

3）对需要优化的磁盘进行优化，如图 2-51 所示。

（4）对 U 盘进行格式化　打开“此电脑”，选中 U 盘，右击，选择“格式化”，在打开的对话框中单击“开始”，如图 2-52 所示。

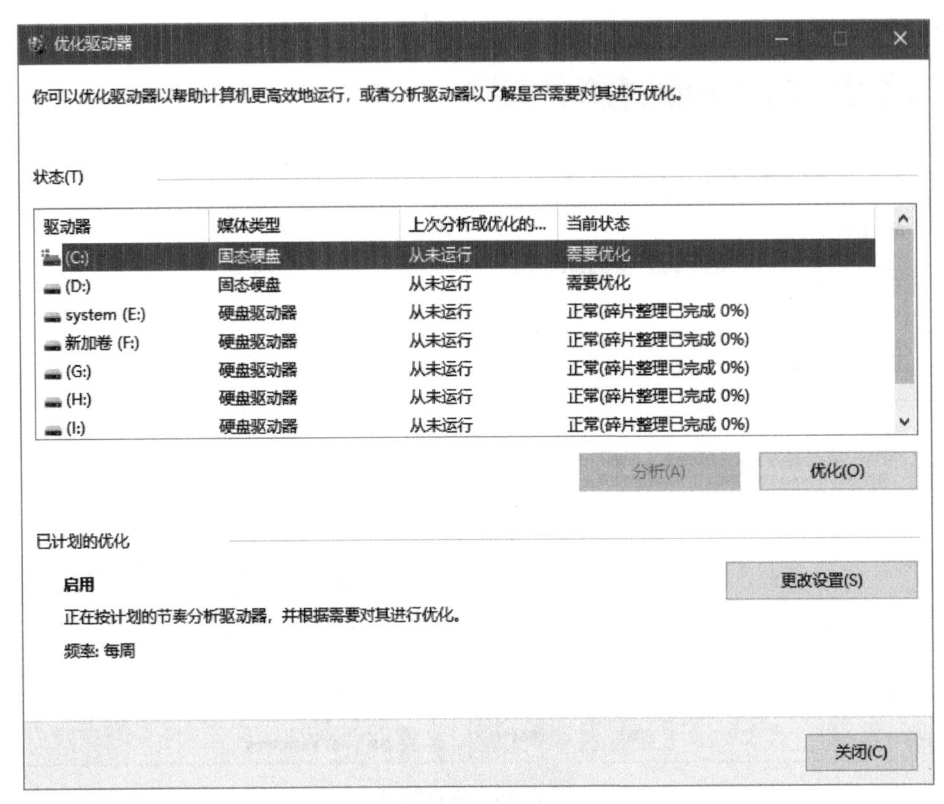

图 2-50　分析磁盘

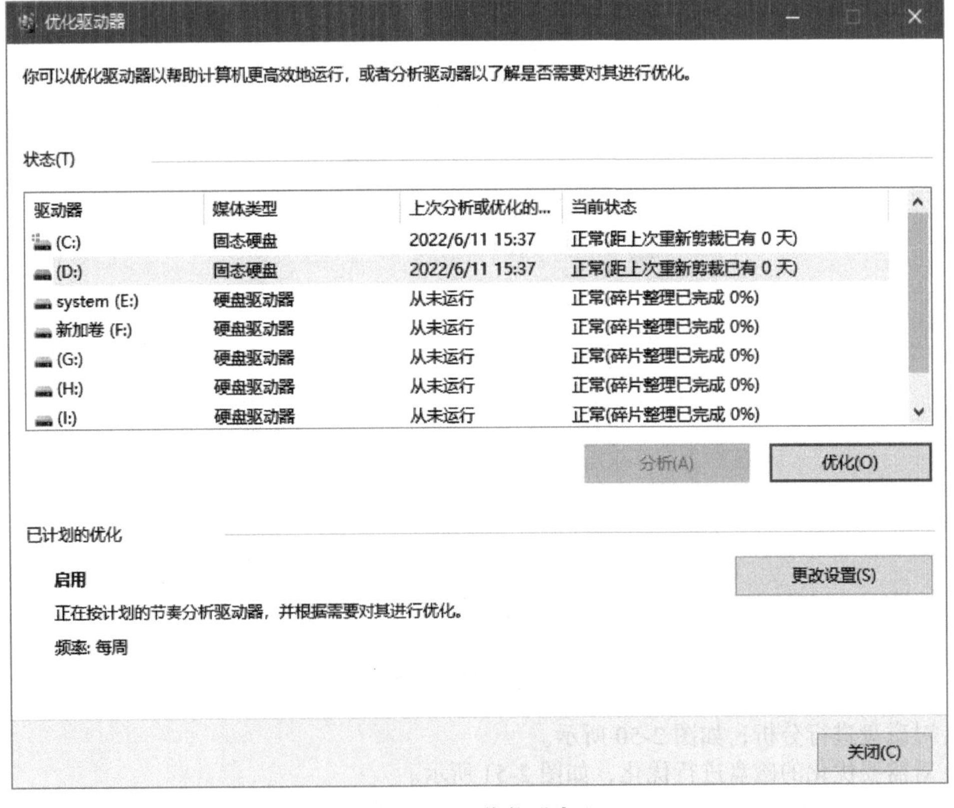

图 2-51　优化磁盘

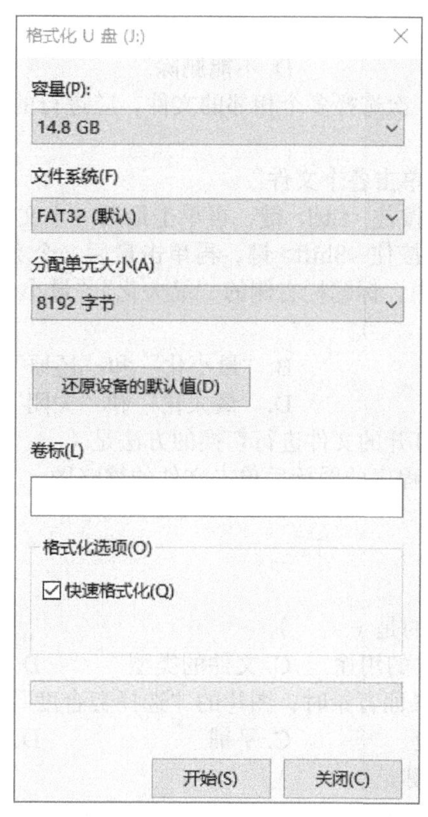

图 2-52　格式化 U 盘

单元习题

一、判断题

1. Windows 10 是一个多任务的操作系统。（　　）
2. 在 Windows 10 中，快捷方式是指计算机上某个文件、文件夹或程序本身。（　　）
3. 在 Windows 10 中，“碎片整理”程序是从计算机中删除文件和文件夹，以提高系统性能。（　　）
4. 在 Windows 10 中，可以通过“文件夹选项”将文件夹浏览方式设置为“在同一窗口打开每个文件夹”。（　　）
5. 在 Windows 10 中，可以把程序固定到“开始”屏幕，也可以固定到任务栏。（　　）

二、单选题

1. 安装 Windows 10 时，硬盘应该格式化的类型是（　　）。

A. FAT　　B. FAT32
C. NTFS　　D. 任选一个都可以

2. 在 Windows 10 中运行的窗口（　　）。

A. 只能改变位置不能改变大小
B. 只能改变大小不能改变位置
C. 既能改变位置也能改变大小
D. 既不能改变位置也不能改变大小

3. 在 Windows 10 中，“回收站”中的内容（　　）。

A. 能恢复　　B. 不能恢复
C. 不占磁盘空间　　D. 不能删除

4. 在 Windows 10 中，要一次选择多个相邻的文件，应进行的操作是（　　）。
A. 依次单击各个文件
B. 按住 <Alt> 键，并依次单击各个文件
C. 单击第一个文件，然后按住 <Ctrl> 键，再单击最后一个文件
D. 单击第一个文件，然后按住 <Shift> 键，再单击最后一个文件

5. 在 Windows 10 的窗口中，标题栏右侧的“最大化”“最小化”“还原”和“关闭”按钮不可能同时出现的两个按钮是（　　）。
A. “最小化”和“最大化”　　B. “最小化”和“还原”
C. “最大化”和“还原”　　D. “最大化”和“关闭”

6. 在 Windows 10 中，对打开的文件进行切换的方法是（　　）。
A. 鼠标指针指向任务栏中程序的图标后单击文件的缩略图
B. <Win+Tab> 键进行切换
C. <Alt+Tab> 键进行切换
D. 以上三项均可

7. 文件的扩展名可以识别的是（　　）。
A. 文件的大小　B. 文件的用途　C. 文件的类型　D. 文件的存放位置

8. 在 Windows 10 中设置桌面背景时，图片的“选择契合度”选项里面，没有的是（　　）。
A. 拉长　B. 适应　C. 平铺　D. 跨区

9. 启动任务管理器的组合键是（　　）。
A. Ctrl+Alt+Caps Lock　B. Ctrl+Alt+Delete　C. Ctrl+ Shift　D. Ctrl+Shift+F1

10. Windows 10 窗口的排序方式有（　　）。
A. 平铺　B. 名称　C. 列表　D. 详细信息

三、多选题

1. 可以在 Windows 10 任务栏中增加的按钮是（　　）。
A. Cortana 按钮　　B. “任务视图”按钮
C. 平铺按钮　　D. 搜索按钮

2. 在 Windows 10 中，打开任务管理器可以查看（　　）。
A. 计算机 CPU 利用率　　B. 硬盘读取速度
C. 内存使用量　　D. GPU 利用率

3. 使用 Windows 10 的备份功能创建的系统映像可以保存在（　　）中。
A. 硬盘　B. 光盘　C. 网络　D. 内存

4. 使用 Windows 10 的隐私设置可以更改的隐私选项有（　　）。
A. 允许网站通过访问我的语言列表来提供本地相关内容
B. 允许 Windows 跟踪应用启动，以改进开始和搜索结果
C. 在设置应用中为我显示建议的内容
D. 允许应用使用广告 ID

5. 在 Windows 10 中，磁盘清理的目的不包括（　　）。
A. 清除临时文件　　B. 修复磁盘
C. 清除垃圾文件　　D. 清除病毒

四、填空题

1. 在 Windows 10 中，当选定了文件 / 文件夹后，使用组合键________将导致删除的文件 / 文件夹不能被恢复。

2. Windows 10 附带的计算器类型除了标准型、程序员型、日期计算型外，还有________。

3. 计算机保持开机状态，但耗电很少，应用会一直保持打开状态，要实现上述状态应该选择电源里面的________按钮。

4. 文本文件的扩展名是________。

5. 在 Windows 10 中，文件或文件夹设置为________属性，则用户只能查看文件或文件夹的内容，而不能对其进行任何修改操作。

3 Project 项目 3

文字处理软件 Word 2019

回复“71331+3”观看视频

实验 1　Word 2019 基本操作

一、实验目标

1. 掌握 Word 2019 的启动、退出方法，熟悉 Word 2019 的界面组成。
2. 掌握文档的新建、保存和打开方法。
3. 掌握文档的基本编辑方法。
4. 掌握文档编辑中文本的查找与替换操作。
5. 掌握文档的字符、段落及页面排版方法。

二、实验准备

1. Windows 10 操作系统。
2. Word 2019 文字处理软件。

三、实验内容及操作步骤

实验内容

1. 录入样文。
2. 文档编辑。
3. 查找与替换。
4. 字符格式设置。
5. 段落设置。
6. 首字下沉和分栏设置。
7. 边框、底纹和水印设置。
8. 项目符号设置。
9. 页眉、页脚设置。
10. 页面设置。

操作步骤

1. 录入样文

（1）启动 Word 2019 并新建文档　启动 Word 2019 的方法有 3 种：双击 Word 2019 快捷图标；单击“开始”菜单，在程序区单击“Word 2019”；双击已有的 Word 文档。

（2）录入内容　创建空白文档，录入如图 3-1 所示内容，以“Word1.docx”为文件名保存在D盘新建的“项目3”文件夹中。

左　权

左权是中国工农红军和八路军高级指挥员，著名军事家。周恩来称他“足以为党之模范”，朱德赞誉他是“中国军事界不可多得的人才”。他1905年3月15日生于湖南醴陵一个农民家庭。1924年入黄埔军校第1期学习。1925年2月加入中国共产党。同年12月赴苏联，先后在莫斯科中山大学、伏龙芝军事学院学习。1930年回国后到中央苏区工作，先后任中国工农红军学校第1分校教育长、新12军军长、第15军军长兼政治委员、红1军团参谋长等职，参加了开辟中央苏区和五次反“围剿”作战。1934年10月参加长征，他参与指挥所部强渡大渡河、攻打腊子口等战役战斗。到达陕北后，参加了直罗镇和东征等战役。1936年5月，任红1军团代理军团长，率部参加了西征和山城堡战役。

“名将以身殉国家，愿拼热血卫吾华。太行浩气传千古，留得清漳吐血花。”这是朱德总司令为悼念八路军副参谋长左权壮烈殉国而写的一首诗。

全国抗战爆发后，左权担任八路军副参谋长、八路军前方总部参谋长，后兼八路军第2纵队司令员，协助朱德、彭德怀指挥八路军开赴华北抗日前线，开展敌后游击战争，粉碎日军多次残酷“扫荡”，威震敌后。1942年5月25日，他在山西省辽县十字岭战斗中壮烈殉国，年仅37岁。为纪念左权，晋冀鲁豫边区政府决定将辽县改名为左权县。

2005-02-08　新华社

图3-1　录入内容

（3）录入完毕后保存文档

（4）关闭文档

2. 文档编辑

1）打开文档，将光标置于第一段最前端，按 <Enter> 键，产生新的段落。

2）选中第二段，按住鼠标左键不放，直接拖至刚才产生的新段落，然后松开鼠标。

3）中间空白的段落按 <Delete> 键删除。

4）光标放在“他1905年3月15日……”前，按 <Enter> 键，产生新的段落。

5）选中最后一行（“2005-02-08 新华社”），按 <Delete> 键，删除该行文字。

3. 查找与替换

（1）将文档中所有的“参谋长”设置为隶书，红色，三号，加着重号

1）将光标置于文档中的任意位置，单击“开始”选项卡“编辑”组中的“替换”，打开如图3-2所示的“查找和替换”对话框，在“查找内容”中输入“参谋长”。

2）将光标置于“替换为”文本框中，单击“格式”/“字体”，打开“替换字体”对话框，设置“中文字体”为隶书，红色，三号，加着重号，单击“确定”。再单击“全部替换”，单击“确定”和“关闭”。

（2）将第三段中所有的数字替换为Arial Black，蓝色，四号

1）选中第三段，单击“开始”选项卡“编辑”组中的“替换”，打开如图3-3所示的“查找和替换”对话框，将光标置于“查找内容”文本框中，单击“特殊格式”/“任意数字”。

2）将光标置于“替换为”文本框中，单击“不限定格式”（即取消前面的格式）。单击“格式”/“字体”，打开“替换字体”对话框，设置“西文字体”为Arial Black，蓝色，四号，单击“确定”。在“搜索选项”的“搜索”中选择“向上”或“向下”，再单击“全部替换”，在弹出的对话框中单击“否”，再单击“关闭”。

4. 字符格式设置

（1）设置标题为幼圆，二号；应用文本效果为“渐变填充：蓝色，主题色5；映像”；调整文字宽度为10字符，居中对齐

1）选中标题文字“左权”，单击“开始”选项卡“字体”组右下角的组按钮，在“字体”对话框中设置“中文字体”为幼圆，二号。单击“开始”选项卡“字体”组中的“文本效果和版式”，选择所需效果，如图3-4所示。

2）单击“开始”选项卡“段落”组中的“中文版式”，选择“调整宽度”，设置“新文字宽度”为10字符，如图3-5所示。

图 3-2 “查找和替换”对话框（一）

图 3-3 “查找和替换”对话框（二）

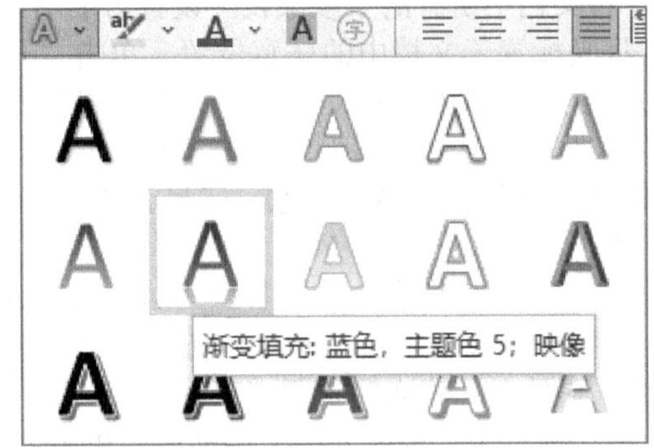

图 3-4　设置标题文本效果

3）单击“开始”选项卡“段落”组中的“居中”。

（2）将第四段中的“山西省辽县十字岭”设置文本效果　选中文本“山西省辽县十字岭”，单击“开始”选项卡“字体”组中的“文本效果和版式”，选择“渐变填充：金色，主题色 4；边框：金色，主题色 4”样式，如图 3-6 所示。

5. 段落设置

（1）除标题外，所有段落首行缩进 2 字符，段前、段后间距 0.5 行　选中除标题外的所有段落，单击“开始”选项卡“段落”组右下角的组按钮，打开“段落”对话框，设置首行缩进 2 字符，段前、段后间距 0.5 行，如图 3-7 所示。

（2）设置第一段的行距为 1.5 倍　选中第一段，单击“开始”选项卡“段落”组右下角的组按钮，打开“段落”对话框，设置“行距”为 1.5 倍行距，如图 3-8 所示。

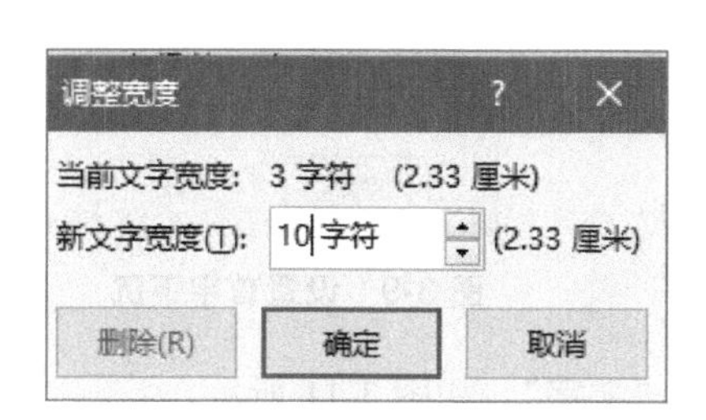

图 3-5 “调整宽度”对话框

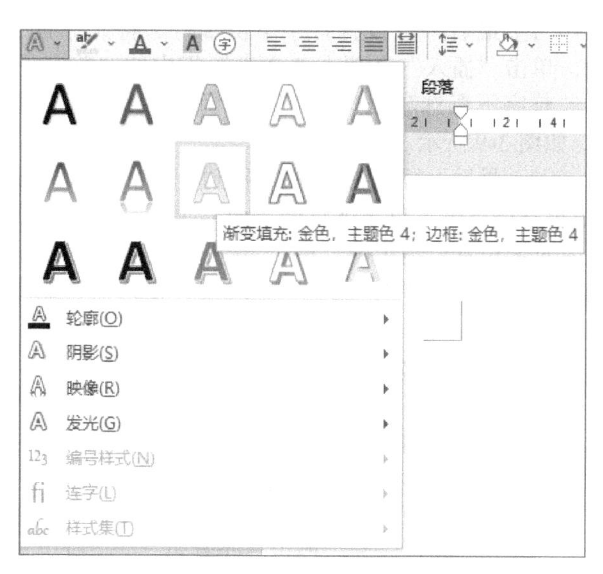

图 3-6 设置文本效果

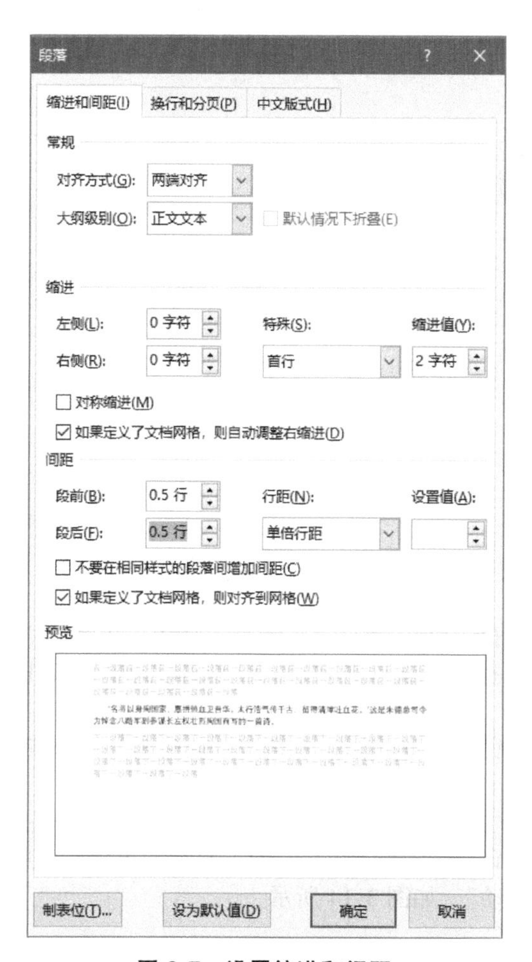

图 3-7 设置缩进和间距

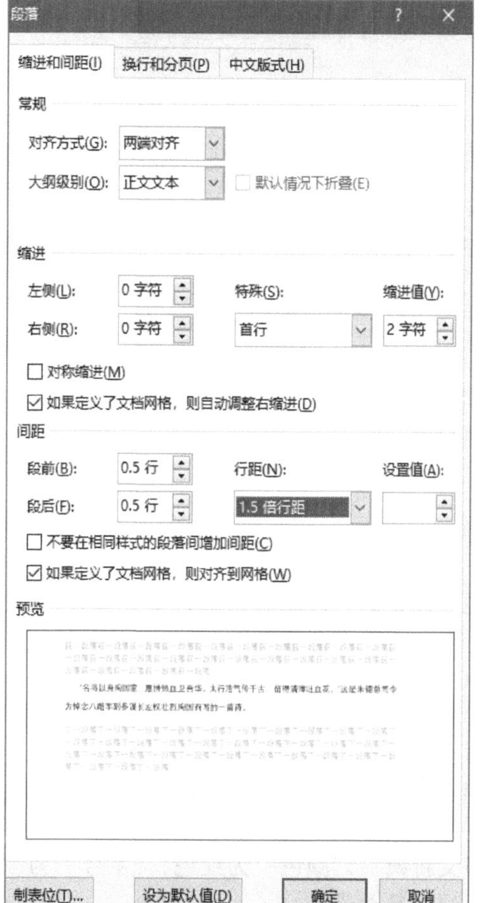

图 3-8 设置行距

6. 首字下沉和分栏设置

（1）最后一段设置首字下沉 2 行　将光标置于最后一段，单击“插入”选项卡“文本”组中的“首字下沉”，选择“首字下沉选项”，单击“下沉”，设置“下沉行数”为 2，如图 3-9 所示。

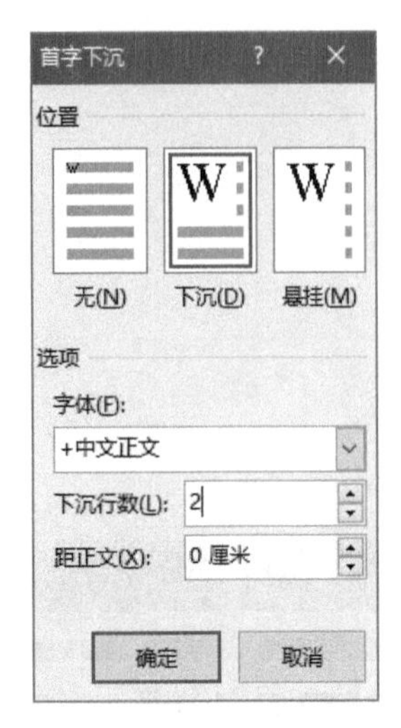

图 3-9　设置首字下沉

（2）最后一段分为两栏，并且加分隔线　选中最后一段（不要选中已做了首字下沉的“全”字），单击“布局”选项卡“页面设置”组中的“栏”，选择“更多栏”，在“栏”对话框中选择“两栏”，勾选“分隔线”复选框，如图 3-10 所示。

7. 边框、底纹和水印设置

（1）对第二段中的文字“中国军事界不可多得的人才”设置底纹　选中第二段中的文字“中国军事界不可多得的人才”，单击“设计”选项卡“页面背景”组中的“页面边框”，在打开的对话框中选择“底纹”选项卡，设置“样式”为“25%”，“颜色”为“橙色，个性色 2”，“应用于”选择“文字”，如图 3-11 所示。

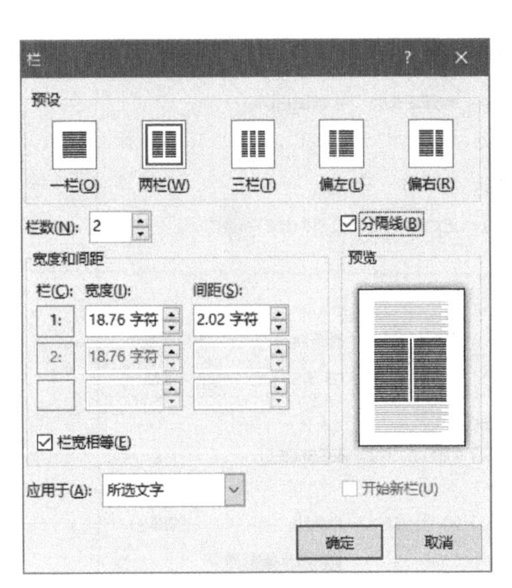

图 3-10　设置分栏

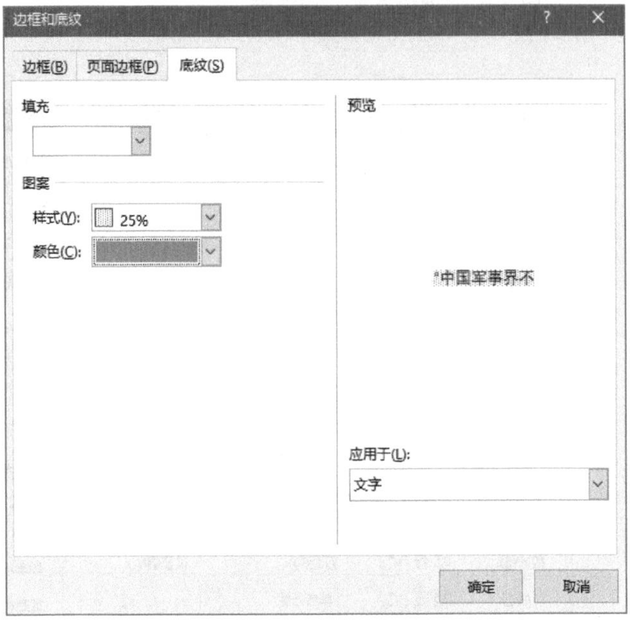

图 3-11　设置底纹

（2）设置第三段阴影边框，实线浅蓝色，3.0 磅　选中第三段，单击“设计”选项卡“页面背景”组中的“页面边框”，在打开的对话框中选择“边框”选项卡，设置阴影边框，实线浅蓝色，3.0 磅，如图 3-12 所示。

（3）设置页面边框为艺术型　打开“边框和底纹”对话框，单击“页面边框”选项卡，设置页面边框为图 3-13 所示的“艺术型”。

（4）设置文字水印“永远的丰碑”，字体为华文新魏，红色，字号自动　单击“设计”选项卡“页面背景”组中的“水印”，选择“自定义水印”，设置“文字”为“永远的丰碑”，“字体”为“华文新魏”，“颜色”为红色，“字号”为“自动”，如图 3-14 所示。

8. 项目符号设置

1）选中第一段和第二段，单击“开始”选项卡“段落”组中的“项目符号”，选择“定义新项目符号”，打开“定义新项目符号”对话框，如图 3-15 所示。

边框和底纹
边框(B)
页面边框(P)
底纹(S)
设置:
无(N)
方框(X)
阴影(A)
三维(D)
自定义(U)
样式(Y):
颜色(C):
宽度(W):
3.0 磅
预览
单击下方图示或使用按钮可应用边框
应用于(L):
段落
选项(O)...
确定
取消

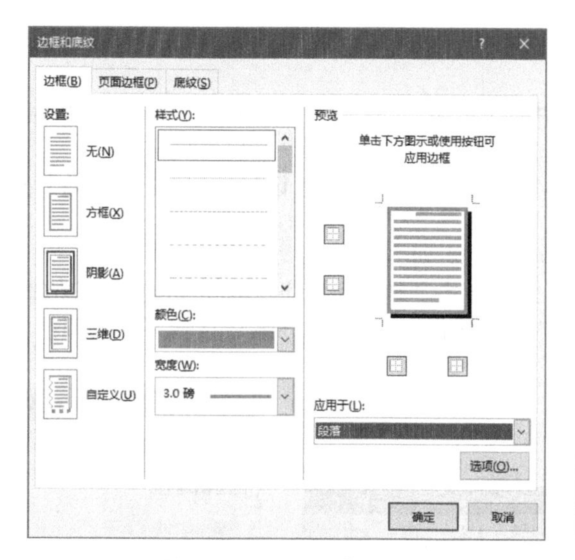

图 3-12　设置段落边框

边框和底纹
边框(B)
页面边框(P)
底纹(S)
设置:
无(N)
方框(X)
阴影(A)
三维(D)
自定义(U)
样式(Y):
颜色(C):
自动
宽度(W):
12 磅
艺术型(R):
预览
单击下方图示或使用按钮可应用边框
应用于(L):
整篇文档
选项(O)...
确定
取消

图 3-13　设置页面边框

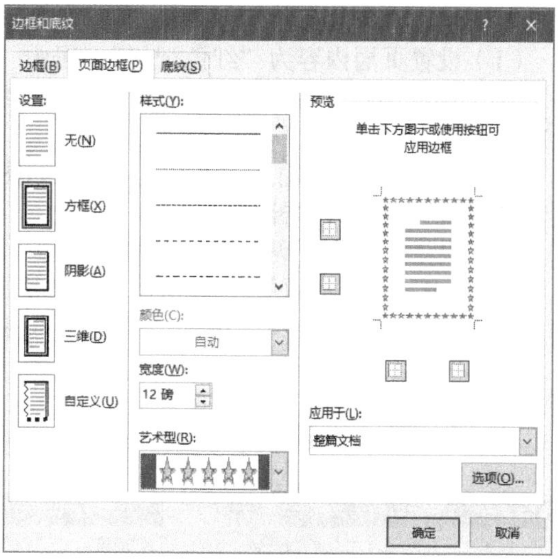

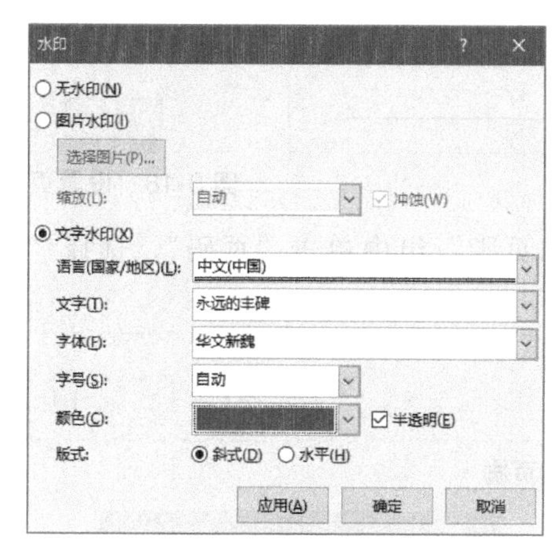

水印
无水印(N)
图片水印(I)
选择图片(P)...
缩放(L):
自动
冲蚀(W)
文字水印(X)
语言(国家/地区)(L):
中文(中国)
文字(T):
永远的丰碑
字体(F):
华文新魏
字号(S):
自动
颜色(C):
半透明(E)
版式:
斜式(D)
水平(H)
应用(A)
确定
取消

图 3-14　设置文字水印

定义新项目符号
项目符号字符
符号(S)...
图片(P)...
字体(F)...
对齐方式(M):
左对齐
预览
确定
取消

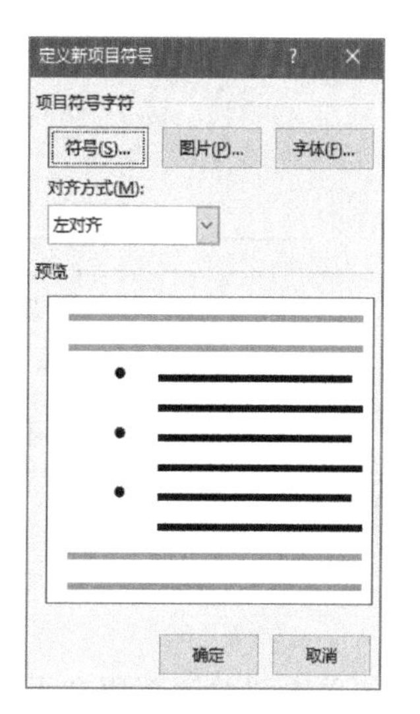

图 3-15　“定义新项目符号”对话框

2）单击“符号”，在弹出的对话框中选择 ✎ 符号，单击“确定”，如图 3-16 所示。

符号
字体(F):
Wingdings
近期使用过的符号(R):
Unicode 名称:
Wingdings: 33
字符代码(C):
33
来自(M):
符号(十进制)
确定
取消

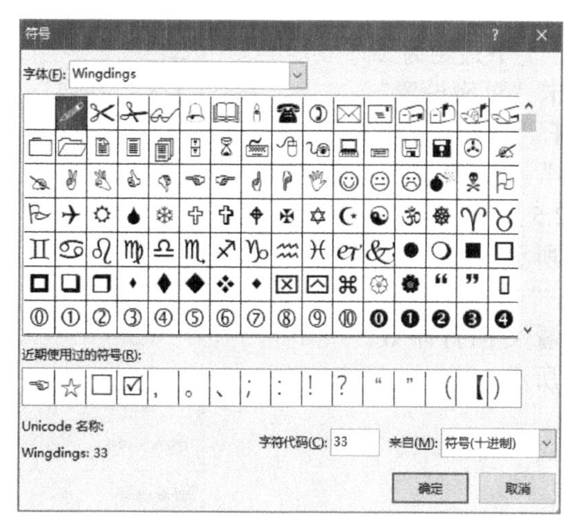

图 3-16　“符号”对话框

9. 页眉、页脚设置

（1）设置页眉内容为“红色记忆”，居中

1）单击“插入”选项卡“页眉和页脚”组中的“页眉”，选择“编辑页眉”，Word 切换到页眉编辑状态。

2）在页眉编辑区输入“红色记忆”，如图 3-17 所示。选中“红色记忆”，单击“开始”选项卡“段落”组中的“居中”。

（2）设置页脚为页码，格式为“-1-，-2-，-3-，…”右对齐

1）单击“页眉和页脚”选项卡，在“导航”组中单击“转至页脚”，Word 切换到页脚编辑区。单击“页眉和页脚”组中的“页码”，选择“设置页码格式”，在“编号格式”中选择所需格式，如图 3-18 所示。

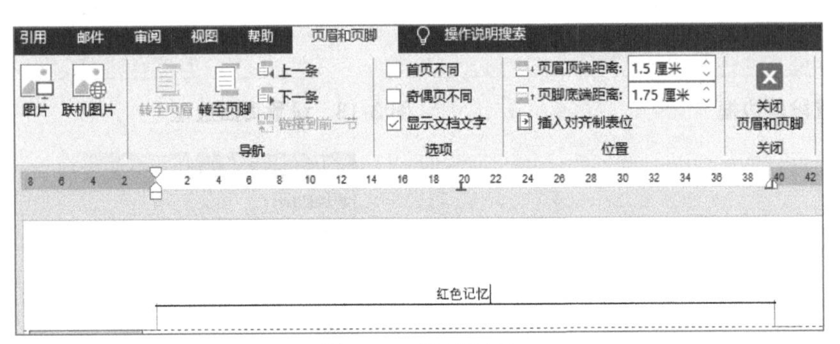

图 3-17　设置页眉

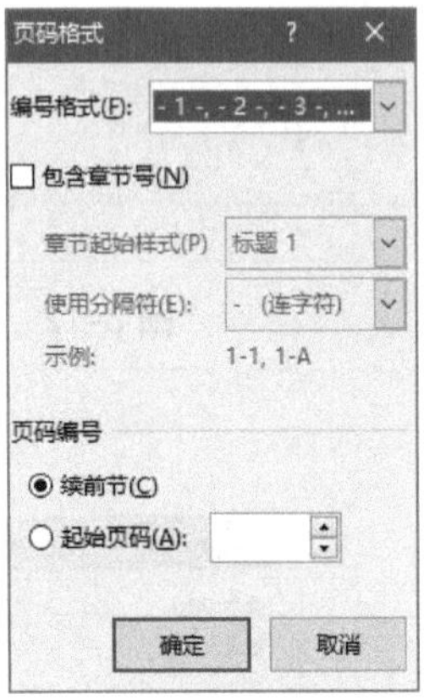

图 3-18　设置页码格式

2）单击“页眉和页脚”选项卡，在“页眉和页脚”组中单击“页码”，选择“页面底端”/“普通数字 3”，让页码右对齐，如图 3-19 所示。

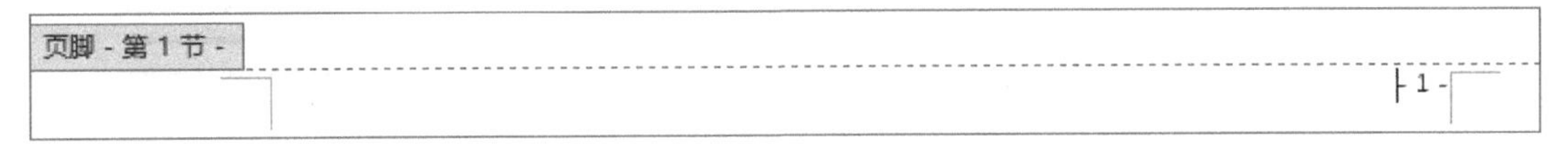

图 3-19　设置页脚

3）单击“关闭页眉和页脚”，设置完成。

10. 页面设置

（1）设置文档方向为纵向，纸张为 A4，左右边距为 2.5 厘米，上下边距为 2 厘米　单击“布局”选项卡“页面设置”组右下角的组按钮，打开“页面设置”对话框，设置“纸张方向”为“纵向”，纸张为 A4，左右边距为 2.5 厘米，上下边距为 2 厘米，如图 3-20 所示。

（2）打印预览　单击“文件”/“打印”，进行打印预览，查看文档打印效果。完成的文档如图 3-21 所示。

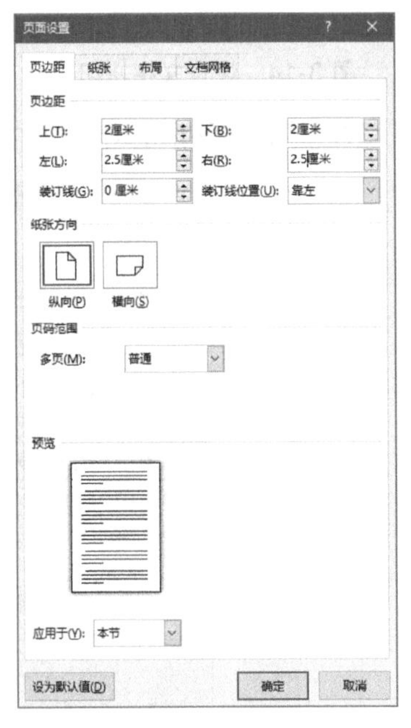

图 3-20　页面设置

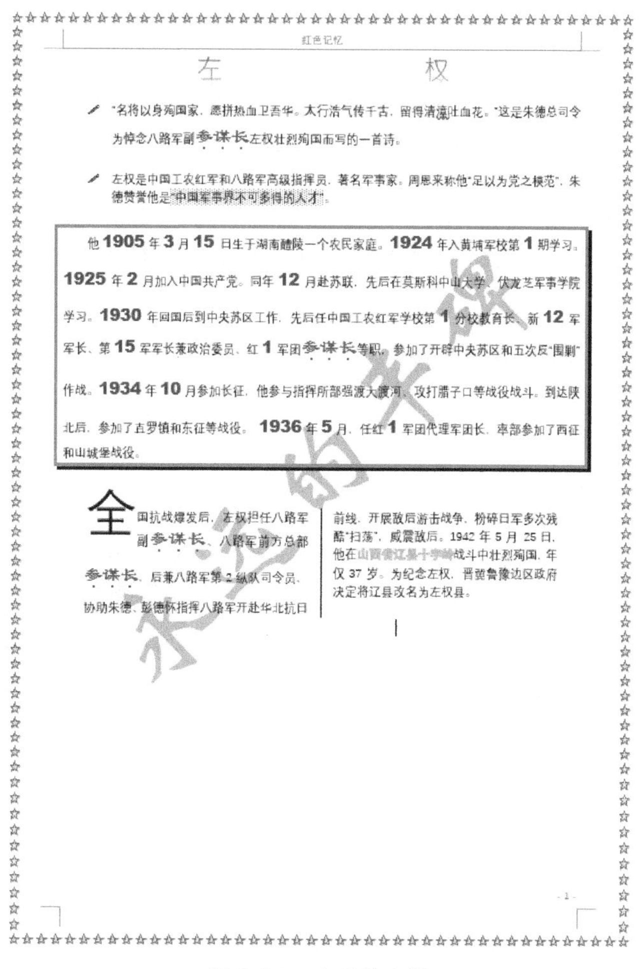

红色记忆

左　　权

"名将以身殉国家，愿拼热血卫吾华。太行浩气传千古，留得清漳吐血花。"这是朱德总司令为悼念八路军副参谋长左权壮烈殉国而写的一首诗。

左权是中国工农红军和八路军高级指挥员，著名军事家。周恩来称他"足以为党之模范"，朱德赞誉他是"中国军事界不可多得的人才"。

他 1905 年 3 月 15 日生于湖南醴陵一个农民家庭。1924 年入黄埔军校第 1 期学习。1925 年 2 月加入中国共产党。同年 12 月赴苏联，先后在莫斯科中山大学、伏龙芝军事学院学习。1930 年回国后到中央苏区工作，先后任中国工农红军学校第 1 分校教育长、新 12 军军长、第 15 军军长兼政治委员、红 1 军团参谋长等职，参加了开辟中央苏区和五次反"围剿"作战。1934 年 10 月参加长征，他参与指挥所部强渡大渡河、攻打腊子口等战役战斗。到达陕北后，参加了直罗镇和东征等战役。1936 年 5 月，任红 1 军团代理军团长，率部参加了西征和山城堡战役。

全国抗战爆发后，左权担任八路军副参谋长、八路军前方总部参谋长，后兼八路军第 2 纵队司令员，协助朱德、彭德怀指挥八路军开赴华北抗日前线，开展敌后游击战争，粉碎日军多次残酷"扫荡"，威震敌后。1942 年 5 月 25 日，他在山西省辽县十字岭战斗中壮烈殉国，年仅 37 岁。为纪念左权，晋冀鲁豫边区政府决定将辽县改名为左权县。

永远的丰碑

- 1 -

图 3-21　完成的文档

实验 2　表格和流程图制作

一、实验目标

1. 掌握表格的制作方法。
2. 掌握流程图的制作方法。

二、实验准备

1. Windows 10 操作系统。
2. Word 2019 文字处理软件。

三、实验内容及操作步骤

实验内容

1. 表格的制作。
2. 流程图的制作。

操作步骤

1. 表格的制作

（1）制作表格

1）插入表格。新建空白文档，将光标置于要插入表格的位置。单击“插入”选项卡下的“表格”，选择“插入表格”，弹出“插入表格”对话框，在“列数”中输入“12”，“行数”中输入“8”，单击“确定”，如图 3-22 所示。

2）合并单元格。选中第一行，单击“表格工具”下的“布局”选项卡，在“合并”组中单击“合并单元格”，如图 3-23 所示，合并第一行的单元格。使用相同的方法按照图 3-24 所示将其余需要合并的单元格合并。

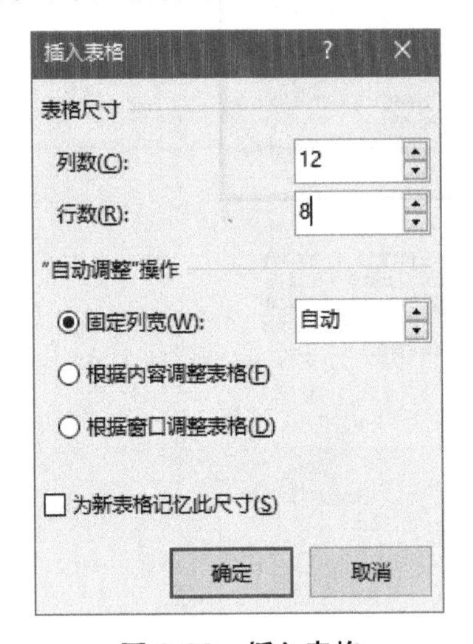

图 3-22　插入表格

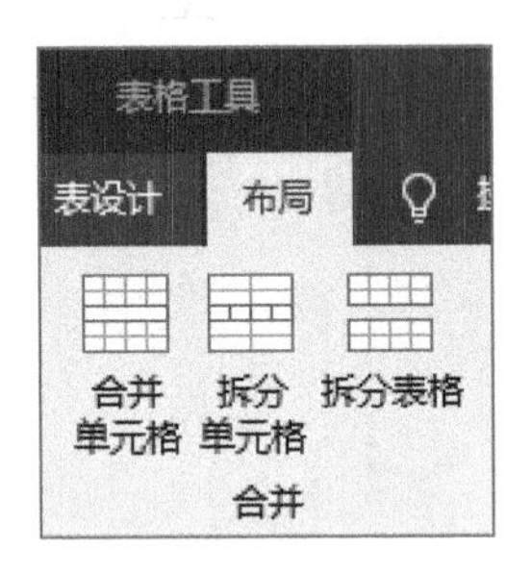

图 3-23　合并单元格

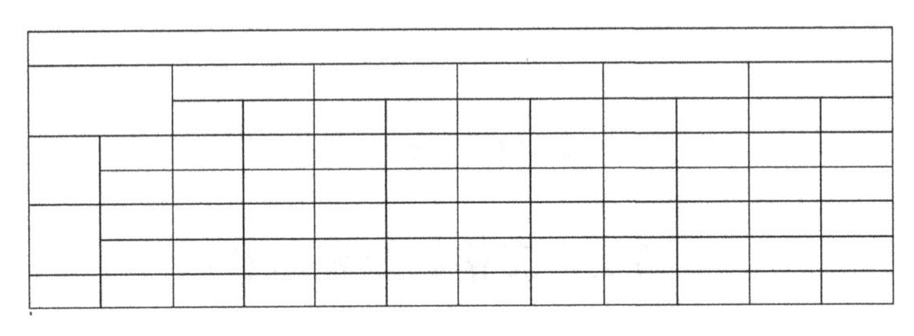

图 3-24　合并其他单元格

3）调整表格行间距。将鼠标指针移到表格第一行的下框线上，待指针形状变成双向箭头时，按下鼠标左键调整行高。使用相同的方法根据需要调整行高和列宽。

（2）美化表格

1）套用表格样式。单击“表格工具”下的“表设计”选项卡，在“表格样式”中选择“网格表 5 深色 - 着色 6”，如图 3-25 所示。

2）绘制斜线表头。选中第 1 列第 2 行，单击“插入”选项卡“插图”组中的“形状”，选择“线条”中的“直线”，在第 1 列第 2 行绘制直线，然后把直线的“形状轮廓”设置为白色。使用相同的方法再绘制一条直线，如图 3-26 所示。

3）输入表格内容。按照图 3-27 所示，在表格中输入相应内容，调整表格列宽和行高。单击“插入”选项卡“文本”组中的“文本框”，选择“绘制横排文本框”，插入 3 个文本框，分别输入“星期”“科目”“时间”。分别选中文本框，单击“绘图工具”下的“形状格式”选项卡，在“形状样式”组中设置“形状轮廓”为“无轮廓”，“形状填充”为“无填充”，拖动文本框至相应的位置。再根据本班本学期的课程情况填入相关科目、教师信息。

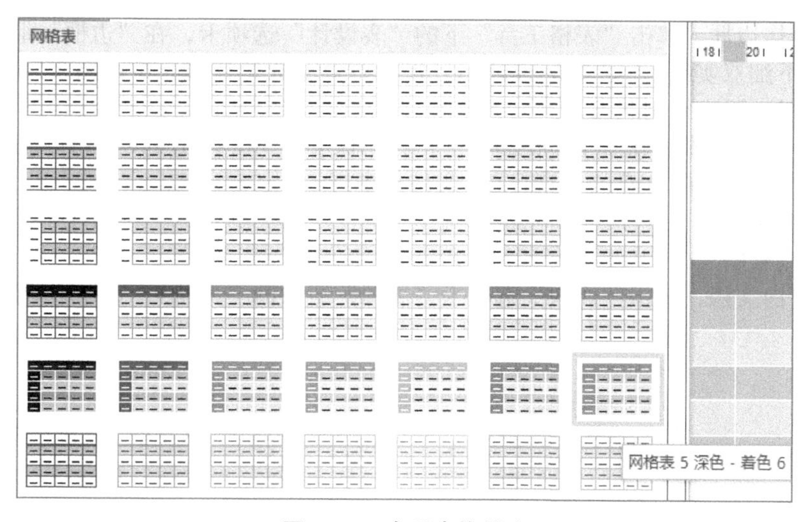

图 3-25　套用表格样式

图 3-26　绘制斜线表头

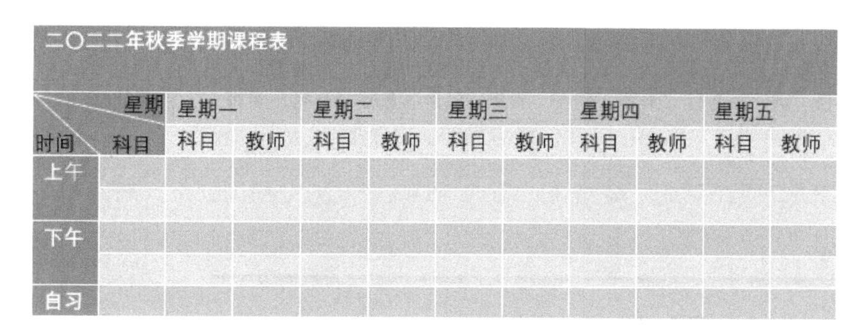

图 3-27　输入表格内容

4）设置文字格式。将第一行文字设置为华文琥珀，加粗，三号，居中；其他文字设置为宋体，五号，居中，如图 3-28 所示。

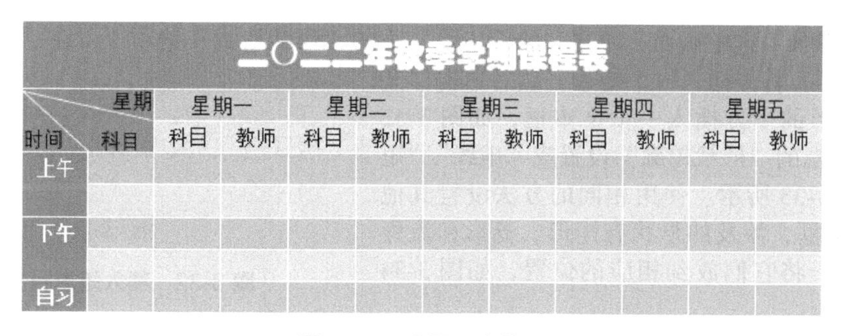

图 3-28　设置文字格式

5）设置表格边框。单击“表格工具”下的“表设计”选项卡，在“边框”组中设置“笔样式”为“上粗下细双实线”，如图 3-29 所示。鼠标指针变成笔样式，按照图 3-30 所示绘制双实线。按 <Esc> 键，退出绘制状态。

（3）保存表格　单击快速访问工具栏上的“保存”，在弹出的对话框中设置文件名为“Word2-1.docx”，保存在 D 盘的“项目 3”文件夹中。

2. 流程图的制作

（1）制作流程图

1）新建空白文档，单击“插入”选项卡“插图”组中的“形状”，选择“新建画布”，如图 3-31 所示。

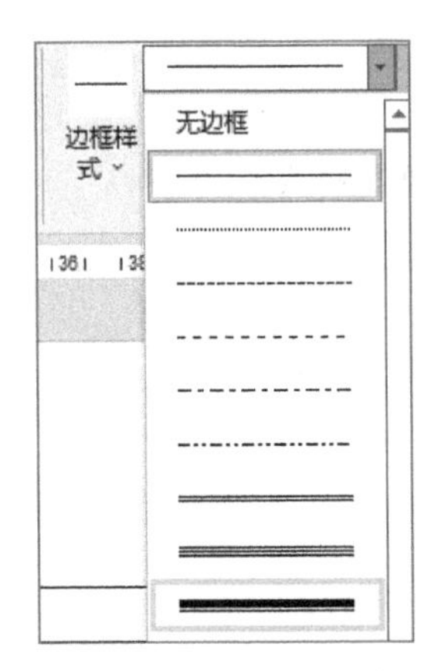

图 3-29　选择笔样式

二〇二二年秋季学期课程表										
星期 / 时间 / 科目	星期一		星期二		星期三		星期四		星期五	
	科目	教师	科目	教师	科目	教师	科目	教师	科目	教师
上午										
下午										
自习										

图 3-30　完成的表格

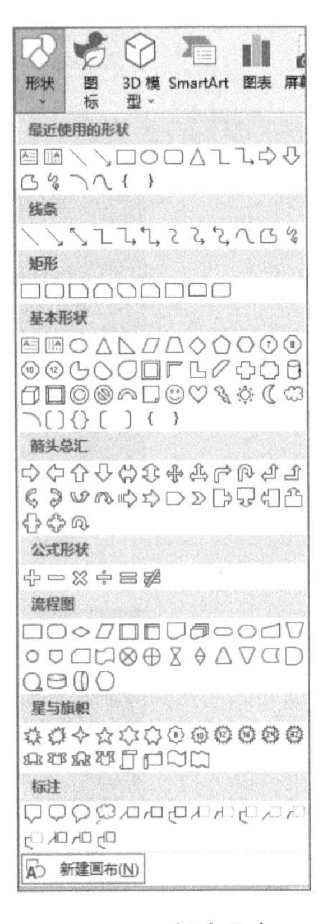

图 3-31　新建画布

> **提示：** 使用画布，可以在流程图中使用连接符连接形状。若直接在文档中插入形状，则无法使用连接符。

2）插入形状。选中画布，单击“绘图工具”下的“形状格式”选项卡，在“插入形状”组中选择“矩形”，首先插入一个矩形。然后单击“文本框”，在矩形的下方插入一个文本框，如图 3-32 所示。将文本框的“形状轮廓”设置成“虚线”/“短划线”，如图 3-33 所示。使用相同的方法设置其他的形状和文本框，涉及的形状有矩形、菱形和流程图（资料袋），将它们放到相应的位置，如图 3-34 所示。

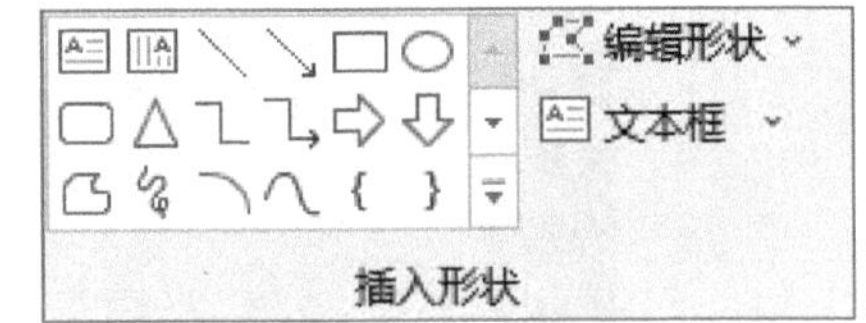

图 3-32　插入矩形和文本框

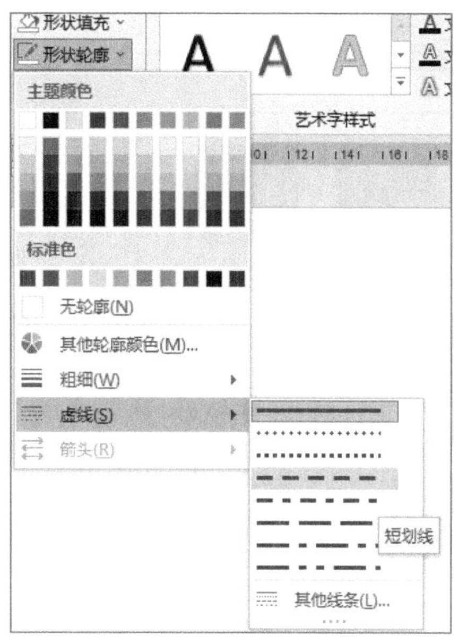

图 3-33　设置文本框轮廓

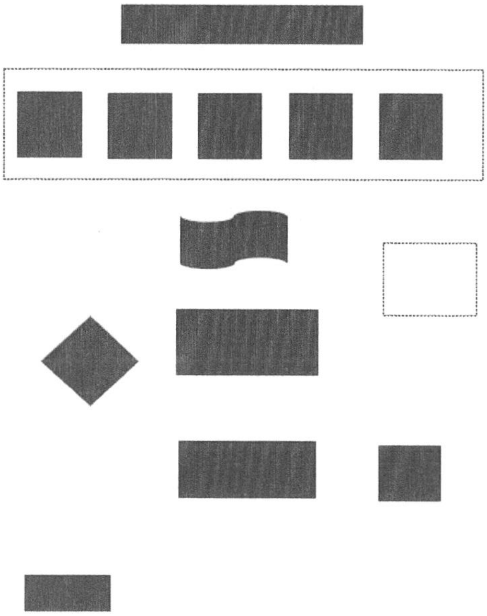

图 3-34　插入其他形状和文本框

> **提示：** 要对某个形状进行操作，可以直接选中该形状，或者单击“绘图工具”下的“形状格式”选项卡，在“排列”组中单击“选择窗格”，在右边弹出的“选择”窗格中选择所需的形状进行操作。

3）添加连接符。单击“绘图工具”下的“形状格式”选项卡，在“插入形状”组中选择“直线箭头”，将鼠标指针移向第一个形状，形状四周出现 4 个灰色连接点。接着将指针指向其中一个连接点，按下鼠标左键拖动到需连接的形状，此时第二个形状也出现 4 个灰色连接点，指针定位到其中一个连接点并释放鼠标左键，当两个连接点变成绿色，则完成两个形状的连接。使用相同的方法设置其他连接符，并放到相应的位置，此处涉及直线箭头、肘形箭头连接符，如图 3-35 所示。

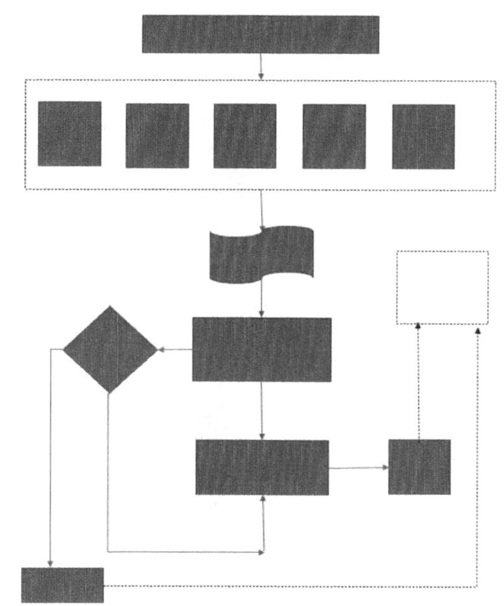

图 3-35　添加连接符

4）添加文本。选择插入的第一个矩形，右击鼠标，选择“添加文字”，在形状中的光标闪烁处输入文字“构建职业技能证书评价体系”。使用相同的方法在其他形状里面填写内容。文本框的内容直接输入即可。单击“插入”选项卡“文本”组中的“文本框”，选择“绘制横排文本框”，插入 3 个文本框，分别输入“否”“是”“不合格”。分别选中文本框，单击“绘图工具”下的“形状格式”选项卡，在“形状样式”组中设置“形状轮廓”为“无轮廓”，“形状填充”为“无填充”。拖动文本框至相应的位置，如图 3-36 所示。

（2）美化流程图　设置标题字体为隶书，三号，白色；“区块链”文字为隶书，四号，黄色；选中“出库”和“不入库”的矩形，单击“绘图工具”下的“形状格式”选项卡，选择“强烈效果 - 橙色，强调颜色 2”，如图 3-37 所示。

（3）保存流程图　完成的流程图如图 3-38 所示。单击快速访问工具栏上的“保存”，在弹出的对话框中设置文件名为“Word2-2.docx”，保存在 D 盘的“项目 3”文件夹中。

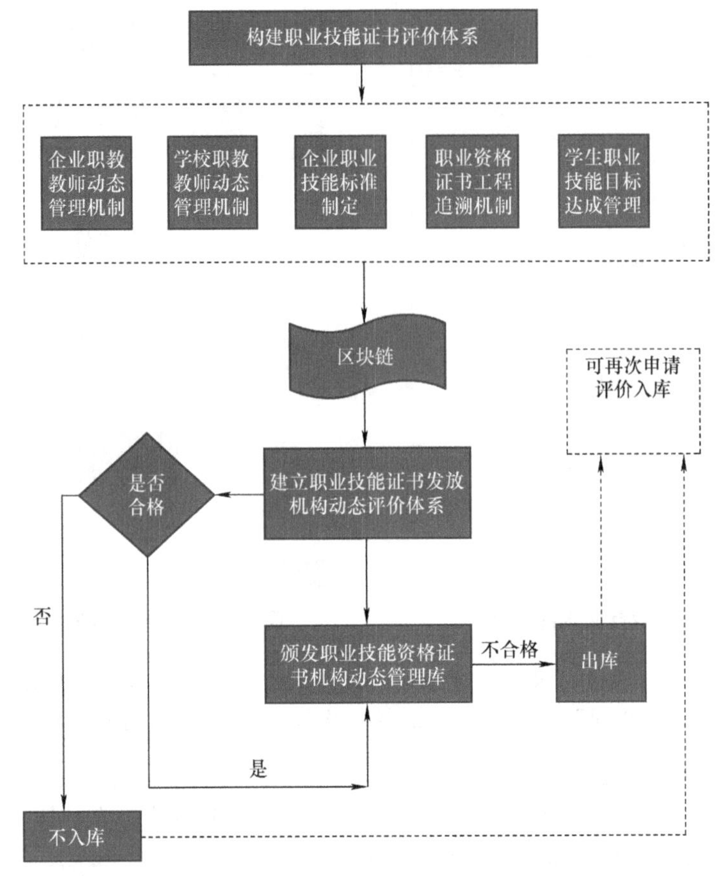

图 3-36　添加文本

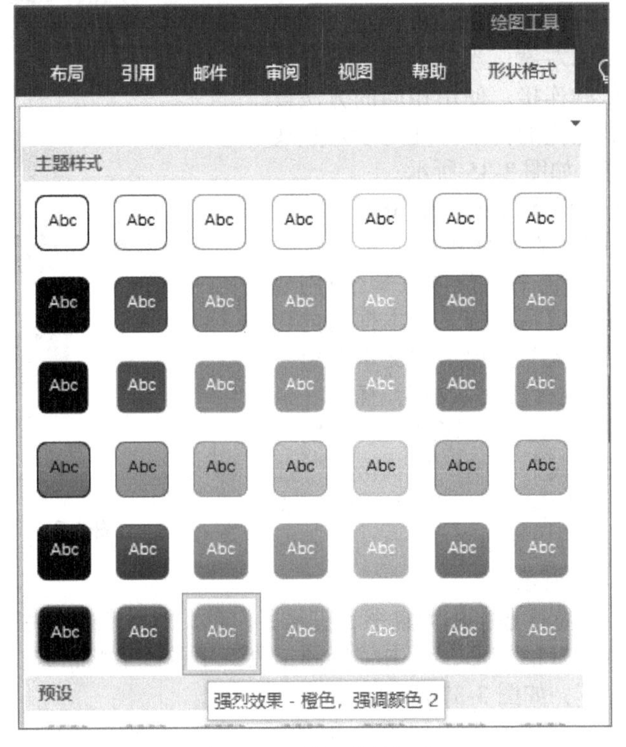

图 3-37　设置形状格式

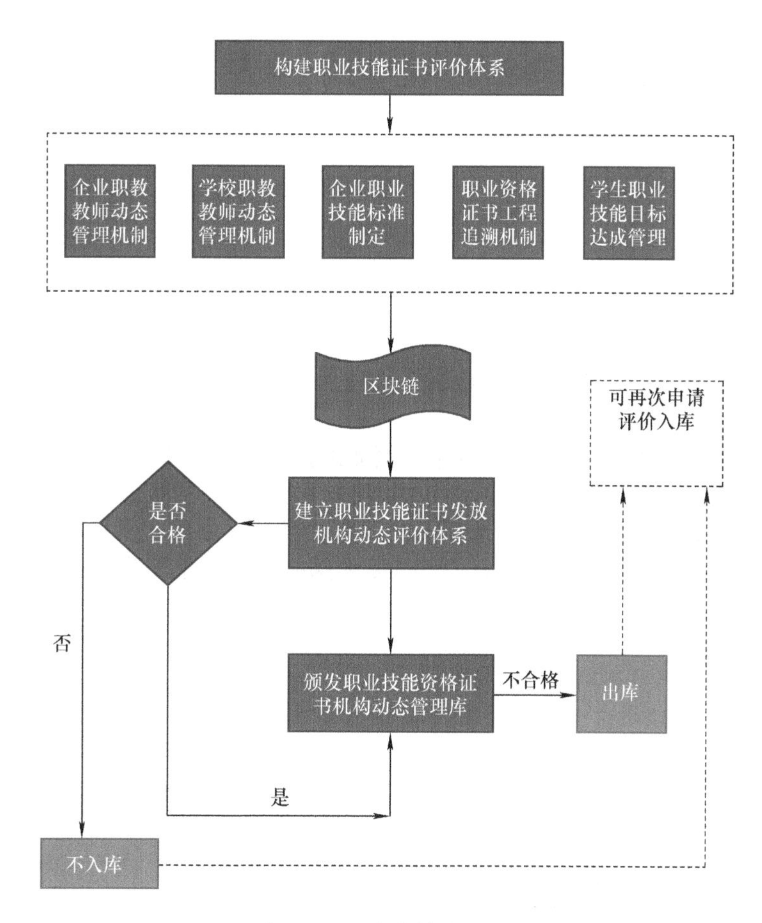

图 3-38　完成的流程图

实验 3　图文混排

一、实验目标

1. 掌握图片、形状、SmartArt 图形、文本框、艺术字、数学公式等的插入与编辑。
2. 掌握图片、形状、SmartArt 图形、文本框、艺术字、数学公式等的格式设置。
3. 掌握图文混排的方法。

二、实验准备

1. Windows 10 操作系统。
2. Word 2019 文字处理软件。
3. 图文混排素材。

三、实验内容及操作步骤

实验内容

1. 页面设置。
2. 段落设置。

3. 刊头设置。
4. 图片设置。
5. 文本框、数学公式设置。
6. SmartArt 图形设置。
7. 艺术字设置。
8. 表格设置。
9. 保存文档。

操作步骤

1. 页面设置

（1）打开素材　打开“实验 3 素材 .docx”文档。

（2）设置页面

1）设置页面大小。单击“布局”选项卡“页面设置”组右下角的组按钮，打开“页面设置”对话框，设置“纸张方向”为“横向”，上下边距为 3 厘米，左右边距为 2 厘米，如图 3-39 所示。

2）设置填充效果。单击“设计”选项卡“页面背景”组中的“页面颜色”，选择“填充效果”，在打开的对话框中设置“图案”为点式菱形网格，“前景”为“金色，个性色 4，淡色 40%”，如图 3-40 所示。

图 3-39　设置页面大小

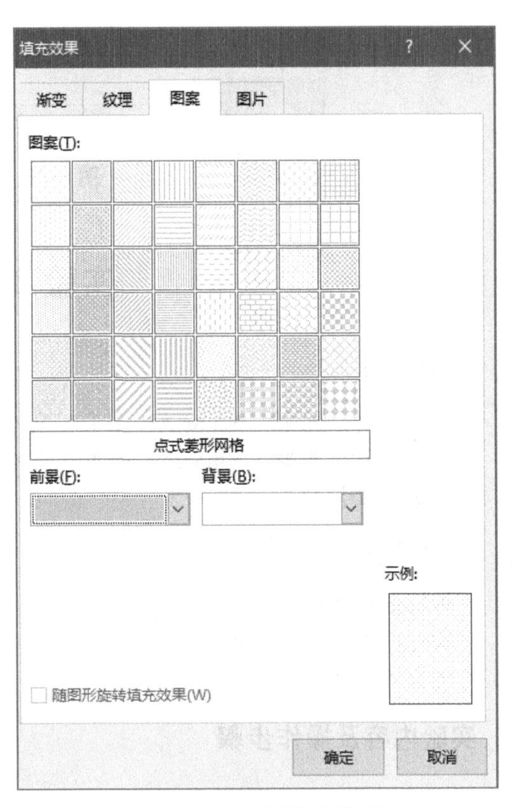

图 3-40　设置填充效果

2. 段落设置

（1）所有段落首行缩进 2 字符，所有文本设置为宋体，五号

1）选中所有段落，单击“开始”选项卡“段落”组右下角的组按钮，在打开的对话框中设置首行缩进 2 字符，如图 3-41 所示。

2）选中全文，设置“字体”为“宋体”，“字号”为“五号”，如图 3-42 所示。

（2）所有段落分两栏　选中所有段落，单击“布局”选项卡“页面设置”组中的“栏”，选择“两栏”，如图 3-43 所示。

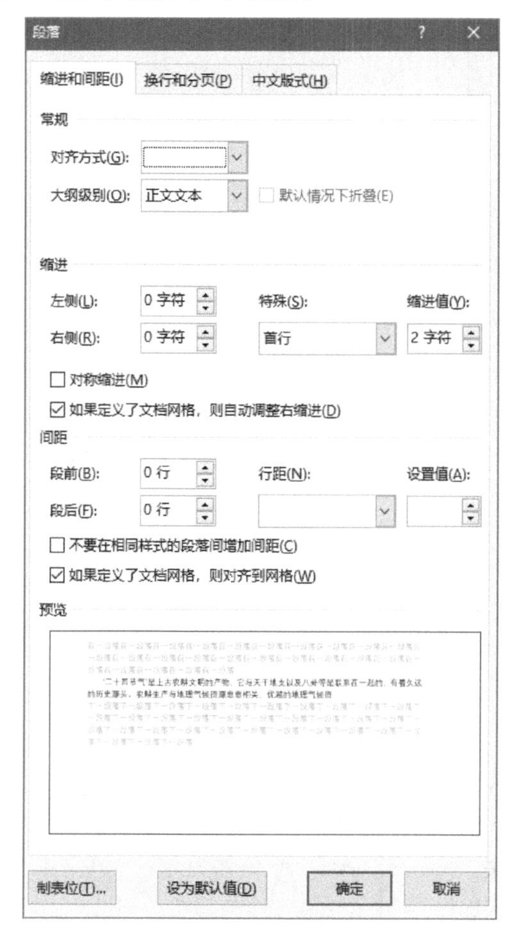

图 3-41　设置段落

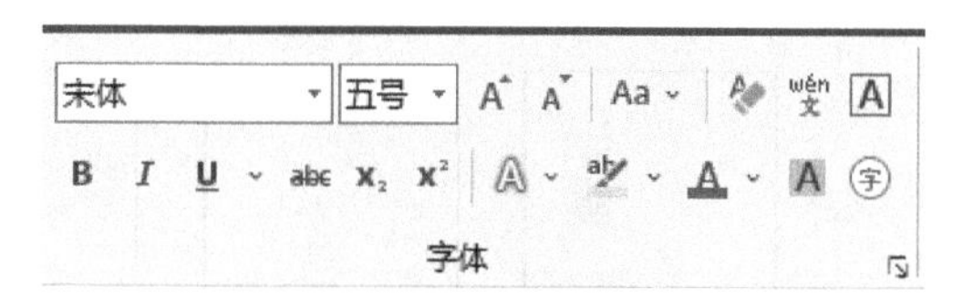

图 3-42　设置文字

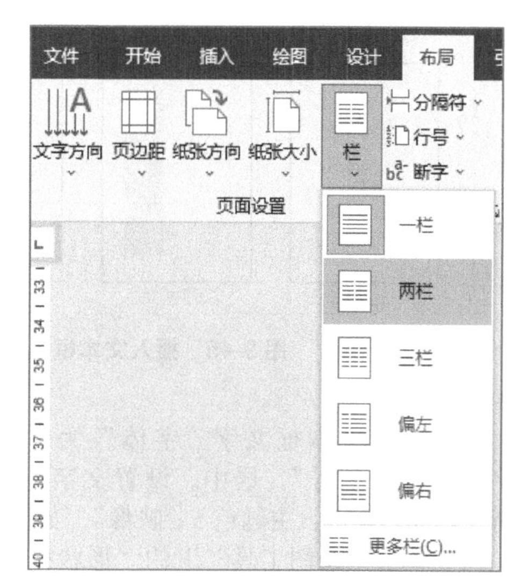

图 3-43　分栏设置

（3）添加项目符号　选中所有段落，单击“开始”选项卡“段落”组中的“项目符号”，在下拉列表中选择所需符号，如图 3-44 所示。

3. 刊头设置

（1）插入文本框　将光标定位在文章开头，单击“插入”选项卡“文本”组中的“文本框”，选择“怀旧型引言”，如图 3-45 所示。调整文本框位置，将标题文字剪贴到文本框中。

（2）设置文本框

1）选中文本框，单击“绘图工具”下的“形状格式”选项卡，在“排列”组中单击“位置”，选择“顶端居左，四周型文字环绕”，如图 3-46 所示。

2）在“绘图工具”下的“形状格式”选项卡的“大小”组中，设置“高度”为 3.56 厘米，“宽度”为 27.2 厘米，如图 3-47 所示。

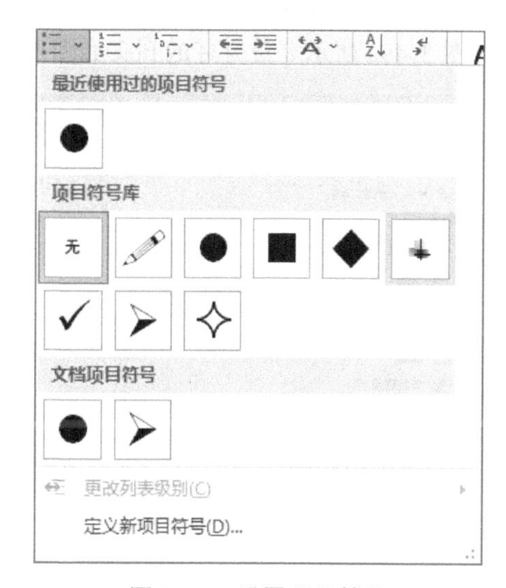

图 3-44　设置项目符号

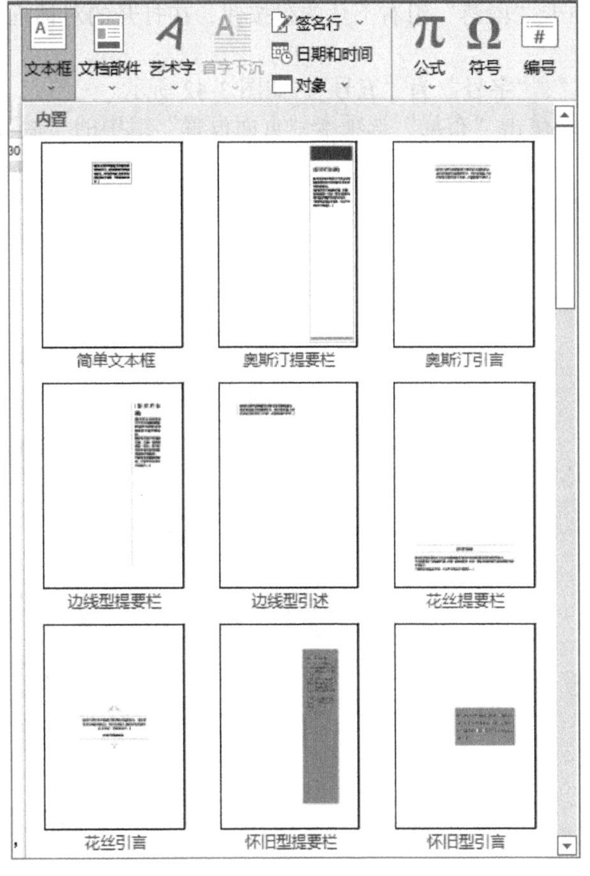

图 3-45　插入文本框

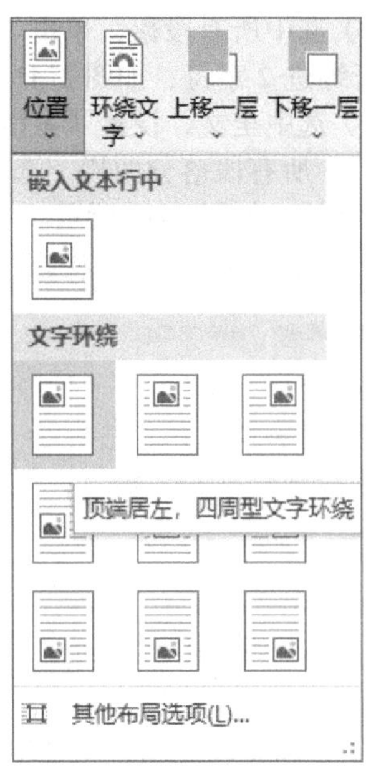

图 3-46　设置文本框位置

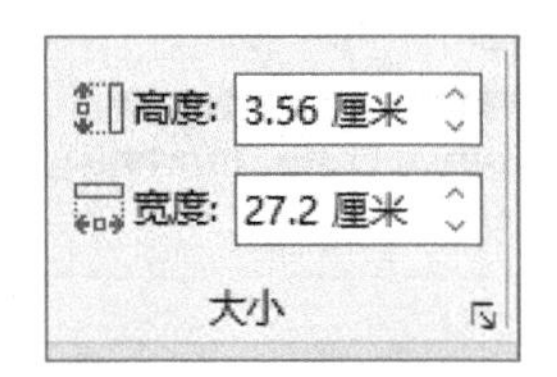

图 3-47　设置文本框大小

3）设置文本框文字“字体”为“微软雅黑”，“字号”为“初号”，居中。设置文字艺术字样式为“渐变填充：蓝色，主题色 5；映像”，如图 3-48 所示。

4）单击“绘图工具”下的“形状格式”选项卡，在“形状填充”中选择“图片”，打开“插入图片”对话框，在 D 盘找到实验 3 的“素材 1”，单击“插入”，如图 3-49a 所示。设置好的刊头如图 3-49b 所示。

图 3-48　设置艺术字样式

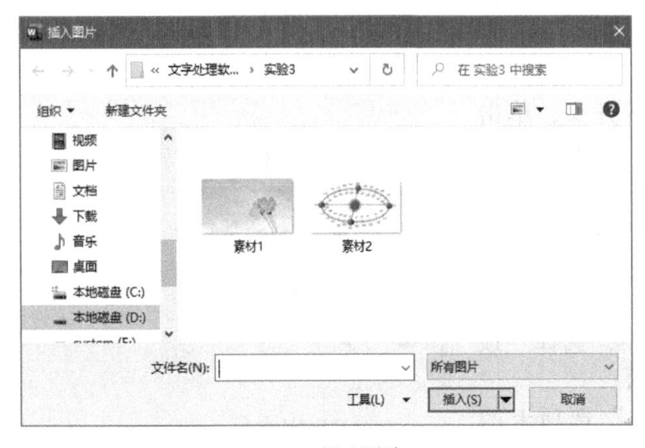

a) 插入图片

b) 设置好的刊头

图 3-49　设置填充图片

4. 图片设置

（1）插入图片　将光标定位在第二段的末尾，单击“插入”选项卡中的“图片”，选择“此设备”。打开“插入图片”对话框，在D盘找到实验3的“素材2”，单击“插入”。

（2）设置图片

1）选中图片，单击“图片工具”下的“图片格式”选项卡，在“排列”组中单击“环绕文字”，选择“四周型”。

2）在“大小”组中设置“高度”为1.6厘米，“宽度”为3厘米，调整位置。

3）在“图片样式”中选择“剪去对角，白色”。

5. 文本框、数学公式设置

（1）插入文本框　将光标定位在文章最后，单击“插入”选项卡“文本”组中的“文本框”，选择“绘制横排文本框”，绘制一个文本框。

（2）插入公式　将光标定位在文本框中，单击“插入”选项卡“符号”组中的“公式”，选择“插入新公式”。按图3-50所示，输入公式。

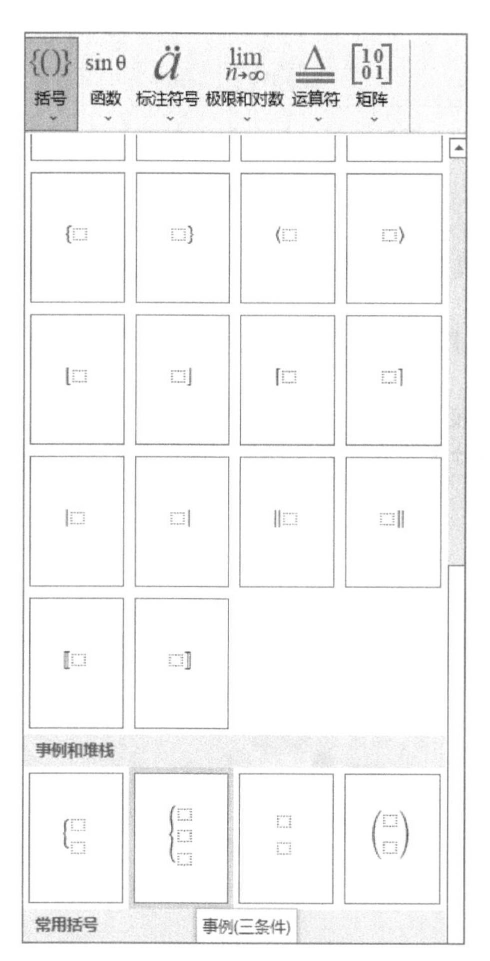

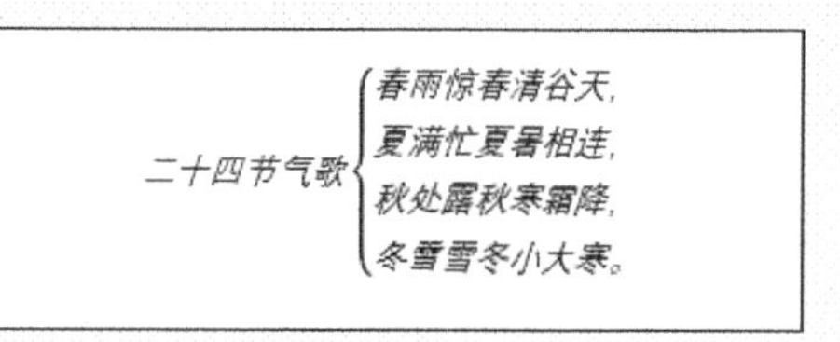

图3-50　输入公式

（3）设置文本框

1）选中文本框，单击“绘图工具”下的“形状格式”选项卡，在“形状样式”中选择“渐变填充 - 蓝色，强调颜色1，无轮廓”。

2）在“排列”组中单击“环绕文字”，选择“四周型”，调整位置。

3）在“大小”组中设置“高度”为3厘米，“宽度”为6.5厘米。

6. SmartArt 图形设置

（1）插入 SmartArt 图形　单击“插入”选项卡“插图”组中的“SmartArt”，在打开的对话框中选择“循环”中的“基本循环”，如图 3-51 所示。

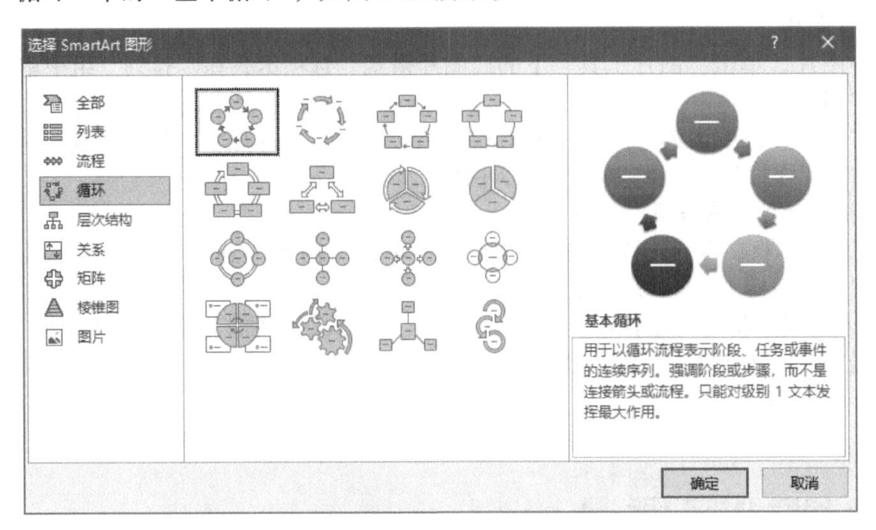

图 3-51　插入 SmartArt 图形

（2）设置 SmartArt 图形

1）选中 SmartArt 图形中的一个形状，按 <Delete> 键删除。

2）选中整个 SmartArt 图形，单击“SmartArt 工具”下的“SmartArt 设计”选项卡中的“更改颜色”，选择“彩色 - 个性色”，如图 3-52 所示。

3）选中整个 SmartArt 图形，单击“SmartArt 工具”下的“格式”选项卡，在“排列”组中单击“环绕文字”，选择“四周型”。

4）在“大小”组中设置“高度”为 5 厘米，“宽度”为 5 厘米。

5）选中整个 SmartArt 图形，在左边文本窗格中分别输入“春”“夏”“秋”“冬”。

6）选中整个 SmartArt 图形，将其拖至相应位置，如图 3-53 所示。

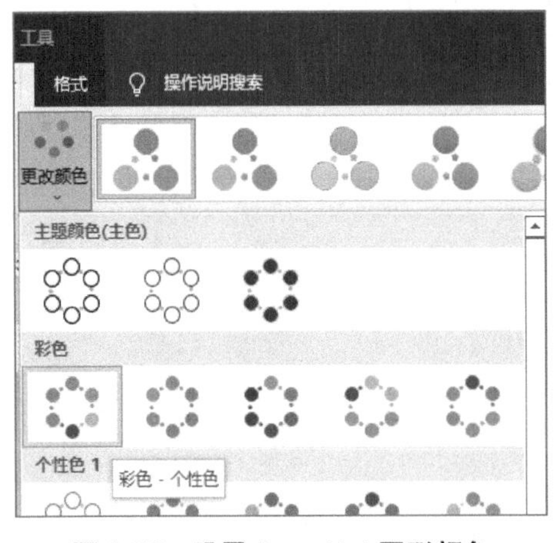

图 3-52　设置 SmartArt 图形颜色

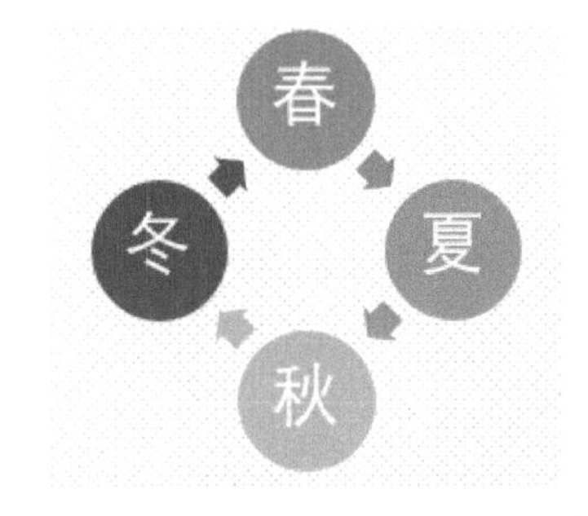

图 3-53　设置 SmartArt 图形文本

7. 艺术字设置

1）将光标定位在文档最后，单击“插入”选项卡“文本”组中的“艺术字”，选择“填充：白色；边框：橙色，主题色 2”，然后输入内容“中国古代人民的智慧结晶”。

2）选中艺术字，设置“字体”为“华文新魏”，“字号”为“小一”，并拖至相应位置，如图 3-54 所示。

中国古代人民的智慧结晶

图 3-54 设置艺术字

8. 表格设置

（1）绘制表格 在文档空白的地方，按照图 3-55 所示绘制表格。绘制表格的方法实验 2 已讲述，在此不再赘述。

春季	立春	雨水	惊蛰
	春分	清明	谷雨
夏季	立夏	小满	芒种
	夏至	小暑	大暑
秋季	立秋	处暑	白露
	秋分	寒露	霜降
冬季	立冬	小雪	大雪
	冬至	小寒	大寒

图 3-55 绘制表格

（2）表格与文档混排 右击表格，选择“表格属性”，打开“表格属性”对话框，设置为“文字环绕”，并拖至相应位置。设置完成的文档如图 3-56 所示。

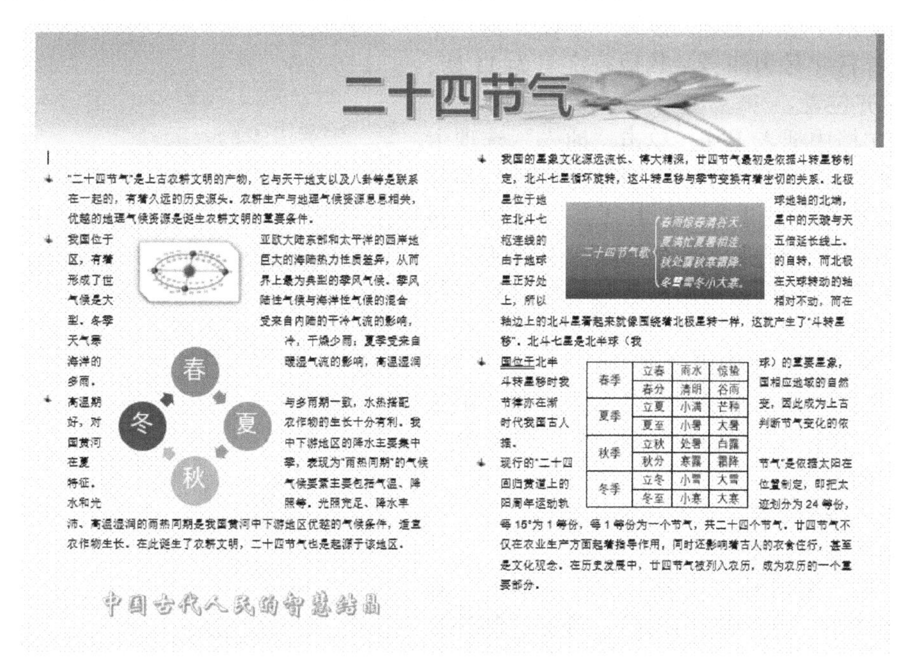
二十四节气

"二十四节气"是上古农耕文明的产物，它与天干地支以及八卦等是联系在一起的，有着久远的历史源头。农耕生产与地理气候资源息息相关，优越的地理气候资源是诞生农耕文明的重要条件。

我国位于亚欧大陆东部和太平洋的西岸地区，有着巨大的海陆热力性质差异，从而形成了世界上最为典型的季风气候。季风气候是大陆性气候与海洋性气候的混合型。冬季受来自内陆的干冷气流的影响，天气寒冷，干燥少雨；夏季受来自海洋的暖湿气流的影响，高温湿润多雨。

高温期与多雨期一致，水热搭配好，对农作物的生长十分有利。我国黄河中下游地区的降水主要集中在夏季，表现为"雨热同期"的气候特征。气候要素主要包括气温、降水和光照等。光照充足、降水丰沛、高温湿润的雨热同期是我国黄河中下游地区优越的气候条件，适宜农作物生长。在此诞生了农耕文明，二十四节气也是起源于该地区。

我国的星象文化源远流长、博大精深，廿四节气最初是依据斗转星移制定，北斗七星循环旋转，这斗转星移与季节变换有着密切的关系。北极星位于地球地轴的北端，在北斗七星中的天璇与天枢连线的五倍延长线上。由于地球的自转，而北极星正好处在天球转动的轴上，所以相对不动，而在轴边上的北斗星看起来就像围绕着北极星转一样，这就产生了"斗转星移"。北斗七星是北半球（我国位于北半球）的重要星象，斗转星移时我国相应地域的自然节律亦在渐变，因此成为上古时代我国古人判断节气变化的依据。

春季	立春	雨水	惊蛰
	春分	清明	谷雨
夏季	立夏	小满	芒种
	夏至	小暑	大暑
秋季	立秋	处暑	白露
	秋分	寒露	霜降
冬季	立冬	小雪	大雪
	冬至	小寒	大寒

现行的"二十四节气"是依据太阳在回归黄道上的位置制定，即把太阳周年运动轨迹划分为 24 等份，每 15°为 1 等份，每 1 等份为一个节气，共二十四个节气。廿四节气不仅在农业生产方面起着指导作用，同时还影响着古人的衣食住行，甚至是文化观念。在历史发展中，廿四节气被列入农历，成为农历的一个重要部分。

中国古代人民的智慧结晶

图 3-56 完成的文档

9. 保存文档

单击快速访问工具栏上的“保存”，在弹出的对话框中设置文件名为“Word3.docx”，保存在 D 盘的“项目 3”文件夹中。

实验 4　邮件合并

一、实验目标

掌握 Word 2019 邮件合并的操作。

二、实验准备

1. Windows 10 操作系统。
2. Word 2019 文字处理软件。
3. Excel 数据源素材。

三、实验内容及操作步骤

实验内容

1. 新建主文档并编辑保存。
2. 利用提供的数据源进行邮件合并。

操作步骤

1. 新建主文档并编辑保存

（1）新建文档　启动 Word 2019，新建 Word 文档，作为邮件合并的主文档。

（2）编辑文档

1）单击“布局”选项卡“页面设置”组中的“纸张大小”，选择“其他纸张大小”。设置“纸张大小”的“高度”为 18 厘米，“宽度”为 12.45 厘米，如图 3-57 所示。

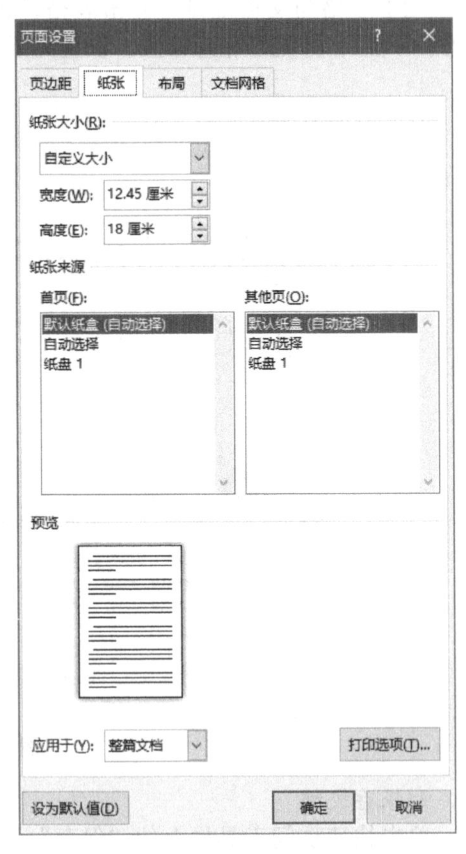

图 3-57　设置纸张大小

2）在文档中输入文字，设置“字体”为“华文新魏”，首行字号为四号，其他行字号为 11 磅，调整文字对齐位置。

3）在文档中插入图片。单击“插入”选项卡中的“图片”，选择“此设备”，插入本实验的素材“背景”。选中图片，单击“图片工具”下的“格式”选项卡，在“排列”组中单击“环绕文字”，选择“衬于文字下方”，调整图片大小至与页面相同，如图 3-58 所示。

（3）保存文档　单击快速访问工具栏上的“保存”，在弹出的对话框中设置文件名为“邀请函主文档 .docx”，保存在 D 盘的“项目 3”文件夹中。

（4）关闭文档

2. 利用提供的数据源进行邮件合并

（1）激活邮件合并

1）打开“邀请函主文档 .docx”，单击“邮件”选项卡中的“开始邮件合并”，选择“邮件合并分步向导”，在右侧打开“邮件合并”窗格，如图 3-59 所示，选择“信函”，单击“下一步：开始文档”。

2）选择“使用当前文档”，单击“下一步：选择收件人”，如图 3-60 所示。

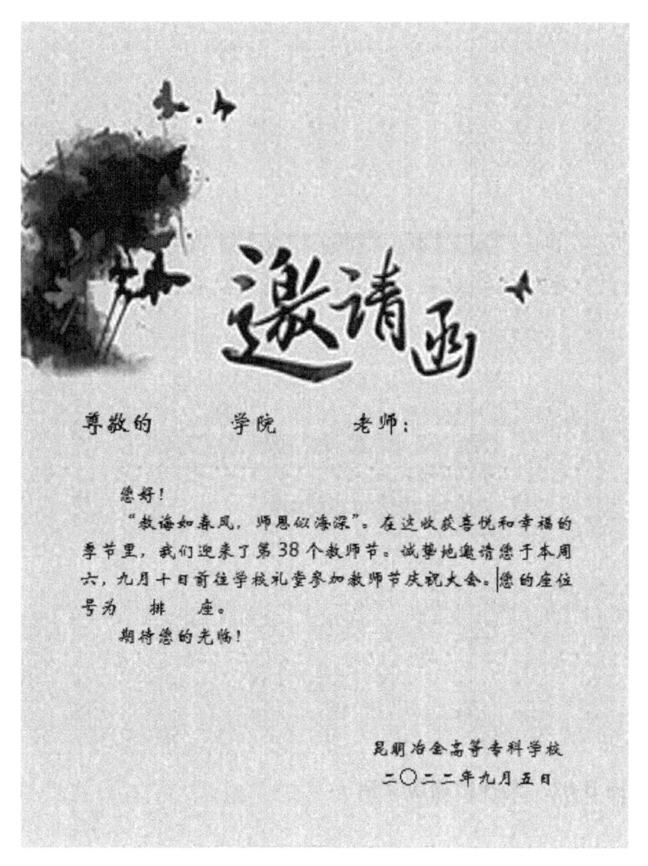

图 3-58　插入图片

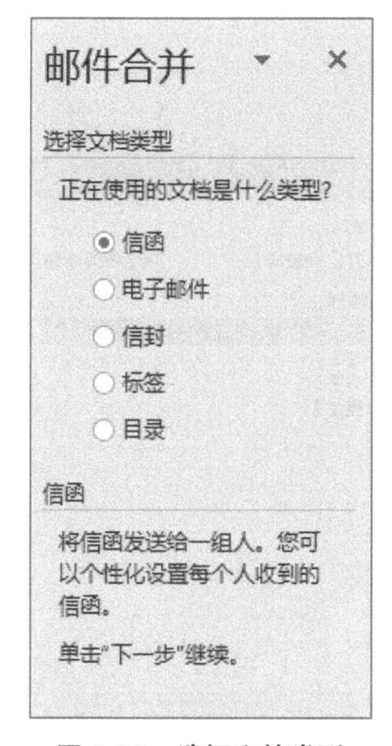

图 3-59　选择文档类型

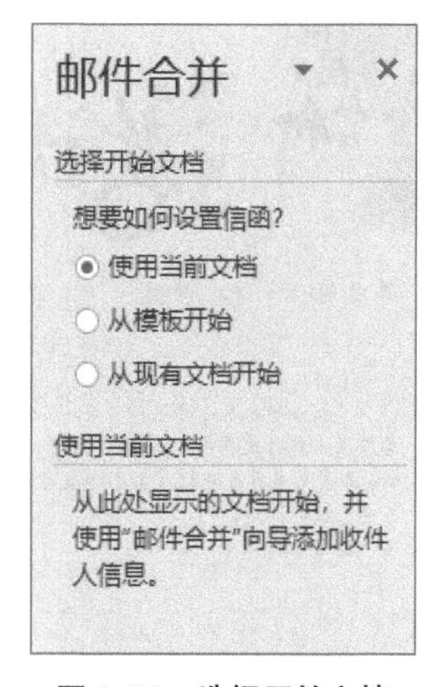

图 3-60　选择开始文档

3）单击“浏览”，找到已经做好的“数据源”文档，打开相应的表格，并且选择数据，如图 3-61 所示。

4）开始撰写信函。单击“下一步：撰写信函”。根据要生成的通知单，将光标定位在“学院”之前，选择“其他项目”，如图 3-62 所示。

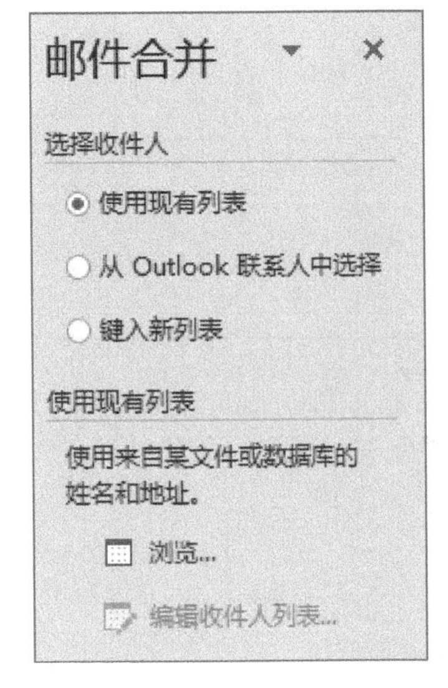

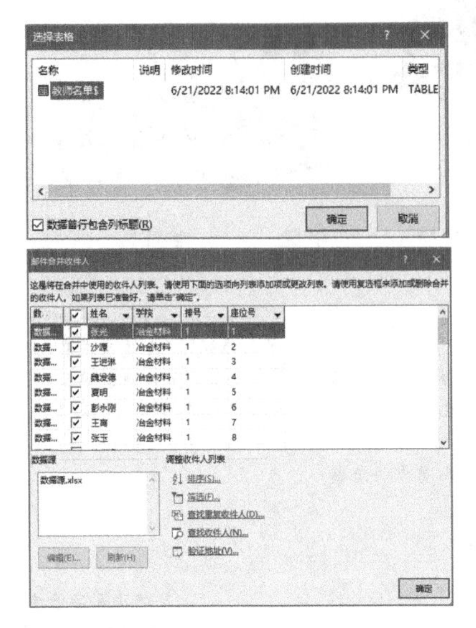

邮件合并

撰写信函

如果还未撰写信函，请现在开始。

若要将收件人信息添至信函中，请单击文档中的某一位置，然后再单击下列的一个项目。

地址块...

问候语...

电子邮政...

其他项目...

完成信函撰写之后，请单击“下一步”。接着您即可预览每个收件人的信函，并可进行个性化设置。

图 3-61　选择数据源文档

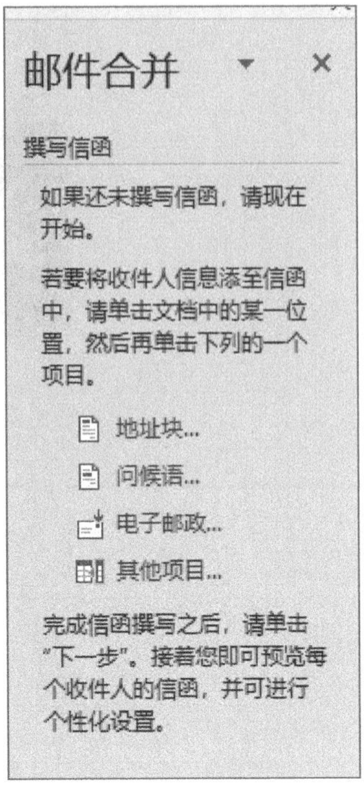

图 3-62　撰写信函

5）选择“学院”，单击“插入”，如图 3-63 所示。

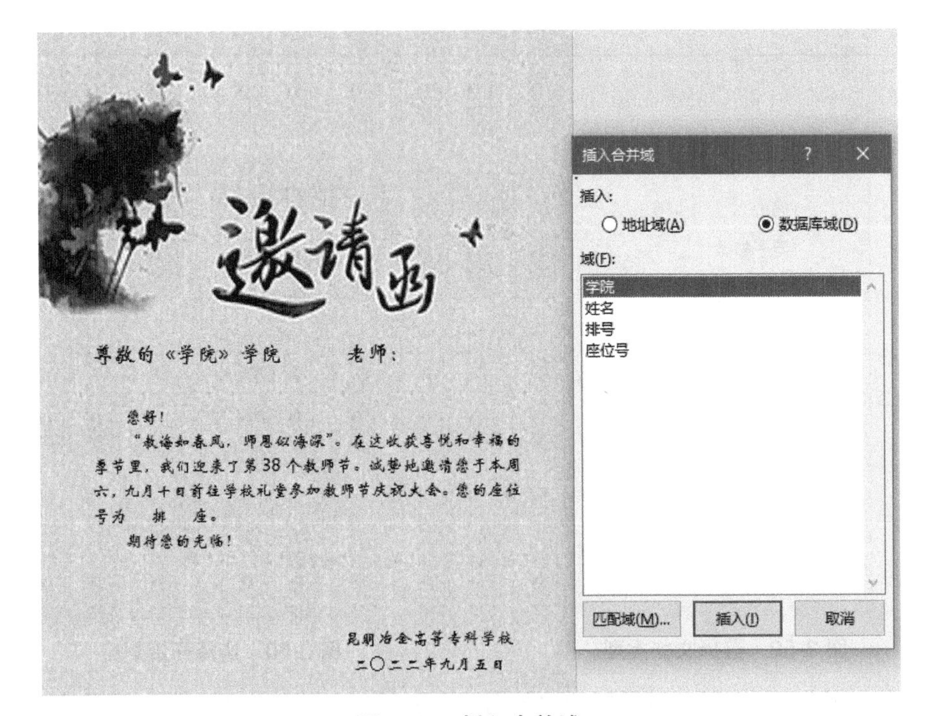

图 3-63　插入合并域

6）使用相同的方法，分别插入老师姓名、排号和座位号，如图 3-64 所示。

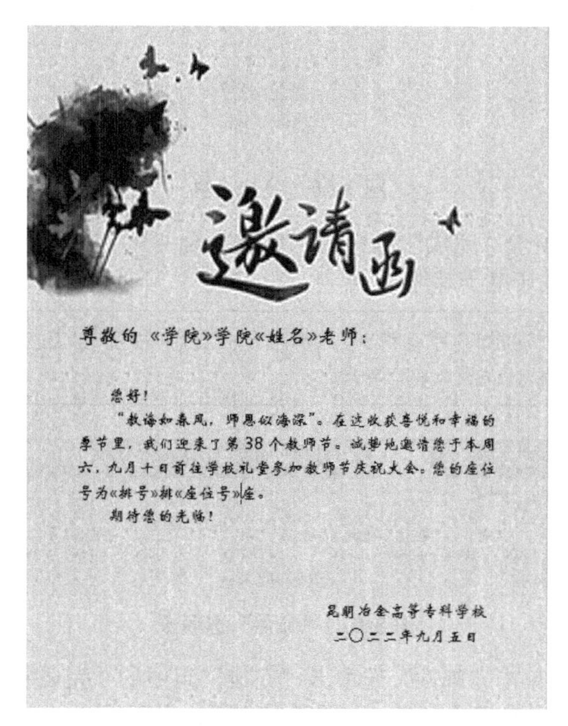
邀请函

尊敬的《学院》学院《姓名》老师：

您好！

"教诲如春风，师恩似海深"。在这收获喜悦和幸福的季节里，我们迎来了第 38 个教师节。诚挚地邀请您于本周六，九月十日前往学校礼堂参加教师节庆祝大会。您的座位号为《排号》排《座位号》座。

期待您的光临！

昆明冶金高等专科学校

二〇二二年九月五日

图 3-64　插入其他合并域

（2）合并结果并预览

1）单击"下一步：预览信函"，即可查看邮件合并结果，如图 3-65 所示。

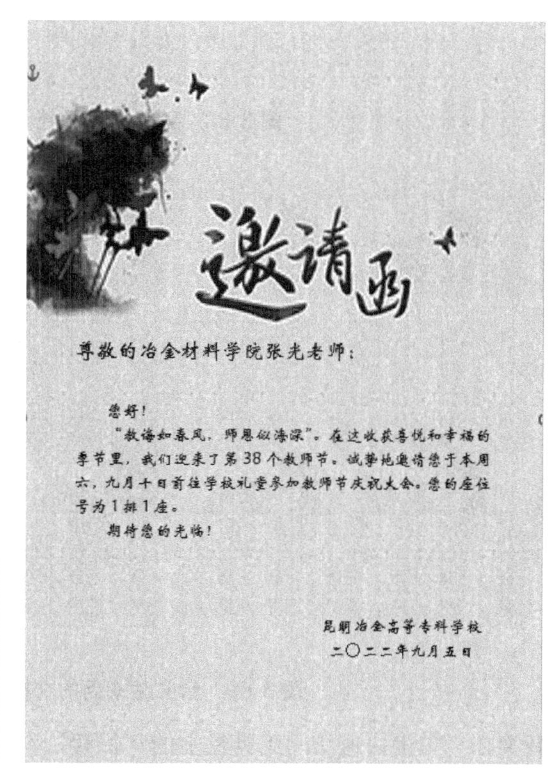
邀请函

尊敬的冶金材料学院张光老师：

您好！

"教诲如春风，师恩似海深"。在这收获喜悦和幸福的季节里，我们迎来了第 38 个教师节。诚挚地邀请您于本周六，九月十日前往学校礼堂参加教师节庆祝大会。您的座位号为 1 排 1 座。

期待您的光临！

昆明冶金高等专科学校

二〇二二年九月五日

图 3-65　预览信函

2）单击"下一步：完成合并"，如图 3-66 所示。

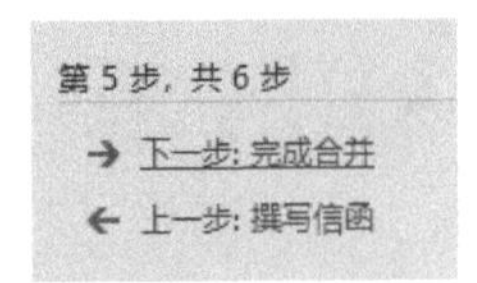

图 3-66　完成合并

3）单击“邮件”选项卡“完成”组中的“完成并合并”，在下拉列表中可选择“编辑单个文档”“打印文档”或“发送电子邮件”。

提示：进行邮件合并时除了可以使用“邮件合并分步向导”，还可以使用“邮件”选项卡下面所有的命令进行操作，如图 3-67 所示。

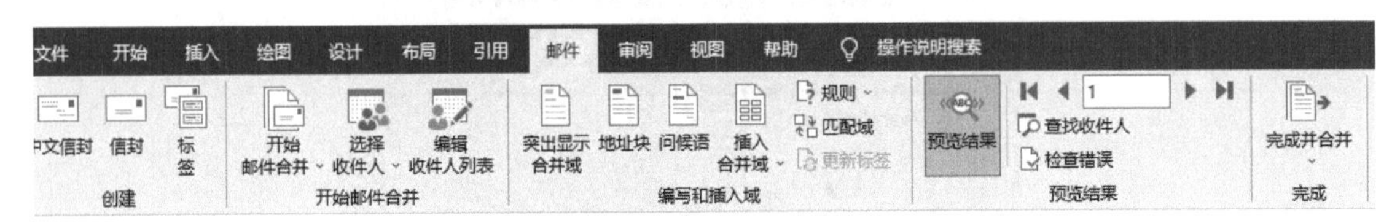

图 3-67　“邮件”选项卡

（3）合并到新文档　单击“邮件”选项卡“完成”组中的“完成并合并”，选择“编辑单个文档”，如图 3-68 所示，生成新的文档，如图 3-69 所示。

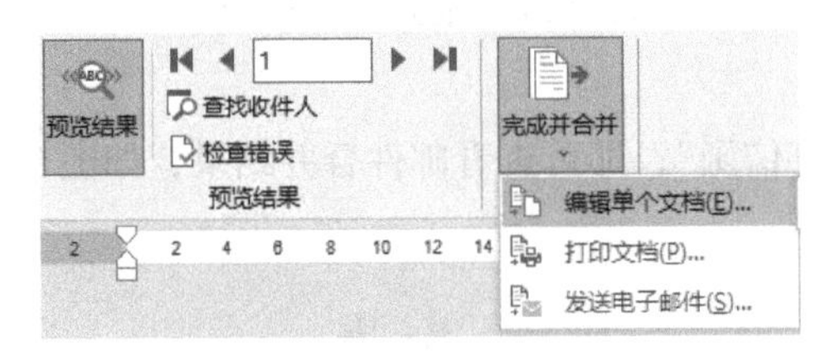

图 3-68　编辑单个文档

图 3-69　合并生成新的文档

（4）保存新文档　单击快速访问工具栏上的“保存”，在弹出的对话框中设置文件名为“邀请卡合并文档.docx”，保存在 D 盘的“项目 3”文件夹中。

提示：邮件合并后的新文档必须保存到主文档和数据源文档所在的文件夹中。

实验 5　长文档排版

一、实验目标

1. 掌握样式的应用。
2. 掌握分节符的应用。
3. 掌握封面的制作。
4. 掌握题注的使用。
5. 掌握页眉、页脚的设置。
6. 掌握目录自动生成的方法。

二、实验准备

1. Windows 10 操作系统。
2. Word 2019 文字处理软件。
3. 长文档排版素材。

三、实验内容及操作步骤

实验内容

1. 文档样式设置。
2. 添加图片题注。
3. 插入分节符及页眉和页脚。
4. 制作文档封面。
5. 插入目录。
6. 保存文档。

操作步骤

1. 文档样式设置

（1）打开素材文档　打开“实验 5 素材 .docx”文档。

（2）设置段落　选中整篇文档，单击“开始”选项卡“段落”组右下角的组按钮，打开“段落”对话框，设置多倍行距为 1.2，首行缩进 2 字符，单击“确定”，如图 3-70 所示。

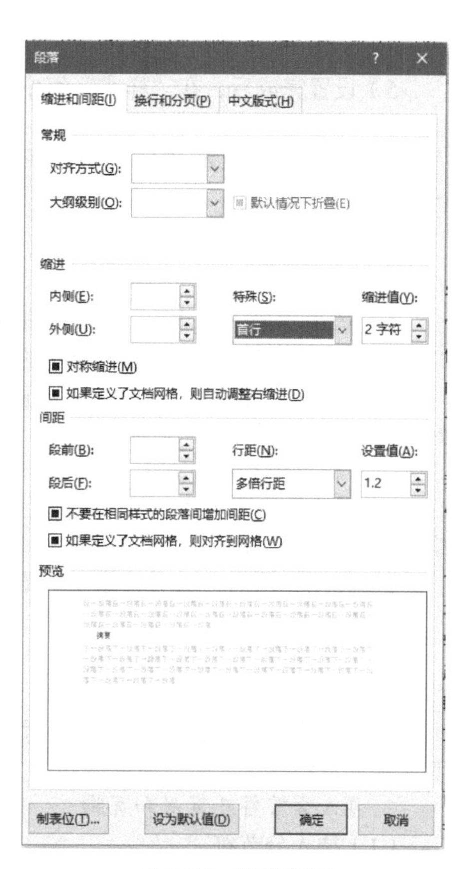

图 3-70　设置段落

（3）设置文字及样式

1）单击“开始”选项卡，在“字体”组中设置整篇文档的字体为宋体，五号。

2）选中“摘要”文本，单击“开始”选项卡，在“字体”组中设置字体为隶书，二号，加粗，居中。

3）选中“一、立春”，单击“开始”选项卡，在“字体”组中设置字体为黑体，小三，加粗。在“样式”组中选择“创建样式”，在弹出的对话框中输入“1 级标题”，并单击“修改”，如图 3-71 所示。

4）在弹出的对话框中，设置“样式基准”为“标题 1”，单击“格式”，选择“段落”，打开“段落”对话框，取消首行缩进 2 字符，如图 3-72 所示。

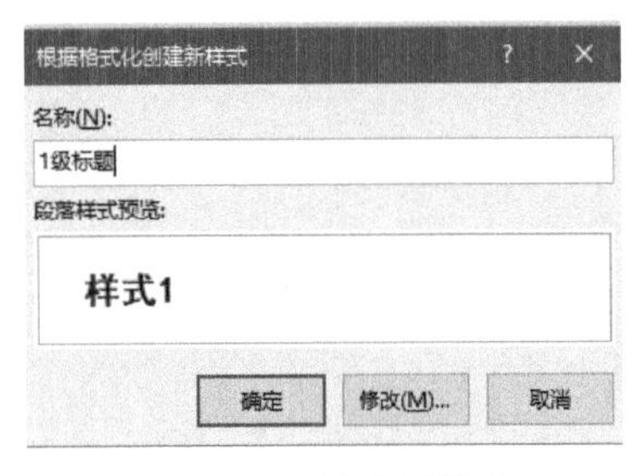

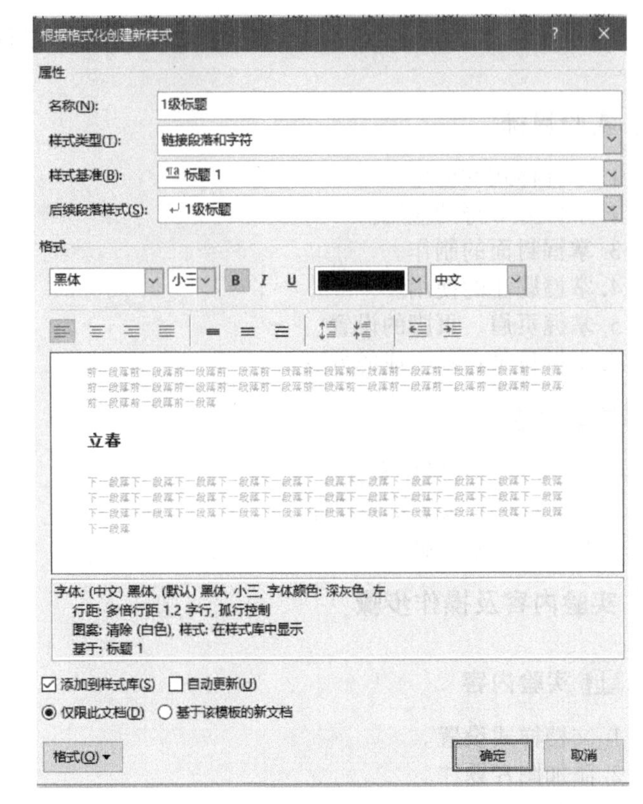

图 3-71　创建新样式　　　　图 3-72　修改样式

5）设置完成后，在“样式”组中即出现“1 级标题”，如图 3-73 所示。

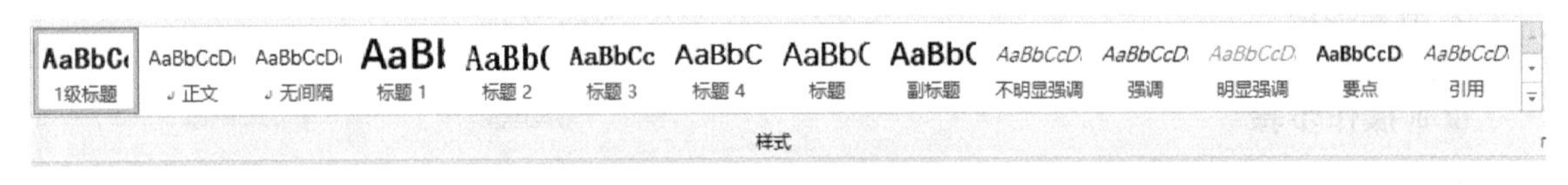

图 3-73　样式设置完成

6）选中“二、雨水”，单击“开始”选项卡，在“样式”组中选择“1 级标题”，设置与“一、立春”相同的样式。使用相同的方法对“三、惊蛰”和“四、春分”等标题进行设置。

7）单击“视图”选项卡，在“显示”组中勾选“导航窗格”复选框，即可在左侧显示设置好的标题大纲，如图 3-74 所示。

（4）设置图片对齐方式

1）选中第一张图片，单击“图片工具”下的“图片格式”选项卡，在“排列”组中单击“环绕文字”，选择“嵌入型”，如图 3-75 所示。单击“开始”选项卡，在“段落”组中单击“居中”。

2）使用相同的方法对其他 3 张图片进行设置。

2. 添加图片题注

（1）设置题注　选中第一张图片，单击“引用”选项卡“题注”组中的“插入题注”，选择“新建标签”，在“标签”中输入“图片”，单击“确定”，如图 3-76 所示。

（2）插入题注　回到“题注”对话框，单击“确定”即可插入题注。然后将原来图片的说明文字调整到题注之后。使用相同的方法给其他 3 张图片插入题注。

3. 插入分节符及页眉和页脚

（1）插入分节符

1）将光标定位在“摘要”的段落之后，单击“布局”选项卡“页面设置”组中的“分隔符”，选择“分节符”中的“下一页”，如图 3-77 所示。

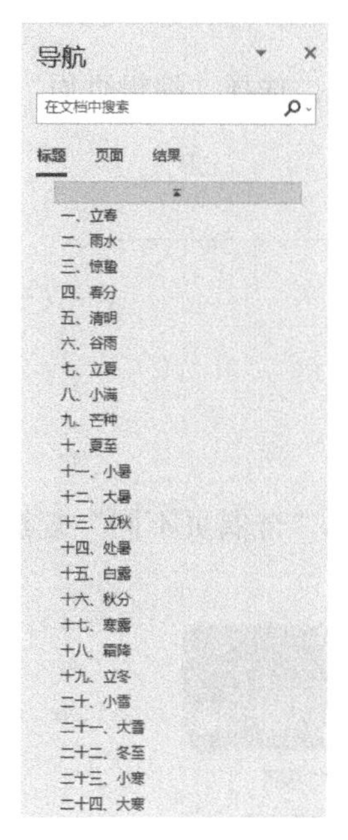

导航
在文档中搜索
标题　页面　结果
一、立春
二、雨水
三、惊蛰
四、春分
五、清明
六、谷雨
七、立夏
八、小满
九、芒种
十、夏至
十一、小暑
十二、大暑
十三、立秋
十四、处暑
十五、白露
十六、秋分
十七、寒露
十八、霜降
十九、立冬
二十、小雪
二十一、大雪
二十二、冬至
二十三、小寒
二十四、大寒

图 3-74　“导航”窗格

位置
环绕文字
上移一层
下移一层
选择窗
嵌入型(I)
四周型(S)
紧密型环绕(T)
穿越型环绕(H)
上下型环绕(O)
衬于文字下方(D)
浮于文字上方(N)

图 3-75　设置图片环绕方式

题注
题注(C):
图表 1
选项
标签(L): 图表
位置(P): 所选项目下方
从题注中排除标签(E)
新建标签(N)...
删除标签(D)
编号(U)...
自动插入题注(A)...
确定
取消
新建标签
标签(L):
图片
确定
取消

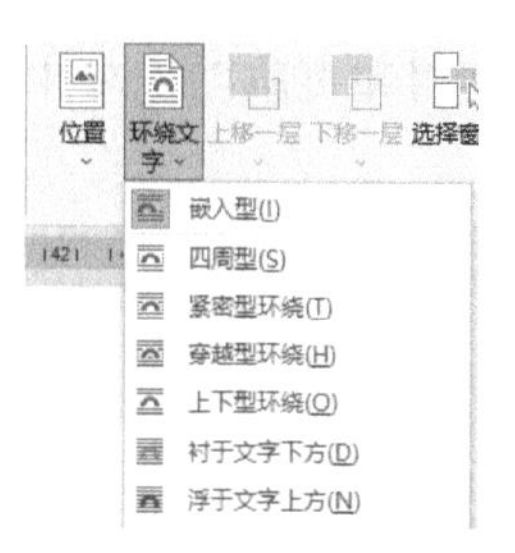

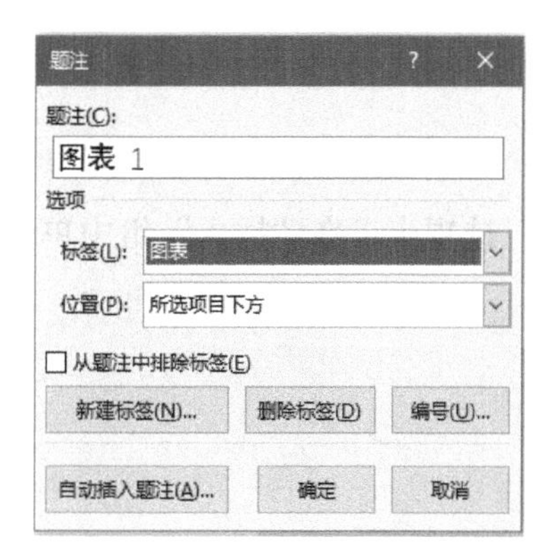

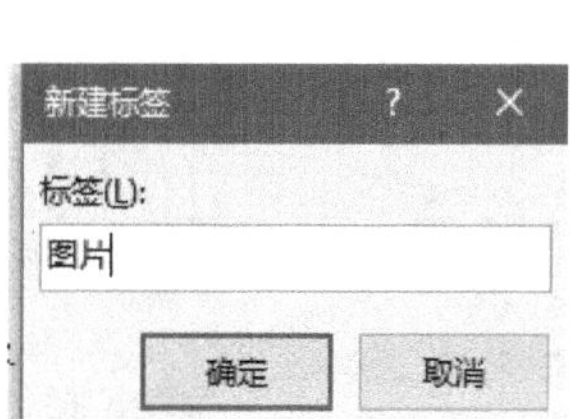

图 3-76　设置题注

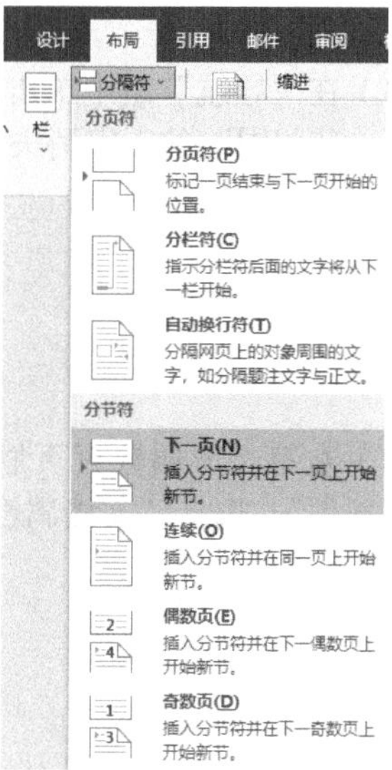

设计
布局
引用
邮件
审阅
分隔符
缩进
栏
分页符
分页符(P)
标记一页结束与下一页开始的位置。
分栏符(C)
指示分栏符后面的文字将从下一栏开始。
自动换行符(T)
分隔网页上的对象周围的文字，如分隔题注文字与正文。
分节符
下一页(N)
插入分节符并在下一页上开始新节。
连续(O)
插入分节符并在同一页上开始新节。
偶数页(E)
插入分节符并在下一偶数页上开始新节。
奇数页(D)
插入分节符并在下一奇数页上开始新节。

图 3-77　插入分节符

2）单击“视图”选项卡“视图”组中的“大纲”，即可看到分节符效果，如图 3-78 所示。然后关闭大纲视图。

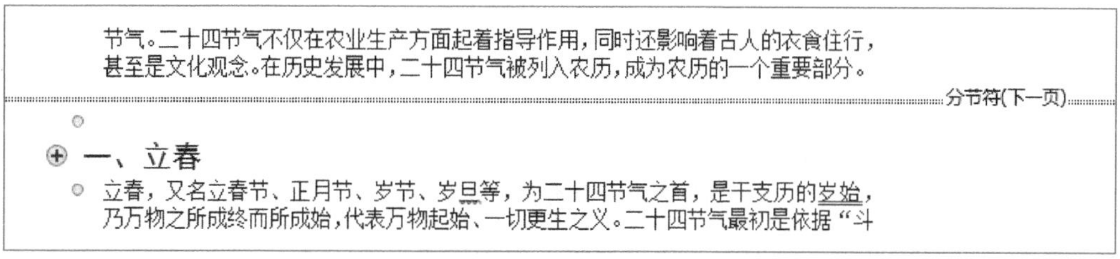

节气。二十四节气不仅在农业生产方面起着指导作用，同时还影响着古人的衣食住行，甚至是文化观念。在历史发展中，二十四节气被列入农历，成为农历的一个重要部分。
分节符(下一页)
一、立春
立春，又名立春节、正月节、岁节、岁旦等，为二十四节气之首，是干支历的岁始，乃万物之所成终而所成始，代表万物起始、一切更生之义。二十四节气最初是依据“斗

图 3-78　显示分节符

（2）插入页眉和页脚

1）单击“插入”选项卡“页眉和页脚”组中的“页眉”，选择“编辑页眉”，定位到文档第 2 节“立春”部分的页眉编辑处，如图 3-79 所示。

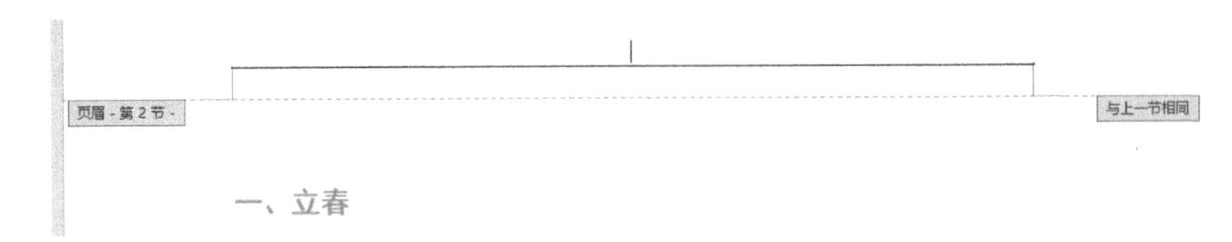

图 3-79　编辑页眉

2）选择“页眉和页脚”选项卡，在“选项”组中勾选“奇偶页不同”复选框，如图 3-80 所示。

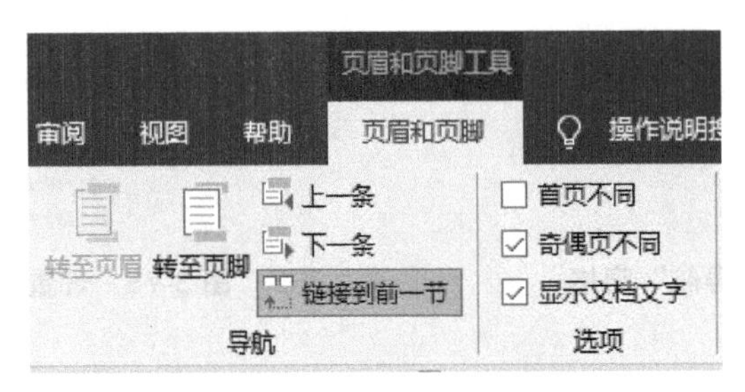

图 3-80　设置奇偶页不同

3）在“导航”组中单击“链接到前一节”，断开“摘要”部分和“立春”部分的页眉链接，“与上一节相同”的文字消失，如图 3-81 所示。

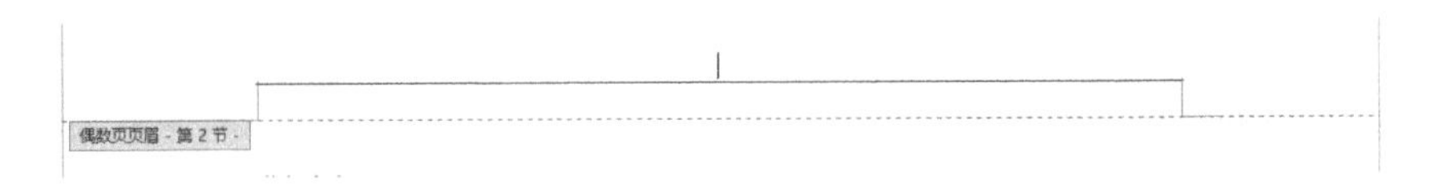

图 3-81　断开与上一节的链接

4）在第 2 节偶数页页眉处进行编辑，单击“页眉和页脚”选项卡，在“插入”组中单击“文档部件”，选择“文档属性”/“标题”，如图 3-82 所示。

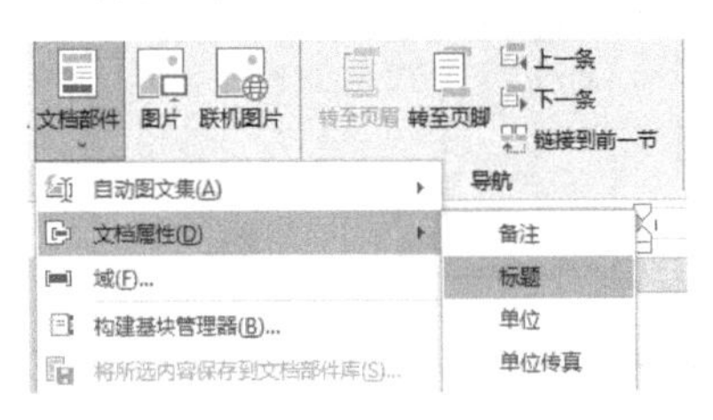

图 3-82　插入标题

5）在标题位置输入“二十四节气”，如图 3-83 所示。

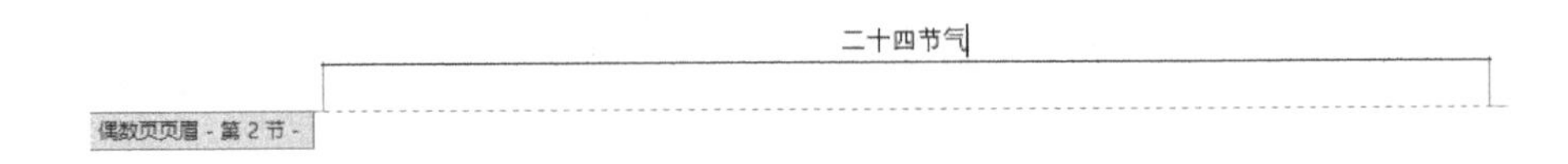

图 3-83　设置偶数页页眉

6）单击“页眉和页脚”选项卡，在“导航”组中单击“下一条”，定位到第 2 节的奇数页页眉。单击“链接到前一节”，断开链接。

7）在“页眉和页脚”选项卡的“插入”组中单击“文档部件”，选择“域”，打开“域”对话框。在“域名”中选择“StyleRef”，“样式名”选择“1 级标题”，单击“确定”，如图 3-84 所示。插入 1 级标题后的页眉如图 3-85 所示。

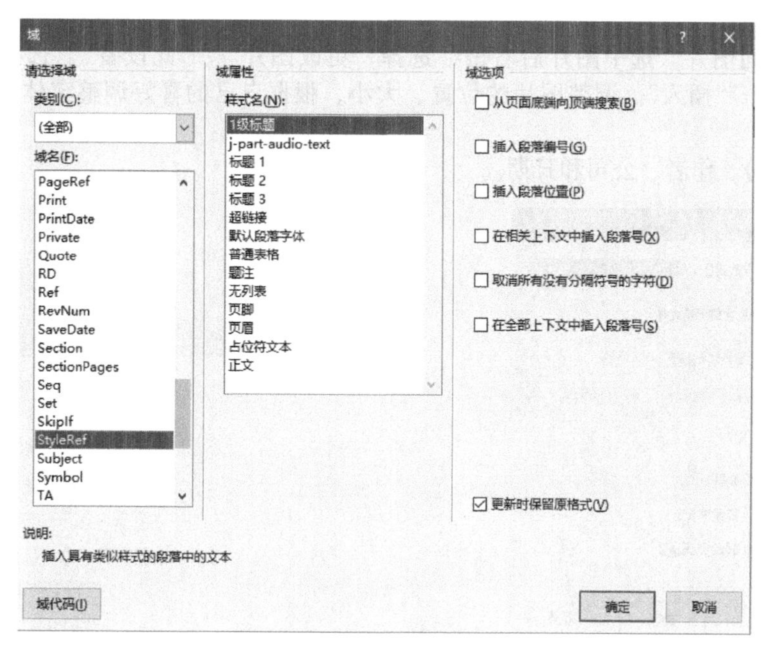

图 3-84　设置域

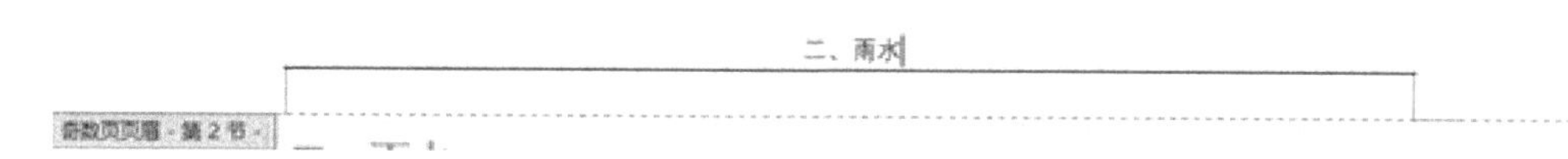

图 3-85　设置奇数页页眉

8）在“页眉和页脚”选项卡的“导航”组中单击“转至页脚”。单击“链接到前一节”，断开链接。单击“页眉和页脚”组中的“页码”，选择“设置页码格式”，设置为“-1-，-2-，-3-，…”，如图 3-86 所示。

9）单击“页眉和页脚”组中的“页码”，选择“页面底端”/“普通数字 2”，如图 3-87 所示。

10）单击“导航”组中的“上一条”，定位到第 2 节的偶数页页脚。单击“链接到前一节”，断开链接。

11）单击“页眉和页脚”组中的“页码”，选择“页面底端”/“普通数字 2”。再在“页码”中选择“设置页码格式”，设置“起始页码”为“-1-”，如图 3-88 所示。

12）单击“关闭页眉和页脚”，设置完毕。

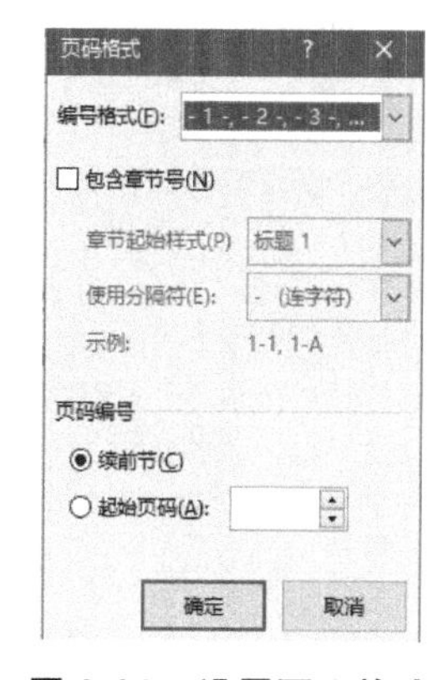

图 3-86　设置页码格式

图 3-87　页脚插入页码

4. 制作文档封面

（1）插入封面　将光标定位在“摘要”之前，单击“插入”选项卡“页面”组中的“封面”，选择“运动型”。

（2）设置封面

1）更改封面图片。选中图片后右击，选择“更改图片”/“此设备”，选择提供的素材图片“封面”，单击“插入”。调整图片的位置、大小，根据自己的喜好调整字体及形状设置，如图 3-89 所示。

2）填写年份、作者、公司和日期。

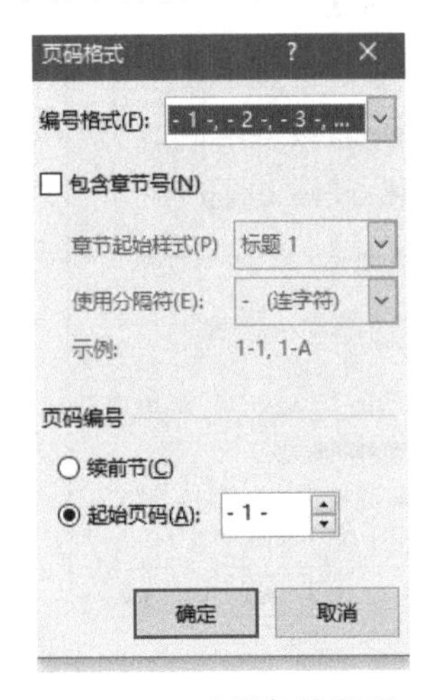

图 3-88　设置起始页码

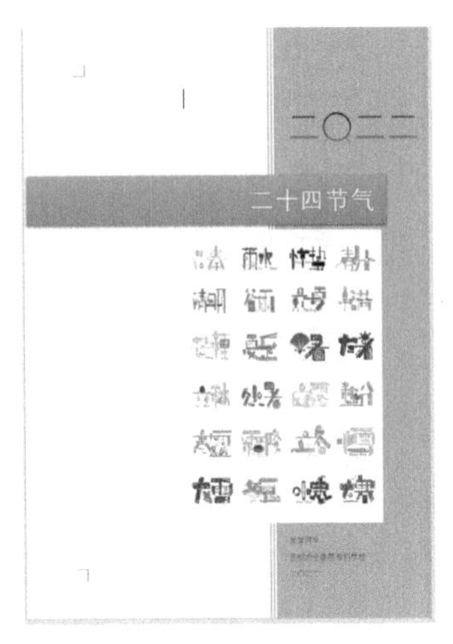

图 3-89　设置封面

5. 插入目录

（1）插入目录

1）将光标定位在“摘要”段落之后，单击“插入”选项卡“页面”组中的“分页”。

2）在新建页输入“目录”，设置字体为黑体，小二，居中，然后按 <Enter> 键。单击“引用”选项卡“目录”组中的“目录”，选择“自定义目录”，设置“格式”为“正式”，单击“确定”，如图 3-90 所示。

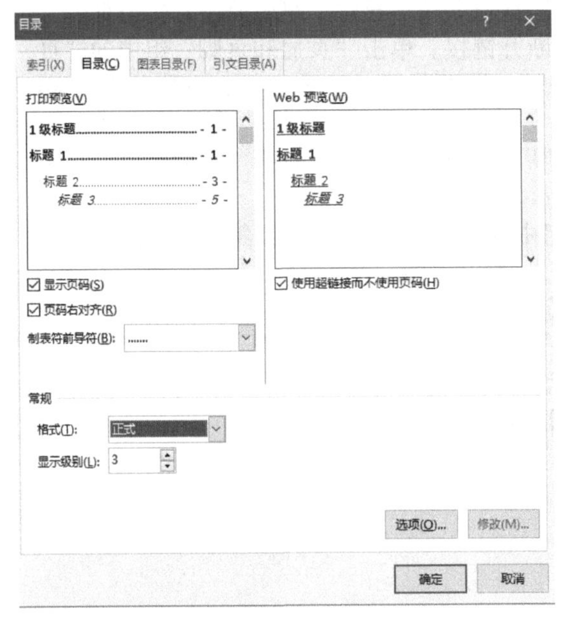

图 3-90　插入目录

（2）设置目录　选中目录内容，设置字体为华文新魏，五号。

6. 保存文档

完成的文档如图 3-91 所示。单击快速访问工具栏上的“保存”，在弹出的对话框中设置文件名为“Word5.docx”，保存在 D 盘的“项目 3”文件夹中。

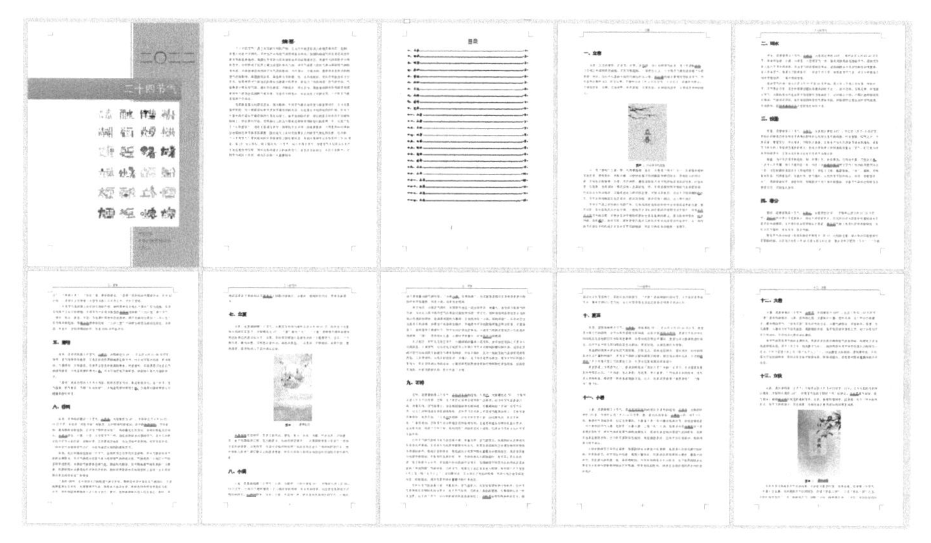

图 3-91　完成的文档

单元习题

一、判断题

1. Word 2019 默认文档的扩展名是 DOC。　　　（　　）

2. 在 Word 2019 中，查找的快捷键是 <Ctrl+F>。　　　（　　）

3. 在 Word 2019 中，选择某段文本，双击“格式刷”进行格式应用时，格式刷可以使用的次数是 2 次。　　　（　　）

4. 在 Word 2019 中，页面格式的设置包括页边距、纸张方向、网格设置等。　　　（　　）

5. 在 Word 2019 中，当一个表格的大小超过一页时，无论如何设置，第 2 页的续表也不会显示表格的标题行。　　　（　　）

二、单选题

1. 在 Word 2019 文本编辑中，用（　　）方法移动选定的文本。

A. 双击该文本　　B.“复制”和“粘贴”命令

C. <Ctrl+X> 组合键和 <Ctrl+V> 组合键　　D. <Ctrl+C> 组合键和 <Ctrl+V> 组合键

2. 在 Word 2019 的默认状态下，有时会在某些中文文字下方出现蓝色双下划线，这表示（　　）。

A. 拼写错误　　B. 输入错误或特殊用法

C. 该文字本身自带下划线　　D. 该处有附注

3. 在 Word 2019 中，用户可以根据需要选择（　　）选项卡表格功能区中的相关命令实现将所选文本转换成所需的表格。

A. 设计　　B. 布局　　C. 开始　　D. 插入

4. Word 2019 提供了 5 种视图方式，在（　　）方式下可以显示级别。

A. 阅读　　B. 页面　　C. 草稿　　D. 大纲

5. 在 Word 2019 中，使用（　　）可以快速访问使用频率较高的工具，并允许用户自定义该工具栏。其包括保存、撤销、恢复、打开等常用操作。

A. “开始”选项卡　B. 快速访问工具栏　C. “文件”菜单　D. “插入”选项卡

6. 在 Word 2019 中，鼠标指针移动到行的左边，当指针变为一个指向右上角的箭头时，下列（　　）操作可以选择所指向段落。

A. 三击鼠标左键　B. 单击鼠标左键　C. 双击鼠标左键　D. 单击鼠标右键

7. 在 Word 2019 中，在（　　）中编辑页眉和页脚。

A. 大纲视图　B. 页面视图　C. 草稿视图　D. 阅读视图

8. 关于在 Word 2019 中插入一个分页符的方法，下面不正确的是（　　）。

A. <Ctrl+Enter> 组合键

B. 执行“插入”选项卡下“页面”组中的“分页”命令

C. 执行“插入”选项卡下“符号”组中的“分隔符”命令

D. 执行“布局”选项卡下“页面设置”组中的“分隔符”命令

9. 使用 Word 2019 编辑文档时，如果希望在“查找和替换”对话框中只需一次输入便能依次查找分散在文档中的第 1 回，第 2 回……第 20 回，那么在“查找”选项卡的“查找内容”中应输入（　　）。

A. 第 1 回，第 2 回……第 20 回　B. 第 * 回，同时勾选“全字匹配”复选框

C. 第 * 回，同时勾选“使用通配符”复选框　D. 第 * 回

10. 在 Word 2019 中，下列关于段落标记的叙述正确的是（　　）。

A. 删除段落标记后则前后两段合并　B. 按 <Enter> 键不会产生段落标记

C. 段落标记中不存有段落的格式设置　D. 可以显示，也可以打印段落标记

三、多选题

1. 在编辑 Word 2019 文档时，对于误操作的纠正方法是（　　）。

A. 单击“恢复”　B. 按 <Ctrl+Z> 组合键

C. 单击“撤销”　D. 按 <Ctrl+Y> 组合键

2. 可在 Word 2019 文档中插入的对象有（　　）。

A.Excel 工作表　B. 声音　C. 公式　D. 幻灯片

3. 在 Word 2019 的“Word 选项”对话框中，可以对“打印选项”进行的设置有（　　）。

A. 打印背景色和图像　B. 打印文档属性

C. 打印隐藏文字　D. 手动双面打印

4.Word 2019 可以快速地查找和替换目标内容。“搜索选项”可以设置（　　）。

A. 区分全 / 半角　B. 忽略标点符号

C. 忽略格式　D. 区分大小写

5. 在 Word 2019 的“段落”组中能设定文本的（　　）。

A. 缩进量　B. 双行合一　C. 行间距　D. 对齐方式

四、填空题

1. 在 Word 2019 中，可以把预先定义好的多种格式的集合全部应用在选定的文字上的特殊文档称为________。

2. 在 Word 2019 中，将一张表格拆分成上下两张，可以按________键。

3. Word 2019 默认的图文环绕方式是________。

4. 在 Word 2019 中，不缩进段落的第一行，而缩进其余的行，是指________。

5. 在 Word 2019 中组合多个图形后，这些图形可作为________处理。

项目 4 Project 4

电子表格处理软件 Excel 2019

回复“71331+4”
观看视频

实验 1 Excel 2019 基本操作

一、实验目标

1. 掌握数据录入方法。
2. 掌握边框和底纹的设置方法。

二、实验准备

1. Excel 2019 电子表格处理软件。
2. 找到本实验素材所在位置并打开“实验 1 素材图片”。

三、实验内容及操作步骤

实验内容

1. 参照“实验 1 素材图片”，在“实验 1 素材”中录入员工基本信息。
2. 设置边框和底纹。

操作步骤

1. 录入员工基本信息

（1）录入表头文字

（2）录入基本数据

1）使用填充柄录入工号。在 A2 单元格录入“TID001”。使用填充柄一次填充录入“工号”中的其他数据。

2）使用“数据验证”工具录入部门、职务、学历和性别。

- 选中 B2 单元格。
- 单击“数据”选项卡“数据工具”组中的“数据验证”，打开“数据验证”对话框，如图 4-1 所示。
- 在“允许”中选择“序列”。
- 单击“来源”右侧的图标。
- 用鼠标框选表中“部门”下面的所有数据，如图 4-2 所示。
- 回到图 4-1 所示界面，单击“确定”。

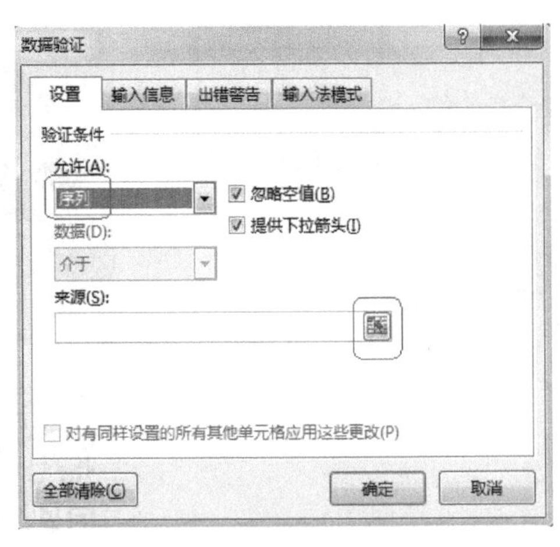

图 4-1 “数据验证”对话框

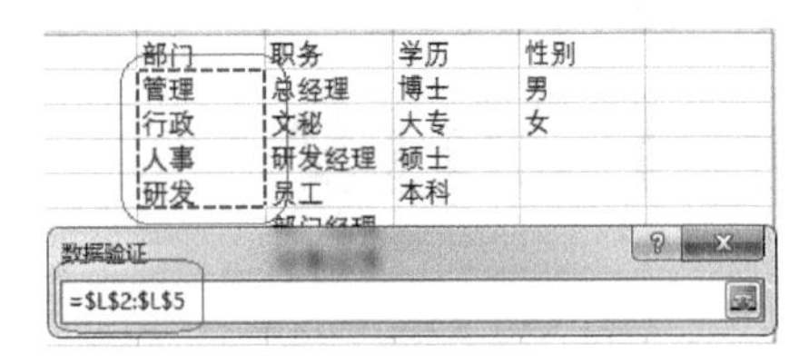

图 4-2 选择序列

• 此时 B2 单元格显示如图 4-3 所示的下拉菜单，使用填充柄填充满整列数据。

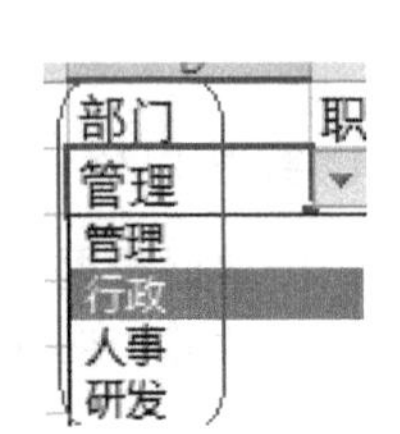

图 4-3 下拉菜单

• 根据“实验 1 素材图片”在下拉菜单中选择需要填入的数据。

• 使用同样的方法录入职务、学历和性别。

（3）录入身份证号

1）选中 D 列，右击鼠标，选择“设置单元格格式”。

2）在弹出的对话框中，选择“数字”选项卡下的“文本”，单击“确定”，如图 4-4 所示。

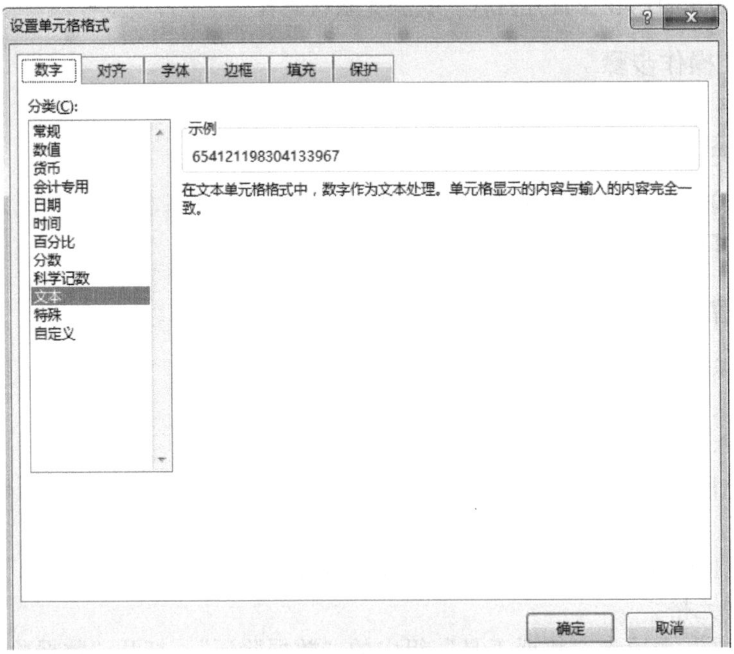

图 4-4 设置单元格格式

3）在 D 列单元格中录入身份证号。

（4）使用上述方法录入出生日期

（5）录入入职时间

1）选中 H 列，右击鼠标，选择“设置单元格格式”，弹出“设置单元格格式”对话框。

2）单击“自定义”，如图 4-5 所示，选择右侧的“yyyy" 年 "m" 月 ""”类型，单击“确定”。

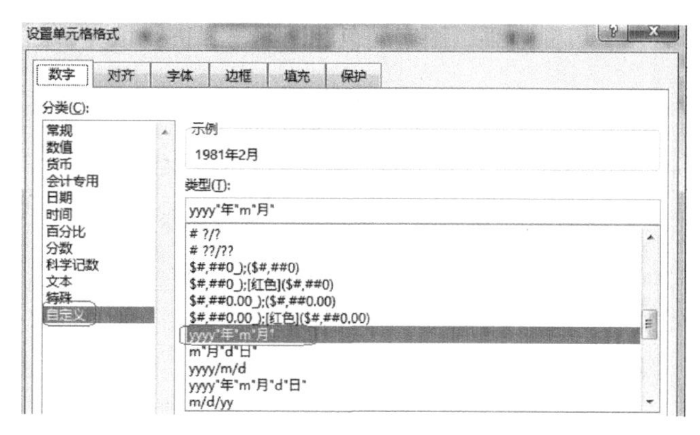

图 4-5　自定义格式

3）在 H 列单元格中录入入职时间。

（6）录入工资

1）选中 I 列，右击鼠标，选择“设置单元格格式”，弹出“设置单元格格式”对话框。

2）选择“货币”，在右侧设置“货币符号”为“￥”，如图 4-6 所示，单击“确定”。

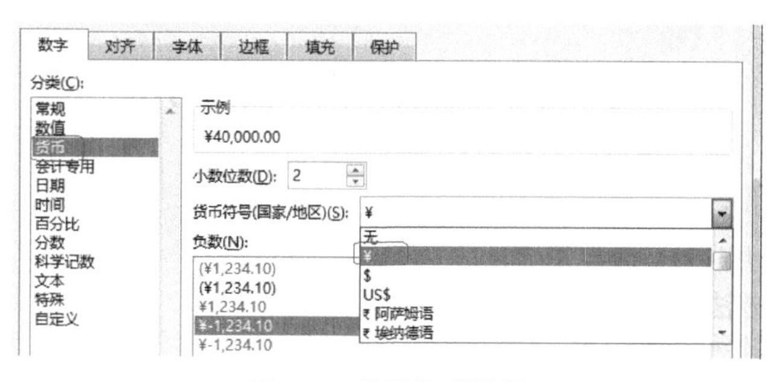

图 4-6　设置货币符号

3）在 I 列单元格中录入工资。

2. 设置边框和底纹

（1）设置边框

1）选中表格，右击鼠标，选择“设置单元格格式”，弹出“设置单元格格式”对话框。

2）单击“边框”选项卡，如图 4-7 所示，设置边框样式。

图 4-7　“边框”选项卡

（2）设置底纹

1）选中表头，右击鼠标，选择“设置单元格格式”，弹出“设置单元格格式”对话框。

2）选择“填充”选项卡。

3）选择适当的背景色、填充效果、图案颜色和图案样式进行填充，如图 4-8 所示。

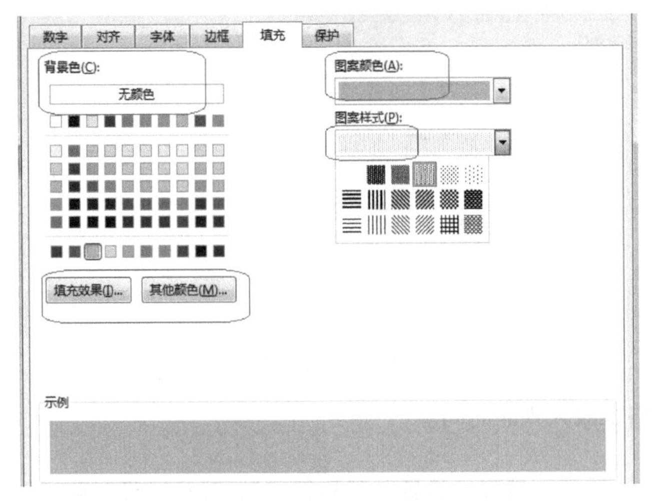

图 4-8 “填充”选项卡

实验 2　公式和函数运用

一、实验目标

1. 掌握算数运算法则和函数运算方法。
2. 掌握条件计算方法。
3. 掌握跨工作表计算方法。

二、实验准备

1. Excel 2019 电子表格处理软件。
2. 打开素材库中的“实验 2 公式和函数运用 .xlsx”文件。

三、实验内容及操作步骤

实验内容

1. 数学运算

打开“数学运算”工作表，计算工作表中的总评成绩，并把计算结果放置在“总评”列对应的单元格中。计算公式为：

总评 = 平时成绩 + 期末考试 ×40% + 考勤

2. 混合运算

打开“混合运算”工作表，使用工作表中的数据，按照下列要求分别完成对应操作。

1）计算“混合运算”工作表中的总评成绩，并把计算结果放置在“总评”列对应的单元格中。计算公式为：

总评 = 平时成绩 + 期末考试 ×40% + 考勤

规定：打字成绩以每分钟 30 字计 5 分，每多一个字加 0.1 分，每少一个字减 0.2 分，但是少于 10 个字计 0 分。表中打字列所给数据均为每分钟打字字数。

2）使用 IF 函数计算学生的“评语”。

规定：总评≥ 85，评语为“该生表现优秀，成绩优秀”；85 > 总评≥ 75, 评语为“该生表现良好，成绩良好”；75 > 总评 ≥ 60，评语为“该生表现一般，成绩一般”；60 > 总评，评语为“该生表现一般，成绩较差”。

3. 函数运算

打开“函数运算”工作表，使用工作表中的数据，按照下列要求分别完成对应操作。

1）使用 IF、MOD、MID 函数的嵌套，通过身份证号码倒数第二位求出教职工的性别信息。

2）使用 MID 函数和 & 运算符求出出生日期信息，格式为“XXXX-XX-XX”。

3）利用上一步已经获得的出生日期，使用 TODAY、YEAR 函数计算年龄。

4）利用已知的入职时间，使用 TODAY、YEAR 函数计算工龄。

5）使用 COUNTA 函数统计出教职工总人数，使用 COUNTIF 函数分别统计出男、女员工人数，并将结果放置在“函数运算”工作表中的“统计表”中。

操作步骤

1. 数学运算

> **提示：**“平时表现”的分数是以百分制计算的，要折算成 5 分的总分。“期末考试”的分数也是以百分制计算的，要折算成 40 分的总分。

可以用两种方法计算总评成绩：

方法 1：选中 J3 单元格，直接在编辑栏输入“=B3+C3+D3+E3+F3+G3*5%+H3+I3*40%”，按 <Enter> 键。

方法 2：选中 J3 单元格，输入“=”。单击 B3 单元格，输入“+”。单击 C3 单元格，输入“+”。单击 D3 单元格，输入“+”。单击 E3 单元格，输入“+”。单击 F3 单元格，输入“+”。单击 G3 单元格，输入“*5% + ”。单击 H3 单元格，输入“+”。单击 I3 单元格，输入“*40%”，按 <Enter> 键，如图 4-9 所示。

J3　=B3+C3+D3+E3+F3+G3*5%+H3+I3*40%

A	B	C	D	E	F	G	H	I	J	K
细则	昆明冶专学期平时成绩登记表(平时成绩占60%，期末考试占40%)									
姓名	操作系统（5分）	Word（20分）	Excel（20分）	ppt（5分）	多媒体技术与网页制作（5分）	平时表现（5分）	考勤（全勤为0分）	期末考试（占40%）	总评	评语
张学仁	5	19	20	5	5	75.08	0	60	81.754	

图 4-9　数学运算

2. 混合运算

（1）计算“混合运算”工作表中的总评成绩，并把计算结果放置在“总评”列对应的单元格中

> **提示：**此处的难点在于“打字”部分的计算，其余算法与前文完全一致，所以先用 IF 函数把“打字”部分的成绩计算出来，问题即可得到解决。我们先选择 L3 单元格，把考勤计算结果放置在 L 列，然后再把前文中的 G3 单元格计算项换成“打字”计算公式即可。

“打字”部分的计算方法为，将光标移到 L3 单元格（其他不影响数据的单元格都可以），输入“=”，单击左上角“名称框”中的 IF 函数，按图 4-10 所示步骤操作，得出“打字”的计算公式。

可以用两种方法计算总评成绩：

方法 1：选中 J3 单元格，输入“=”。单击 B3 单元格，输入“+”。单击 C3 单元格，输入“+”。单击 D3 单元格，输入“+”。单击 E3 单元格，输入“+”。单击 F3 单元格，输入“+”，输入“(IF（G3>=30,5+（G3−30）*0.1,IF（G3>=10,5−（30−G3）*0.2,0）))”，再输入“+”。单击 H3 单元格，输入“+”。单击 I3 单元格，输入“*40%”，按 <Enter> 键。

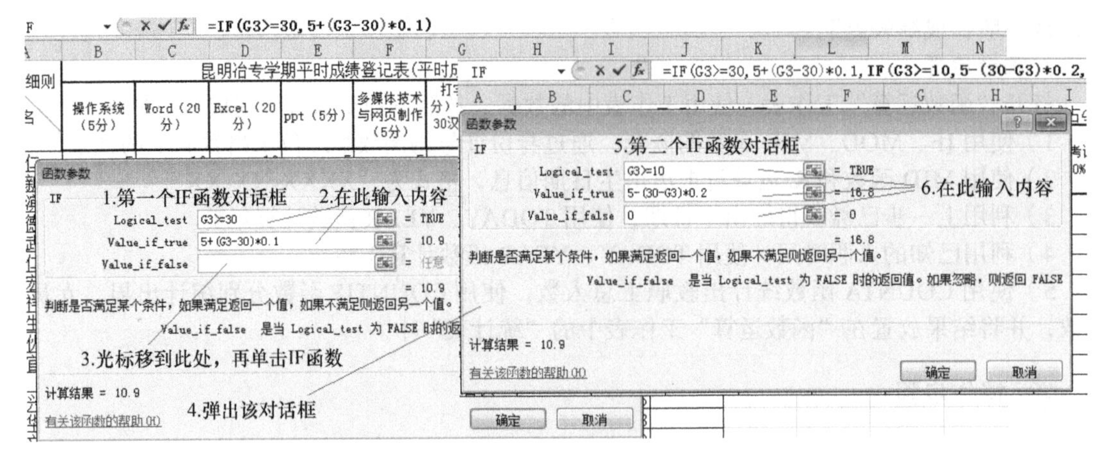

图 4-10 “打字”部分的计算过程

方法 2:选中 J3 单元格，直接在编辑栏输入“=B3+C3+D3+E3+F3+(IF(G3>=30,5+(G3-30) *0.1,IF (G3>=10,5-(30-G3) *0.2,0))) + H3+I3*40%”即可，如图 4-11 所示。

=B3+C3+D3+E3+F3+(IF(G3>=30,5+(G3-30)*0.1,IF(G3>=10,5-(30-G3)*0.2,0)))+H3+I3*40%

	B	C	D	E	F	G	H	I	J	K
1	昆明冶专学期平时成绩登记表(平时成绩占60%，期末考试占40%)									
2	操作系统（5分）	Word（20分）	Excel（20分）	ppt（5分）	多媒体技术与网页制作（5分）	打字（5分）每分钟30汉字计5分	考勤（全勤为0分）	期末考试（占40%）	总评	评语
3	5	19	10	5	5	89	0	60	=B3+C3+D3	

图 4-11 计算总评成绩

（2）使用 IF 函数计算学生的“评语” 可以用两种方法进行计算：

方法 1：选中 K3 单元格，直接在编辑栏输入“=IF（J3>=85,"该生表现优秀，成绩优秀",IF（J3>=75,"该生表现良好，成绩良好",IF（J3>=60,"该生表现一般，成绩一般","该生表现一般，成绩较差"）））”，按 <Enter> 键。

方法 2：选中 K3 单元格，输入“=”，单击左上角“名称框”中的 IF 函数，按照图 4-12 所示步骤操作即可。运算结果如图 4-13 所示。

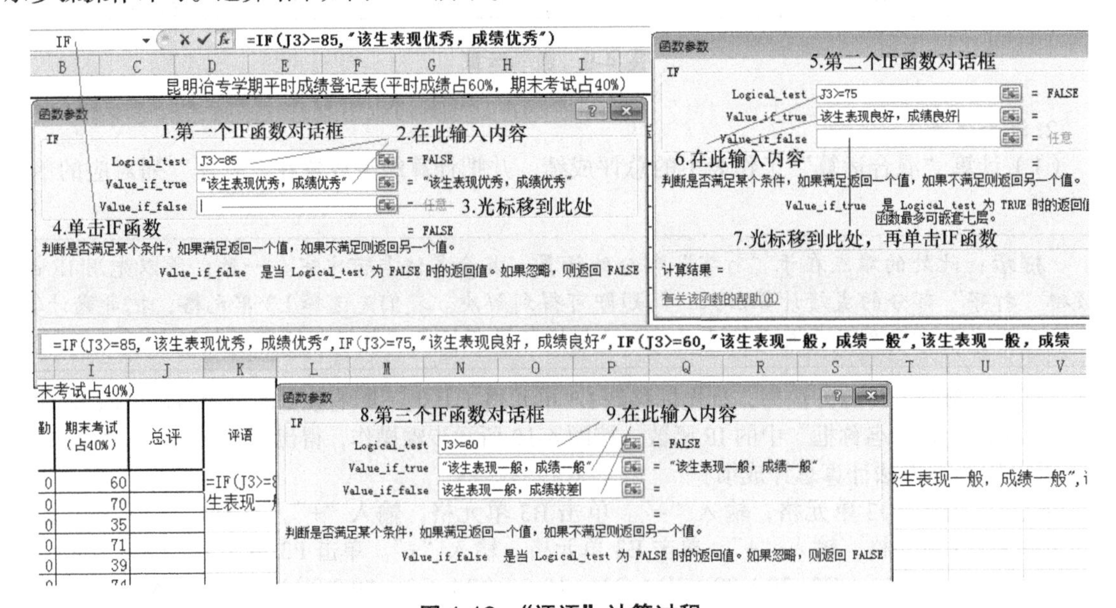

图 4-12 “评语”计算过程

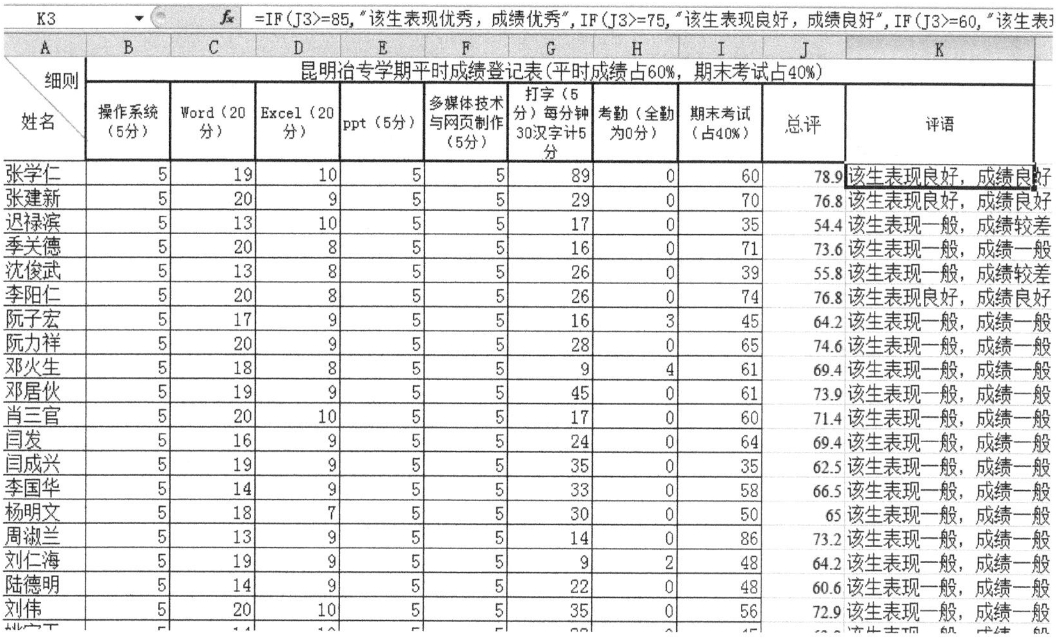

K3　=IF(J3>=85,"该生表现优秀，成绩优秀",IF(J3>=75,"该生表现良好，成绩良好",IF(J3>=60,"该生表

A	B	C	D	E	F	G	H	I	J	K
细则	昆明冶专学期平时成绩登记表(平时成绩占60%，期末考试占40%)									
姓名	操作系统（5分）	Word（20分）	Excel（20分）	ppt（5分）	多媒体技术与网页制作（5分）	打字（5分）每分钟30汉字计5分	考勤（全勤为0分）	期末考试（占40%）	总评	评语
张学仁	5	19	10	5	5	89	0	60	78.9	该生表现良好，成绩良好
张建新	5	20	9	5	5	29	0	70	76.8	该生表现良好，成绩良好
迟禄滨	5	13	10	5	5	17	0	35	54.4	该生表现一般，成绩较差
季关德	5	20	8	5	5	16	0	71	73.6	该生表现一般，成绩一般
沈俊武	5	13	8	5	5	26	0	39	55.8	该生表现一般，成绩较差
李阳仁	5	20	8	5	5	26	0	74	76.8	该生表现良好，成绩良好
阮子宏	5	17	9	5	5	16	3	45	64.2	该生表现一般，成绩一般
阮力祥	5	20	9	5	5	28	0	65	74.6	该生表现一般，成绩一般
邓火生	5	18	8	5	5	9	4	61	69.4	该生表现一般，成绩一般
邓居伙	5	19	9	5	5	45	0	61	73.9	该生表现一般，成绩一般
肖三官	5	20	10	5	5	17	0	60	71.4	该生表现一般，成绩一般
闫发	5	16	9	5	5	24	0	64	69.4	该生表现一般，成绩一般
闫成兴	5	19	9	5	5	35	0	35	62.5	该生表现一般，成绩一般
李国华	5	14	9	5	5	33	0	58	66.5	该生表现一般，成绩一般
杨明文	5	18	7	5	5	30	0	50	65	该生表现一般，成绩一般
周淑兰	5	13	9	5	5	14	0	86	73.2	该生表现一般，成绩一般
刘仁海	5	19	9	5	5	9	2	48	64.2	该生表现一般，成绩一般
陆德明	5	14	9	5	5	22	0	48	60.6	该生表现一般，成绩一般
刘伟	5	20	10	5	5	35	0	56	72.9	该生表现一般，成绩一般

图 4-13　运算结果

3. 函数运算

> **提示：**身份证号码是由 18 位数字组成的，编码规则如下：
> 1）第 1～2 位数字：省份代码。
> 2）第 3～4 位数字：城市代码。
> 3）第 5～6 位数字：区县代码。
> 4）第 7～14 位数字：出生年月日，其中第 7～10 位是年，11～12 位是月，13～14 位是日。
> 5）第 15～16 位数字：派出所代码。
> 6）第 17 位数字：性别，其中奇数表示男性，偶数表示女性。
> 7）第 18 位数字：校检码，校检码可以是 0～9 的数字，有时也用 X 表示。

（1）使用 IF、MOD、MID 函数的嵌套，通过身份证号码倒数第二位求出教职工的性别信息可以用两种方法进行计算：

> **提示：**MID 函数是一个字符串函数，其作用是从一个字符串中截取出指定数量的字符。MOD 函数是一个求余函数，其格式为 mod（nExp1,nExp2），即返回两个数值表达式作除法运算后的余数。注意，在 Excel 中，MOD 函数用于返回两数相除的余数，返回结果的符号与除数（divisor）的符号相同。

方法 1：选中 D2 单元格，直接在编辑栏输入公式“=IF（MOD（MID（C2,17,1）,2）," 男 ", " 女 "）”，按 <Enter> 键。

方法 2：选中 D2 单元格，输入“=”，单击左上角“名称框”中的 IF 函数，按照图 4-14 所示步骤操作即可。

（2）使用 MID 函数和 & 运算符求出出生日期信息，格式为“XXXX-XX-XX” 可以用两种方法进行计算：

方法 1：选中 E2 单元格，直接在编辑栏输入公式“=MID（C2,7,4）&-MID（C2,11,2）&-MID（C2,13,2）”，按 <Enter> 键。

方法 2：选中 E2 单元格，输入“=”，单击左上角“名称框”中的 MID 函数，按照图 4-15 所示步骤操作即可。

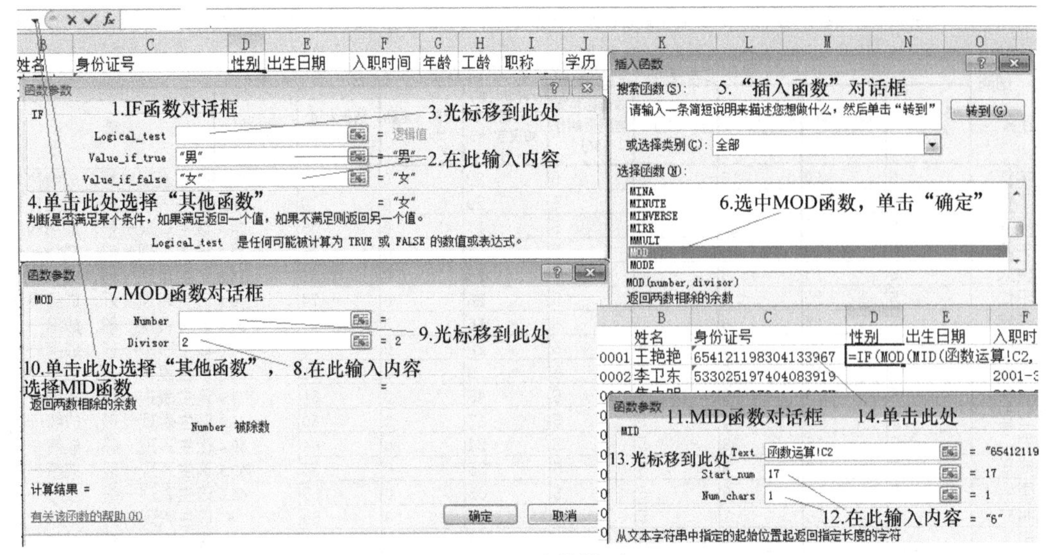

图 4-14　计算性别

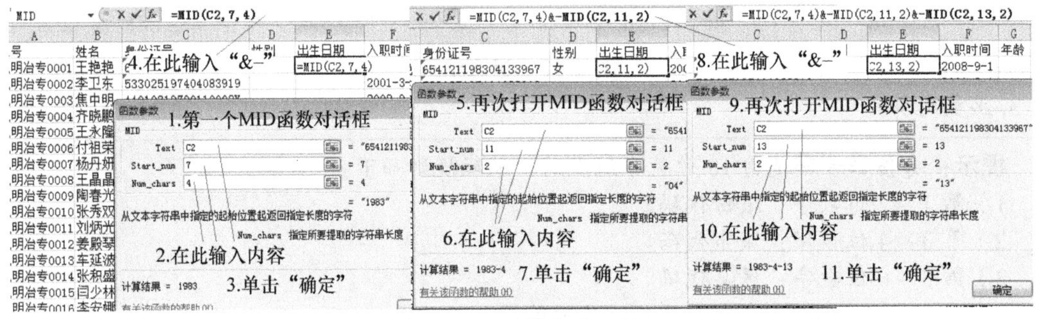

图 4-15　计算出生日期

（3）利用上一步已经获得的出生日期，使用 TODAY、YEAR 函数计算年龄　可以用两种方法进行计算：

方法 1：选中 G2 单元格，直接在编辑栏输入公式“=YEAR（TODAY（））-YEAR（E2）”，按 <Enter> 键。

方法 2：选中 G2 单元格，输入“=”，单击左上角“名称框”中的 YEAR 函数，按照图 4-16 和图 4-17 所示步骤操作即可。

提示：若结果显示异常，将单元格格式设置为“常规”即可正确显示计算结果。

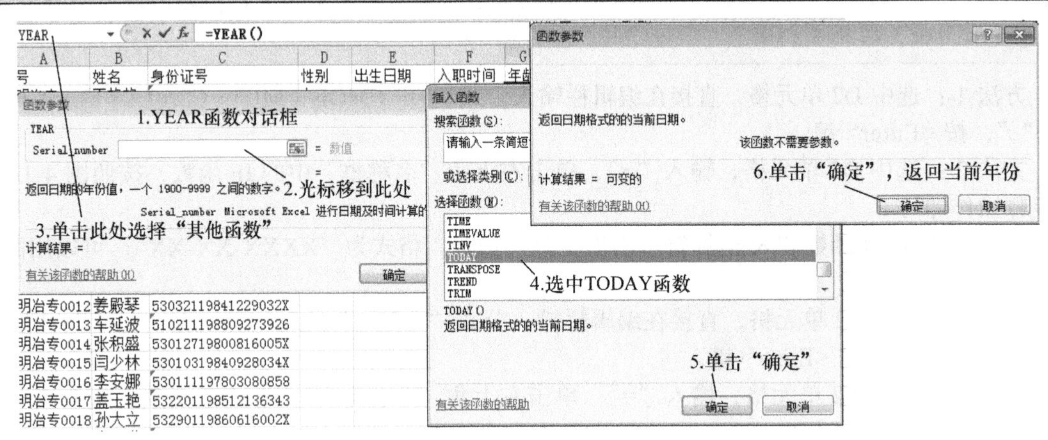

图 4-16　计算当前年

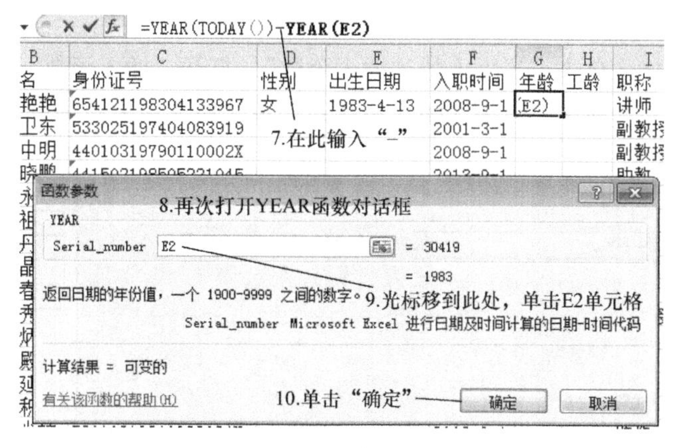

图 4-17　计算出生年

（4）利用已知的入职时间，使用 TODAY、YEAR 函数计算工龄　工龄的计算方法和年龄的计算方法一致，计算公式为"=YEAR（TODAY（））- YEAR（F2）"，依然可以用两种方法进行计算。

（5）使用 COUNTA 函数统计出教职工总人数，使用 COUNTIF 函数分别统计出男、女员工人数，并将结果放置在"函数运算"工作表中的"统计表"中

提示： COUNT 函数用于计算参数列表中的数字项的个数，COUNT（）统计的为数值单元格（即有文本的不统计，只统计有数值的）。COUNTA 函数用于返回参数列表中非空单元格的个数。利用 COUNTA 函数可以计算单元格区域或数组中包含数据的单元格个数。如果不需要统计逻辑值、文字或错误值，一般使用 COUNT 函数，COUNTA（）统计的为非空单元格（即无论文本还是数值，全部统计）。COUNTIF 函数用于对指定区域中符合指定条件的单元格进行计数。

1）统计男、女员工人数。

- 选中 O9 单元格，单击编辑栏上的"插入函数"，打开"插入函数"对话框。
- 从"选择函数"中选择"COUNTIF"函数，构造该函数参数，如图 4-18 所示，单击"确定"，统计出男员工人数。
- 选中 O10 单元格，使用同样的方法统计出女员工人数。

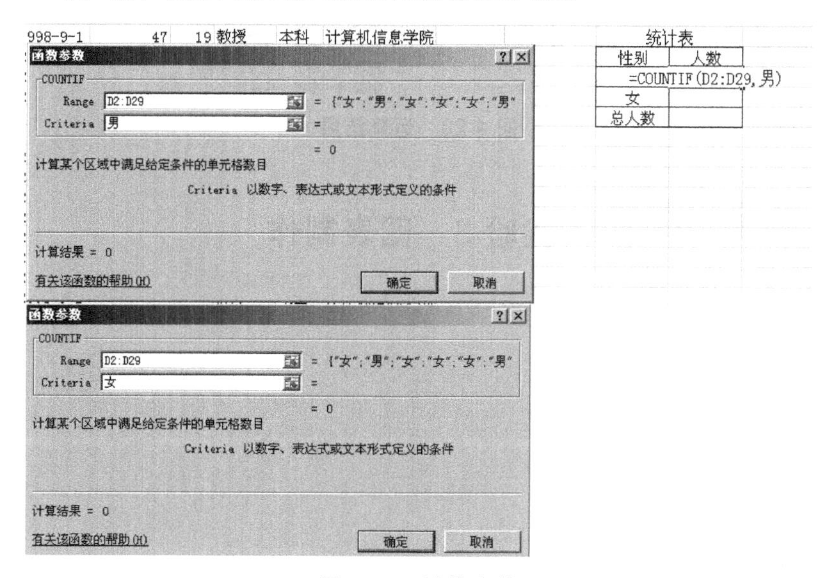

图 4-18　计算人数

2）统计教职工总人数。

• 选中 O11 单元格，单击编辑栏上的“插入函数”，打开“插入函数”对话框。

• 从“选择函数”中选择“COUNTA”函数，构造该函数参数，如图 4-19 所示，单击“确定”，统计出总人数。

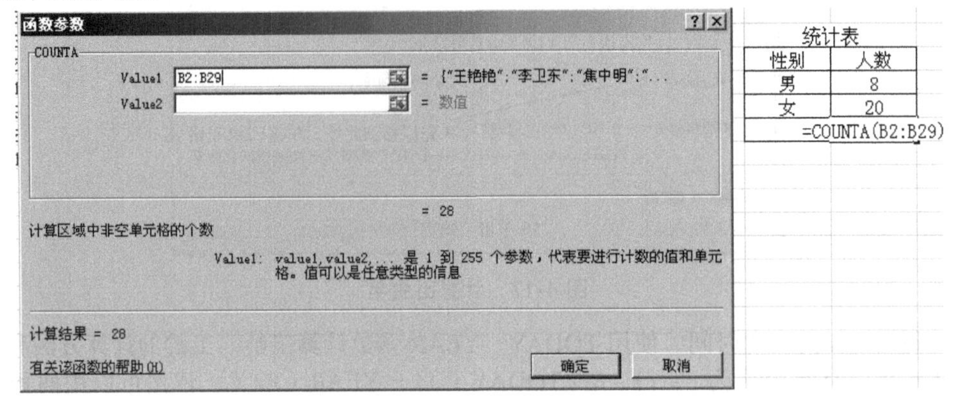

图 4-19　计算总人数

至此函数运算完成，运算结果如图 4-20 所示。

工号	姓名	身份证号	性别	出生日期	入职时间	年龄	工龄	职称	学历	部门
昆明冶专0001	王艳艳	654121198304133967	女	1983-4-13	2008-9-1	34	9	讲师	硕士	商学院
昆明冶专0002	李卫东	533025197404083919	男	1974-4-8	2001-3-1	43	16	副教授	硕士	材料工程学院
昆明冶专0003	焦中明	44010319790110002X	女	1979-1-10	2008-9-1	38	9	副教授	博士	商学院
昆明冶专0004	齐晓鹏	441502198505221045	女	1985-5-22	2013-9-1	32	4	助教	本科	商学院
昆明冶专0005	王永隆	440104197303213122	女	1973-3-21	1999-3-1	44	18	讲师	硕士	商学院
昆明冶专0006	付祖荣	530122197003243371	男	1970-3-24	1998-9-1	47	19	教授	本科	计算机信息学院
昆明冶专0007	杨丹妍	532233198405230326	女	1984-5-23	2013-3-1	33	4	助教	专科	商学院
昆明冶专0008	王晶晶	53352419751106002X	女	1975-11-6	2003-9-1	42	14	讲师	硕士	计算机信息学院
昆明冶专0009	陶春光	530102198009282731	男	1980-9-28	2008-3-1	37	9	讲师	本科	材料工程学院
昆明冶专0010	张秀双	530129197008191962	女	1970-8-19	1994-9-1	47	23	副教授	博士	计算机信息学院
昆明冶专0011	刘炳光	532228197201221048	女	1972-1-22	1997-9-1	45	20	讲师	硕士	商学院
昆明冶专0012	姜殿琴	53032119841229032X	女	1984-12-29	2012-3-1	33	5	讲师	硕士	冶金工程学院
昆明冶专0013	车延波	510211198809273926	女	1988-9-27	2013-9-1	29	4	无	本科	材料工程学院
昆明冶专0014	张积盛	53012719800816005X	男	1980-8-16	2006-9-1	37	11	讲师	硕士	冶金工程学院
昆明冶专0015	闫少林	53010319840928034X	女	1984-9-28	2008-9-1	33	9	助教	硕士	计算机信息学院
昆明冶专0016	李安娜	530111197803080858	男	1978-3-8	2008-9-1	39	9	副教授	本科	计算机信息学院
昆明冶专0017	盖玉艳	532201198512136343	女	1985-12-13	2012-9-1	32	5	讲师	本科	材料工程学院
昆明冶专0018	孙大立	53290119860616002X	女	1986-6-16	2014-3-1	31	3	助教	本科	商学院
昆明冶专0019	李　琳	421182198203130035	男	1982-3-13	2006-9-1	35	11	讲师	硕士	计算机信息学院
昆明冶专0020	白　俊	520202198701024449	女	1987-1-2	2011-3-1	30	6	助教	本科	计算机信息学院
昆明冶专0021	徐　娟	532924198702110946	女	1987-2-11	2012-9-1	30	5	助教	硕士	冶金工程学院
昆明冶专0022	陈　培	532530198203142223	女	1982-3-14	2008-3-1	35	9	讲师	硕士	计算机信息学院
昆明冶专0023	王　蒴	532901197501182456	男	1975-1-18	2002-3-1	42	15	讲师	本科	冶金工程学院
昆明冶专0024	蔡小琳	532526198601291722	女	1986-1-29	2012-3-1	31	5	助教	本科	商学院
昆明冶专0025	王新力	429006197803232724	女	1978-3-23	2004-3-1	39	13	副教授	硕士	冶金工程学院
昆明冶专0026	江　湖	532228197612061041	女	1976-12-6	2000-3-1	41	17	副教授	本科	商学院

统计表

性别	人数
男	8
女	20
总人数	28

图 4-20　运算结果

实验 3　图表制作

一、实验目标

1. 掌握图表创建方法。
2. 掌握图表编辑修改方法。
3. 掌握公式输入方法。

二、实验准备

1. Excel 2019 电子表格处理软件。
2. 打开素材库中的“实验 3 图表制 .xlsx”文件。

三、实验内容及操作步骤

实验内容

1. 按“公式输入”工作表中的图示，输入公式。
2. 使用“股票行情”工作表中的数据创建一个股价图。

操作步骤

1. 输入公式

单击“插入”选项卡“符号”组中的“公式”，选择“墨迹公式”。在“数学输入控件”对话框中用鼠标书写公式，如图 4-21 所示。

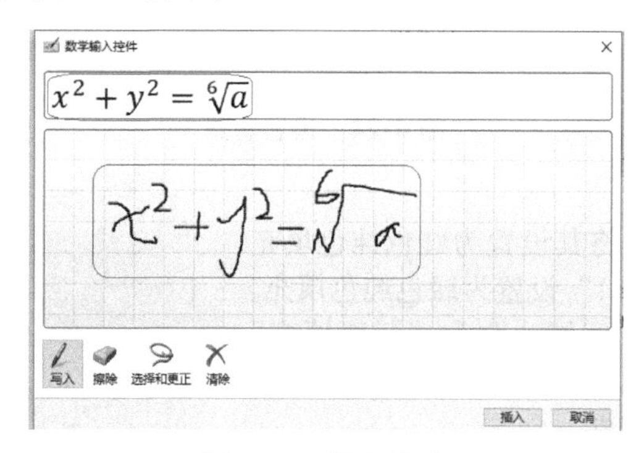

图 4-21　输入公式

2. 创建图表

按图 4-22 所示，使用“股票行情”工作表中的数据创建一个股价图。具体操作步骤如下：

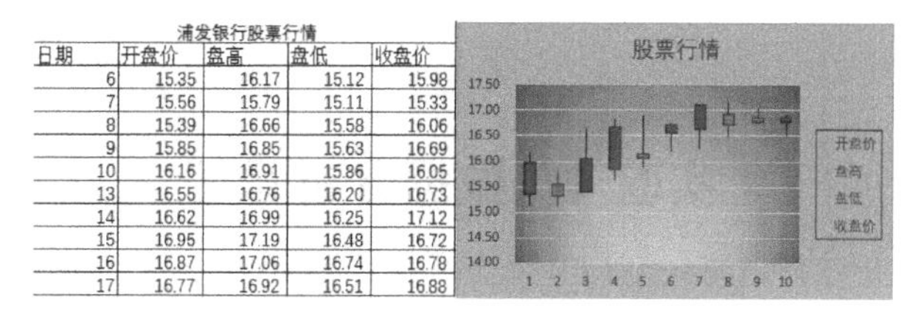

浦发银行股票行情

日期	开盘价	盘高	盘低	收盘价
6	15.35	16.17	15.12	15.98
7	15.56	15.79	15.11	15.33
8	15.39	16.66	15.58	16.06
9	15.85	16.85	15.63	16.69
10	16.16	16.91	15.86	16.05
13	16.55	16.76	16.20	16.73
14	16.62	16.99	16.25	17.12
15	16.95	17.19	16.48	16.72
16	16.87	17.06	16.74	16.78
17	16.77	16.92	16.51	16.88

图 4-22　创建图表

1）选择“开盘价”“盘高”“盘低”“收盘价”中的数据。

2）单击“插入”选项卡，单击“图表”组右下角的组按钮，打开“插入图表”对话框。单击“所有图表”选项卡，在“股价图”中选择“开盘 - 盘高 - 盘低 - 收盘图”，如图 4-23 所示。

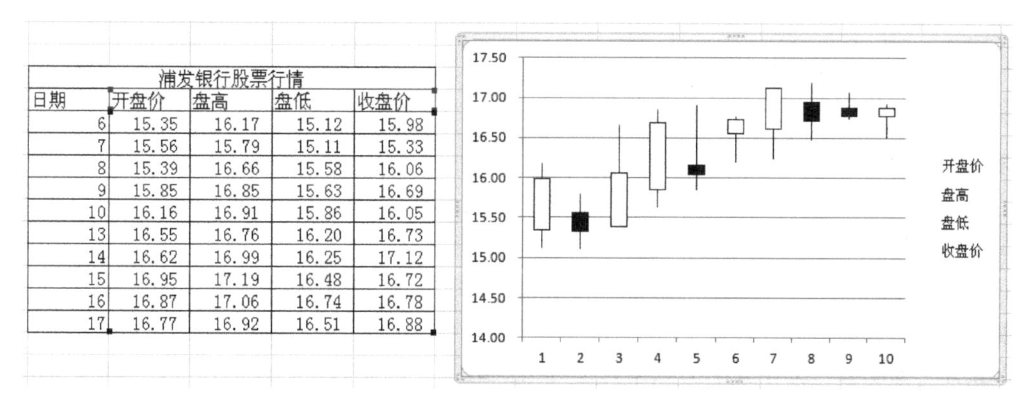

浦发银行股票行情

日期	开盘价	盘高	盘低	收盘价
6	15.35	16.17	15.12	15.98
7	15.56	15.79	15.11	15.33
8	15.39	16.66	15.58	16.06
9	15.85	16.85	15.63	16.69
10	16.16	16.91	15.86	16.05
13	16.55	16.76	16.20	16.73
14	16.62	16.99	16.25	17.12
15	16.95	17.19	16.48	16.72
16	16.87	17.06	16.74	16.78
17	16.77	16.92	16.51	16.88

图 4-23　插入图表

3）双击图表边框，设置图表边框为“白色，背景1，深色35%”的纯色填充，如图4-24所示。

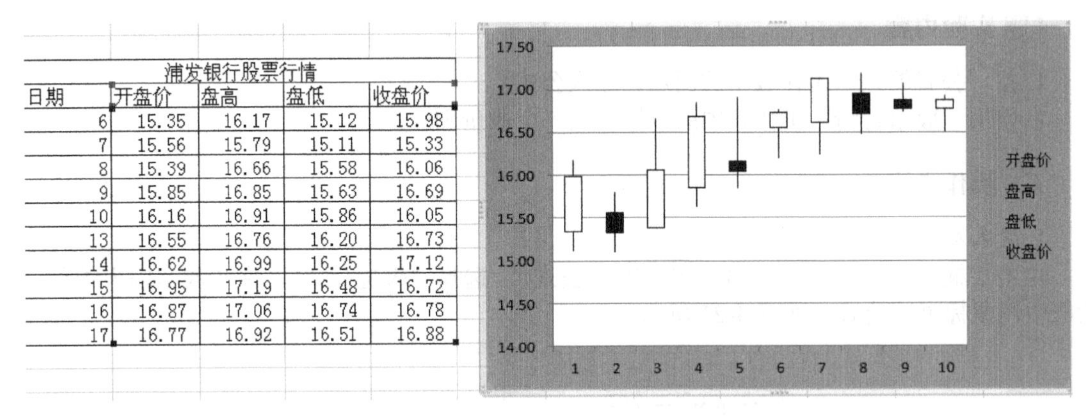

浦发银行股票行情

日期	开盘价	盘高	盘低	收盘价
6	15.35	16.17	15.12	15.98
7	15.56	15.79	15.11	15.33
8	15.39	16.66	15.58	16.06
9	15.85	16.85	15.63	16.69
10	16.16	16.91	15.86	16.05
13	16.55	16.76	16.20	16.73
14	16.62	16.99	16.25	17.12
15	16.95	17.19	16.48	16.72
16	16.87	17.06	16.74	16.78
17	16.77	16.92	16.51	16.88

图4-24　设置背景

4）双击“涨柱线1”，将其设置为红色纯色填充。使用同样的方法把“跌柱线1”设置为绿色纯色填充。

5）双击中间空白背景区域，改为“渐变填充”，“预设渐变”为“底部聚光灯-个性色4”（可根据喜好自主设置），“类型”为“线性”。

6）双击文字边框，将“填充”设置为“无填充”，“边框”设置为实线红色填充，如图4-25所示。

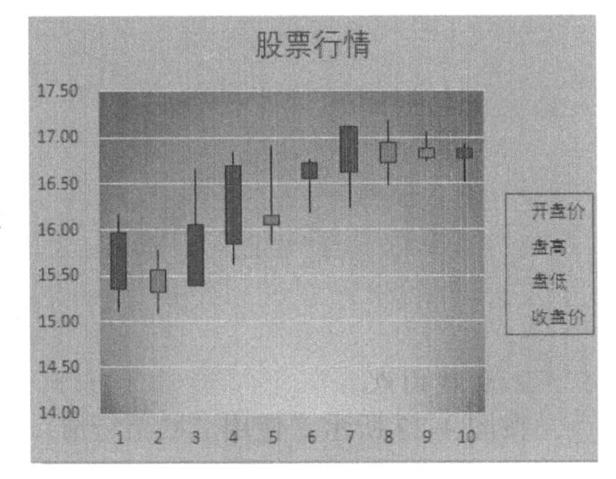

图4-25　设置填充

实验4　数据分析管理

一、实验目标

1. 掌握数据排序、数据筛选方法。
2. 掌握数据合并计算、分类汇总方法。
3. 掌握数据透视表创建方法。

二、实验准备

1. Excel 2019电子表格处理软件。
2. 打开素材库中的“实验4数据分析管理.xlsx”文件。

三、实验内容及操作步骤

实验内容

1. 使用“Sheet1”工作表中的数据，以“语文”为主要关键字以递增方式排序，以“数学”为次要关键字以递减方式排序。

2. 使用“Sheet2”工作表中的数据，筛选出“语文”大于75且“英语”大于80的记录。

3. 使用“Sheet3”工作表中的数据，在“课程安排统计表”中进行“求和”合并计算。

4. 使用“Sheet4”工作表中的数据，以“课程名称”为“分类字段”，将“人数”和“课时”进行“求和”分类汇总。

5. 使用“数据源”工作表中的数据，以“科类”为“筛选”项，以“学校”为“列”字段，以“专业”为“行”字段，以“招生计划”为“值”字段，从“数据透视表结果”工作表的 A1 单元格起，创建数据透视表。

操作步骤

1. 数据排序

1）在“Sheet1”工作表中选择整个表格，单击“开始”选项卡中的“排序和筛选”/“自定义排序”，打开“排序”对话框。

2）在“主要关键字”中选择“语文”，“次序”选择“升序”。

3）单击“添加条件”，设置“数学”为“次要关键字”，“次序”为“降序”，如图 4-26 所示。单击“确定”。

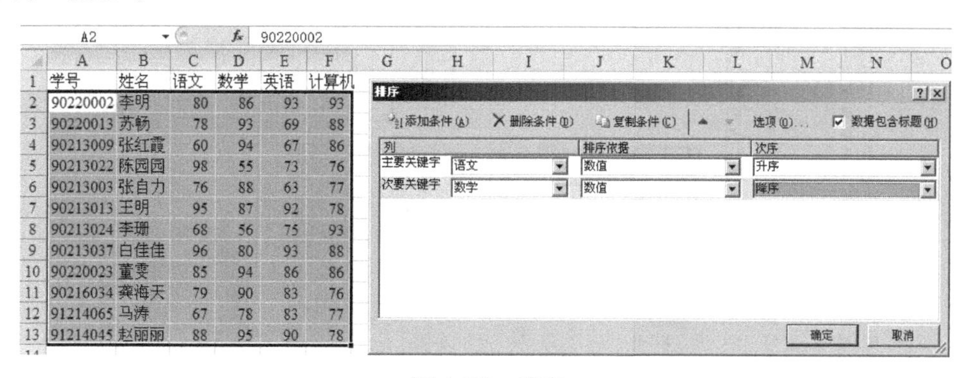

图 4-26　排序

2. 数据筛选

1）在“Sheet2”工作表中选择整个表格，单击“开始”选项卡中的“排序和筛选”/“筛选”，此时所有表头字段右侧出现一个下拉箭头。

2）展开“语文”的下拉箭头，选择“数字筛选”/“大于”，在打开的对话框中填写“大于”的值为“75”。

3）使用同样的方法设置“英语”字段的筛选，如图 4-27 所示。

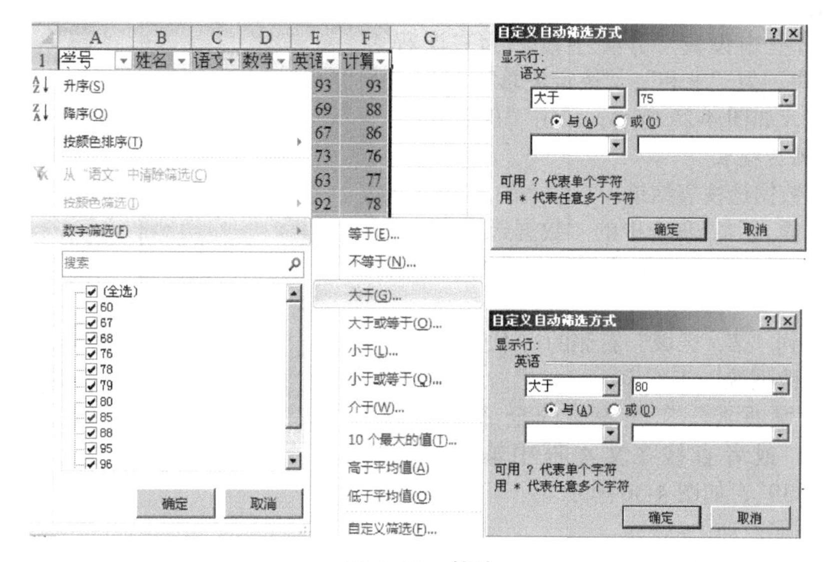

图 4-27　筛选

3. 数据合并计算

1）在“Sheet3”工作表中选择数据存放区域（“课程安排统计表”的灰色区域）。

2）单击“数据”选项卡中的“合并计算”，打开“合并计算”对话框。

3）在“函数”中选择“求和”。

4）将光标移到“引用位置”下面的文本框。

5）用鼠标选择“课程名称”“人数”“课时”下的全部数据（注意，不要选择表头文字）。

6）单击“添加”。

7）勾选“最左列”复选框，单击“确定”，如图 4-28 所示。

图 4-28 合并计算

4. 数据分类汇总

1）在“Sheet4”工作表中选择除标题外的所有数据。

2）单击“数据”选项卡中的“分类汇总”，打开“分类汇总”对话框。

3）在对话框中设置“分类字段”为“课程名称”，“汇总方式”为“求和”，“选定汇总项”为“人数”和“课时”，如图 4-29 所示，单击“确定”。

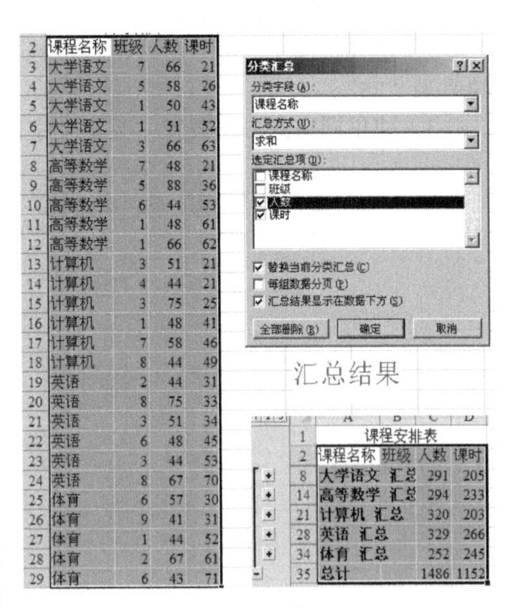

图 4-29 分类汇总

5. 创建数据透视表

1）选择“数据透视表结果”工作表的 A1 单元格。

2）单击“插入”选项卡中的“数据透视表”/“表格和区域”，打开“来自表格或区域的数据透视表”对话框”。

3）光标移到“表 / 区域”右侧的文本框内。

4）单击“数据源”工作表。

5）框选“数据源”工作表中的全部数据（不要选择表名），或者直接在文本框中输入“数据源 !$A$2:$F$2839”，如图 4-30 所示。

6）单击“确定”。

7）“数据透视表结果”工作表中弹出“数据透视表字段”窗口。

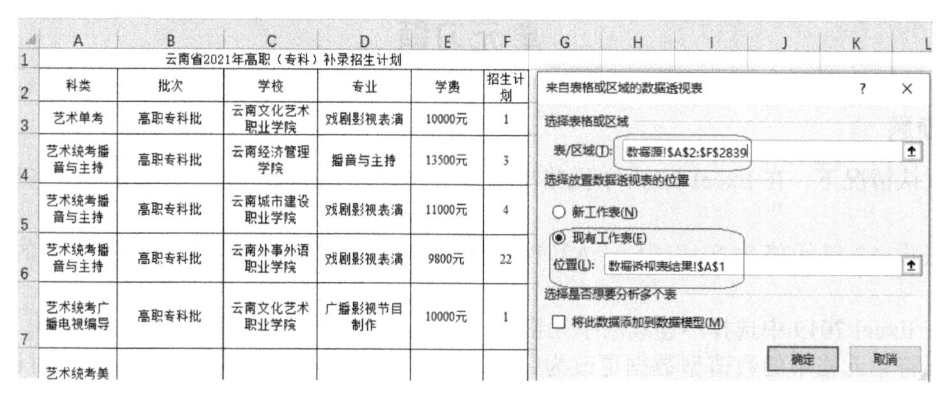

图 4-30　选择数据源

8）在“选择要添加到报表的字段”下，将“科类”拖到“筛选”中，将“学校”拖到“列”中，将“专业”拖到“行”中，将“招生计划”拖到“值”中，结果如图 4-31 所示。

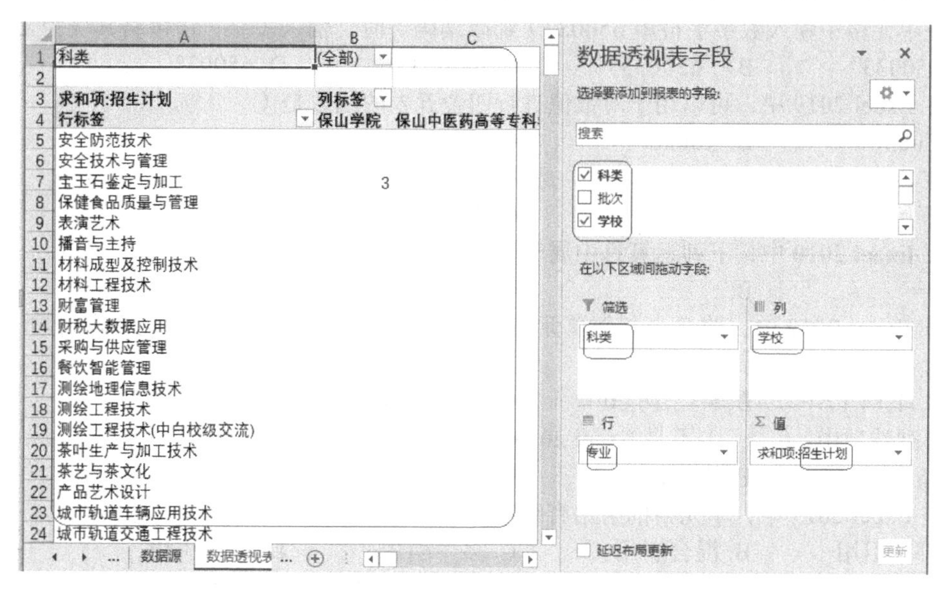

图 4-31　数据筛选

9）如图 4-32 所示为昆明冶金高等专科学校理工类各个专业补录计划筛选数据。

图 4-32　筛选示例

单元习题

一、判断题

1. 默认情况下，在 Excel 2019 单元格中输入公式并按 <Enter> 键后，单元格中将显示公式内容。（　　）

2. 假设 A2 单元格为文字“5”，A3 单元格为数字“2”，则 COUNT（A2:A3）的值是 2。（　　）

3. 在 Excel 2019 中选择不连续的单元格区域时，需按住 <Ctrl> 键，再用鼠标选择。（　　）

4. 要将单元格中的数值型数据更改为字符型数据，可使用“设置单元格格式”对话框中的“数字”选项卡来完成。（　　）

5. Excel 2019 的筛选功能是按要求对工作表中的数据进行分类。（　　）

二、单选题

1. 在单元格中输入数字字符串 650033（邮政编码）时，输入（　　）可将其变为文本格式。

A. 650033’　　B. “650033”　　C.’650033　　D. 650033

2. 在 Excel 2019 中，可以用于对数值进行四舍五入的函数是（　　）。

A. Count　　B. Round　　C. Rand　　D. Rank

3. 在 Excel 2019 的窗口中，（　　）是 Word 2019 没有的选项卡。

A. 开始　　B. 插入　　C. 数据　　D. 视图

4. 在 Excel 2019 中，下列运算符中属于引用运算符的是（　　）。

A. >=　　B. :　　C.%　　D. $

5. 在 Excel 2019 中，前两个相邻单元格的内容分别为 2 和 5，使用填充柄进行填充，则后续序列为（　　）。

A. 8,11,14,17…　　B. 8,12,16,20…　　C. 7,12,19,31…　　D. 不能确定

6. 下列选项中，（　　）不是 Excel 2019 的图表类型。

A. 条形图　　B. 直方图　　C. 面积图　　D. 饼图

7. 在 Excel 2019 中，单元格的引用有绝对引用、相对引用和（　　）3 种形式。

A. 部分引用　　B. 混合引用　　C. 多个引用　　D. 单个引用

8. “筛选”是在工作表中显示符合条件的记录，而将不满足条件的记录（　　）。

A. 剪切　　B. 删除　　C. 移动　　D. 隐藏

9. 在 Excel 2019 的单元格内输入日期时，年、月、日之间的分隔符是（　　）（不包括引号）。

A. “.”或“\”　　B. “/”或“\”　　C. “/”或“-”　　D. “\”或“-”

10. 在 Excel 2019 中，下面的输入能直接显示“1/3”数据的输入方法是（　　）。

A. 0.3　　B. 1/3　　C. 0 1/3　　D. 2/6

三、多选题

1. 若要重新对工作表命名，可以使用的方法是（　　）。

A. 选中表，在右键快捷菜单中选择“重命名”

B. 单击“开始”选项卡，在“单元格”组的“格式”中选择“重命名工作表”

C. 单击“插入”选项卡，选择“表格”组中的“重命名工作表”

D. 双击工作表标签直接重命名

2. 在 Excel 2019 中，下列运算符组中（　　）中运算符的优先级不同。

A. &，-　　B. >,=,<>　　C. *，/　　D. ^,>=

3. 费用明细表的列标题为“日期”“学院”“姓名”“报销金额”等，欲按学院统计报销金额总和，（　　）方法能做到。

A. 高级筛选　　　　　　　　　　B. 分类汇总
C. 用 SUMIF 函数计算　　　　　D. 用数据透视表计算汇总

4. 下面（　　）文件格式能被 Excel 2019 打开。
A. *.docx　　B. *.wav　　C. *.xlsx　　D. *.xls

5. 在 Excel 2019 中，下列（　　）选项中的公式的计算结果是相同的。
A. =SUM（A1:A4）/4　　　　B. =AVERAGE（A1,A2,A3,A4）
C. =SUM（A1,A4）/4　　　　D. =（A1+A2+A3+A4）/4

四、填空题

1. 若同时选择 A3 到 B7 和 C7 到 E10 两个区域，则在 Excel 2019 中的表示方法为________。
2. 在 Excel 2019 中，要在成绩表中求出数学成绩不及格的人数，则应使用函数________。
3. 在 Excel 2019 中，在进行分类汇总前，必须对数据清单中的分类字段进行________。
4. 在 Excel 2019 中，若要输入当前时间，可以使用组合键________。
5. 在 Excel 2019 中，如果某单元格显示为若干个“#”号（如 ########），这表示________。

5 Project 项目 5

演示文稿制作软件 PowerPoint 2019

回复“71331+5”观看视频

实验 1 PowerPoint 演示文稿创建与编辑

一、实验目标

1. 掌握演示文稿的创建、编辑和保存方法。
2. 掌握演示文稿中文本、表格、SmartArt、图片、形状的插入方法。
3. 掌握母版的使用方法。

二、实验准备

1. Windows 10 操作系统。
2. PowerPoint 2019 演示文稿制作软件。
3. 素材文件。

三、实验内容及操作步骤

实验内容

制作一个以“人民至上 生命至上”为主题的演示文稿，其中包含封面、前言、目录、内容、封底共 14 张幻灯片，如图 5-1 所示。

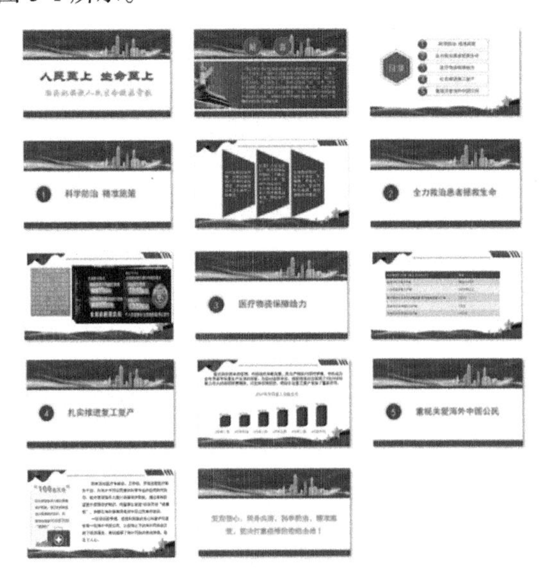

图 5-1 “人民至上 生命至上”演示文稿

操作步骤

1. 启动 PowerPoint 2019

单击“空白演示文稿”即可创建一个默认名称为“演示文稿 1”的文档。

2. 编辑母版

1）单击“视图”/“幻灯片母版”，进入母版编辑视图，单击左侧“空白版式”缩略图，单击编辑区，按 <Ctrl+A> 键选中所有文本框，按 <Delete> 键删除。

2）单击“插入”/“图片”，定位到素材文件夹，选择“5-1.jpg”，单击“插入”。

3）单击“插入”/“形状”/“矩形”，在编辑区绘制一个矩形。

4）选中矩形，单击“绘图工具”中的“格式”，将“形状填充”设置为“深红”，“形状轮廓”设置为“无轮廓”。

5）按住 <Ctrl> 键拖动该矩形，复制出第二个矩形，适当调整高度，如图 5-2 所示。

6）选中上方的矩形，单击“动画”/“添加动画”/“飞入”，在“效果选项”中选择“自右侧”，在“开始”中选择“上一动画之后”。

7）单击左侧“仅标题版式”缩略图，并删除其编辑区的所有文本框。

8）单击“插入”/“图片”，定位到素材文件夹，按住 <Shift> 键，选择“5-2.jpg”“5-3.jpg”“5-4.png”，单击“插入”，分别调整图片至合适位置。

9）单击“插入”/“形状”/“直线”，按住 <Shift> 键，绘制一条水平直线。

10）选中直线，单击“绘图工具”中的“格式”，将“形状轮廓”设置为“红色”，“形状轮廓”的“粗细”设置为“2.25 磅”，如图 5-3 所示。

11）按住 <Shift> 键，单击选中上方 3 个对象，单击“格式”/“组合”。

12）单击“幻灯片母版”/“关闭母版视图”。

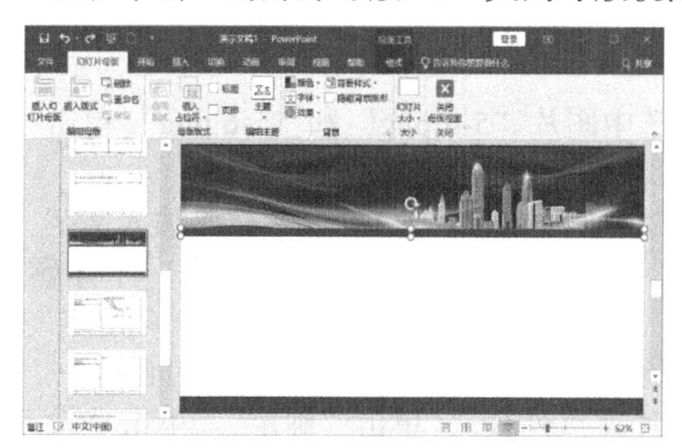

图 5-2　编辑母版（一）

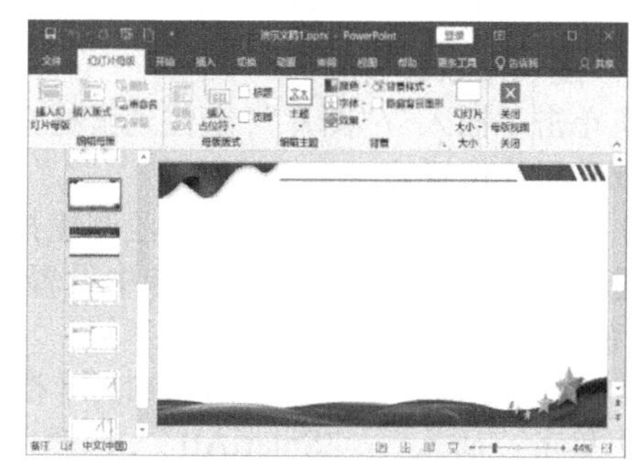

图 5-3　编辑母版（二）

3. 编辑第 1 张幻灯片作为封面

1）单击“开始”/“版式”/“空白”。

2）单击“插入”/“艺术字”/“填充：黑色，文本色 1；边框：白色，背景色 1；清晰阴影：白色，背景色 1”（即第 3 行第 1 个），输入文字“人民至上 生命至上”。选中文字，在“开始”选项卡中设置“字体”为“华文隶书”，“字号”为“88”，“字体颜色”为“红色”。

3）单击“插入”/“艺术字”/“填充：白色；边框：橙色，主题色 2；清晰阴影：橙色，主题色 2”（即第 3 行第 4 个），输入文字“始终把拯救人民生命放在首位”。选中文字，在“开始”选项卡中设置“字体”为“华文行楷”，“字号”为“54”，在“格式”选项卡中设置“文本轮廓”为“红色”，如图 5-4 所示。

4. 编辑第 2 张幻灯片作为前言

1）单击“开始”/“新建幻灯片”/“空白”。

2）单击“插入”/“形状”/“椭圆”，按住 <Shift> 键，绘制一个正圆。

3）选中圆，单击“绘图工具”中的“格式”，将“形状轮廓”设置为“白色”，“形状轮廓”的“粗细”设置为“2.25 磅”，“形状填充”设置为“红色”。

4）按住 <Ctrl> 键拖动该圆，复制出第二个圆。右击圆，选择“编辑文字”，输入文字“前”。选中文字，在“开始”选项卡中设置“字体”为“黑体”，“字号”为“54”，加粗。采用同样的方法，在另一个圆中输入文字“言”，进行相同的字体字号设置。

5）单击“插入”/“图片”，定位到素材文件夹，选中图片“5-5.jpg”，单击“插入”。调整图片大小及位置。

6）单击“插入”/“文本框”/“绘制横排文本框”，拖动鼠标绘制出一个文本框，输入相应的文字。选中文字，在“开始”选项卡中设置“字体”为“微软雅黑”，“字号”为“24”，添加文字阴影。

7）按住 <Shift> 键，单击图片和文本框使其都呈选中状态，单击“格式”/“组合”，如图 5-5 所示。

图 5-4 编辑封面

图 5-5 编辑前言

5. 编辑第 3 张幻灯片作为目录

1）单击“开始”/“新建幻灯片”/“标题和内容”。单击编辑区，按 <Ctrl+A> 键选中所有文本框，按 <Delete> 删除。

2）单击“插入”/“图片”，定位到素材文件夹，选中图片“5-4.png”和“5-6.png”，单击“插入”。调整图片位置。

3）单击“插入”/“文本框”/“绘制横排文本框”，拖动鼠标绘制一个文本框，输入文字“目录”。选中文字，在“开始”选项卡中设置“字体”为“黑体”，“字号”为“54”，“字体颜色”为“白色”。

4）按住 <Shift> 键，单击图片和文本框使其都呈选中状态，单击“格式”/“组合”。

5）单击“插入”/“SmartArt”，选择“垂直图片重点列表”，单击“确定”。单击“设计”，单击“添加形状”两次，单击“更改颜色”/“彩色轮廓 - 个性色 2”，单击“SmartArt 样式”/“白色轮廓”。拖动控制柄调整 SmartArt 大小。单击圆形中心，选择“来自文件”，定位到素材文件夹，选择“5-7.png”，单击“插入”。使用同样的方法在其余圆形中插入图片。在 SmartArt 的文本窗格中输入文字。单击 SmartArt 边框使其呈选中状态，在“开始”选项卡中设置“字体”为“黑体”，“字号”为“28”，“字体颜色”为“红色”，如图 5-6 所示。

6. 编辑第 4 张幻灯片作为标题幻灯片

1）单击“开始”/“新建幻灯片”/“空白”。

2）单击“插入”/“形状”/“椭圆”，按住 <Shift> 键，绘制一个正圆。

3）选中圆，单击“格式”/“形状轮廓”/“红色”，单击“形状填充”/“无填充”。

4）再绘制一个稍微小一些的圆，设置为无轮廓，填充色为深红，单击“形状效果”/“阴影”/“偏移：下”。双击小圆，输入文字“1”。选中文字，在“开始”选项卡中设置“字体”为“黑体”，“字号”为“60”，“字体颜色”为“白色”。

5）单击“插入”/“文本框”/“绘制横排文本框”，拖动鼠标绘制一个文本框，输入文字。选中文字，在“开始”选项卡中设置“字体”为“黑体”，“字号”为“54”，“字体颜色”为“红色”，如图 5-7 所示。

图 5-6 编辑目录

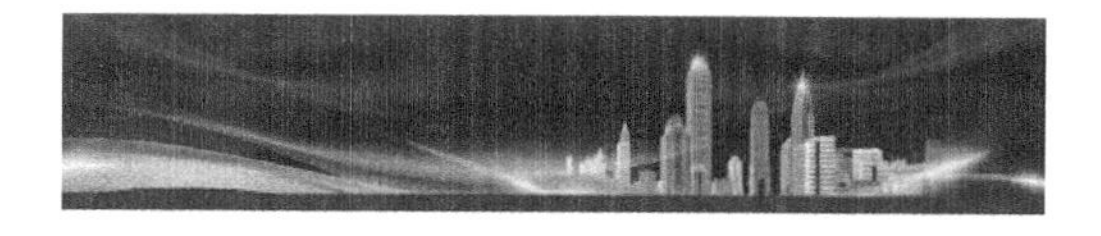

图 5-7 编辑标题幻灯片

6）在左侧窗格中右击该幻灯片，选择“复制幻灯片”，修改幻灯片上的文字，制作其余 4 个标题幻灯片。

7. 添加并编辑内容幻灯片

在左侧窗格中第 4 张幻灯片下方单击以定位，单击“开始” / “新建幻灯片” / “仅标题”，添加第 5 张幻灯片。使用同样的方法，在每一个标题幻灯片下方添加内容幻灯片，这样就得到了第 7 张、第 9 张、第 11 张和第 13 张幻灯片。

1）为第 5 张幻灯片添加内容。单击“插入” / “SmartArt”，选择“梯形列表”，单击“确定”。单击“设计” / “SmartArt 样式” / “优雅”。按住 <Shift> 键，依次单击 3 个梯形，单击“格式” / “形状填充” / “深红”。单击梯形使光标定位到其内部，输入文字。选中文字，在“开始”选项卡中设置“字体”为“黑体”，“字号”为“24”，左对齐。

2）为第 7 张幻灯片添加内容。单击“插入” / “文本框” / “绘制横排文本框”，拖动鼠标绘制一个文本框，输入文字。选中文字，在“开始”选项卡中设置“字体”为“黑体”，“字号”为“24”。单击“格式” / “形状样式” / “强烈效果 - 橙色，强调颜色 2”（即第 6 行第 3 个样式）。单击“开始”选项卡“段落”组右下角的组按钮，打开“段落”对话框，设置首行缩进 2 厘米，如图 5-8 所示。

单击“插入” / “图片”，定位到素材文件夹，按住 <Ctrl> 键，选择“5-12.jpg”“5-13.jpg”“5-14.jpg” 3 张图片，单击“插入”。

3）为第 9 张幻灯片添加内容。单击“插入” / “表格” / “插入表格”，设置“列数”为“2”，“行数”为“6”，单击“确定”。单击“设计” / “表格样式” / “中度样式 2- 强调 2”。选中第一行，单击“设计” / “底纹” / “深红”。在表格中输入文字。

4）为第 11 张幻灯片添加内容。单击“插入” / “文本框” / “绘制横排文本框”，拖动鼠标绘制一个文本框，输入文字。选中文字，在“开始”选项卡中设置“字体”为“黑体”，“字号”为“24”，首行缩进 2 厘米。

单击“插入” / “图表” / “三维柱形图”，在 Excel 中输入数据，如图 5-9 所示，关闭 Excel。分别在垂直（值）轴、背景墙、图例上右击，单击“删除”。修改“图表标题”文字为“2020 年全国复工指数变化”。单击柱子，单击“格式” / “形状填充” / “深红”。右击柱子，单击“添加数据标签”。单击图表，在“开始”选项卡中设置“字号”为“20”。

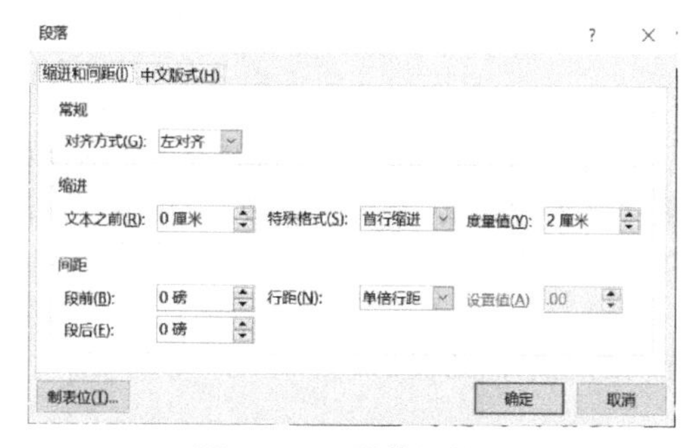

图 5-8 设置首行缩进

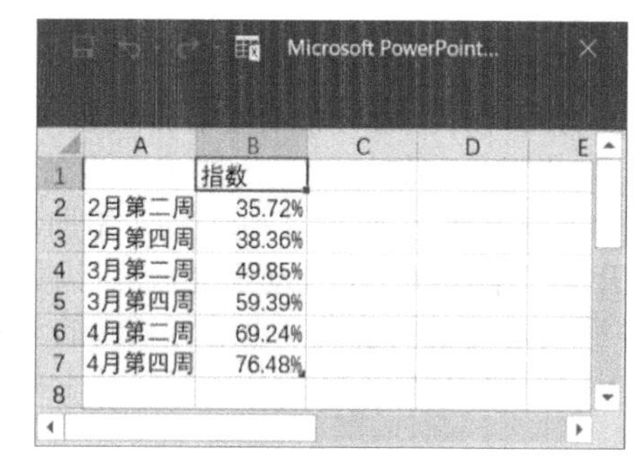

	A	B	C	D	E
1		指数			
2	2月第二周	35.72%			
3	2月第四周	38.36%			
4	3月第二周	49.85%			
5	3月第四周	59.39%			
6	4月第二周	69.24%			
7	4月第四周	76.48%			
8					

图 5-9 输入数据

5）为第 13 张幻灯片添加内容。单击“插入”/“图片”，定位到素材文件夹，选择“5-15.jpg”，单击“插入”。

单击“插入”/“文本框”/“绘制横排文本框”，拖动鼠标绘制一个文本框，输入文字。选中文字，在“开始”选项卡中设置“字体”为“黑体”，“字号”为“24”，首行缩进 2 厘米。

8. 编辑最后一张幻灯片作为封底

1）单击“开始”/“新建幻灯片”/“空白”。

2）单击“插入”/“艺术字”/“渐变填充：金色，主题色 4；边框：金色，主题色 4”（即第 2 行第 3 个）。

3）输入文字，并在“开始”选项卡中设置“字号”为“44”，“行距”为“1.5 倍行距”。

4）在“格式”选项卡中，单击“文本轮廓”/“红色”，单击“文本填充”/“红色”，单击“文本填充”/“渐变”/“浅色变体”/“线性向下”。

9. 保存文件

单击“文件”/“另存为”/“浏览”，定位到合适的文件夹，输入文件名，单击“保存”即可。

实验 2　PowerPoint 演示文稿交互效果设置

一、实验目标

1. 掌握超链接的创建方法。
2. 掌握动画、切换效果的设置方法。
3. 掌握背景音乐的插入及设置方法。

二、实验准备

1. Windows 10 操作系统。
2. PowerPoint 2019 演示文稿制作软件。
3. 音频播放软件及外放设备。
4. 素材文件。

三、实验内容及操作步骤

实验内容

1. 设置动画、切换效果。
2. 添加超链接。
3. 添加背景音乐。

操作步骤

1. 打开素材

打开素材“人民至上 生命至上 .pptx”文件。

2. 为幻灯片上的对象设置动画效果

1）为第 1 张幻灯片上的艺术字设置动画效果。选中艺术字，单击“动画”/“动画窗格”，打开“动画窗格”。单击“动画”/“添加动画”/“更多进入效果”，选择“缩放”。单击“动画”，在“开始”中选择“上一动画之后”。为另一个艺术字进行相同的动画设置，如图 5-10 所示。为第 14 张幻灯片上的艺术字也进行相同的动画设置。

2）使用同样的方法为其余幻灯片上的对象设置动画效果，见表 5-1。

图 5-10　设置动画效果

表 5-1　其余幻灯片的动画效果

幻灯片编号	对象名称	添加动画	效果选项	开始
2	组合	进入：缩放		上一动画之后
3	组合	进入：翻转式由远及近		上一动画之后
	SmartArt	进入：上浮	逐个	上一动画之后
4	大圆	进入：缩放		上一动画之后
		强调：脉冲		上一动画之后
	小圆	进入：缩放		上一动画之后
		强调：脉冲		上一动画之后
	文本框	进入：挥鞭式		上一动画之后
5	SmartArt	进入：翻转式由远及近	逐个	上一动画之后
7	文本框	进入：曲线向上		上一动画之后
	图片 40	进入：缩放		上一动画之后
		退出：擦除	自左侧	单击时
	图片 42	进入：缩放		上一动画之后
		退出：擦除	自左侧	单击时
	图片 44	进入：缩放		上一动画之后
9	表格	进入：擦除	自顶部	上一动画之后
11	文本框	进入：压缩		上一动画之后
	图表	进入：升起	按类别	上一动画之后
13	图片	进入：飞入	自左侧	上一动画之后
	文本框	进入：浮动	按段落	上一动画之后

3. 为幻灯片设置切换效果

1）在幻灯片浏览窗格中选中要设置切换效果的第 1 张幻灯片，单击“切换”选项卡，单击“其他”下拉列表，选择“百叶窗”，如图 5-11 所示。

2）为第 14 张幻灯片也设置“百叶窗”切换效果，其余幻灯片的切换效果均设置为“库”。

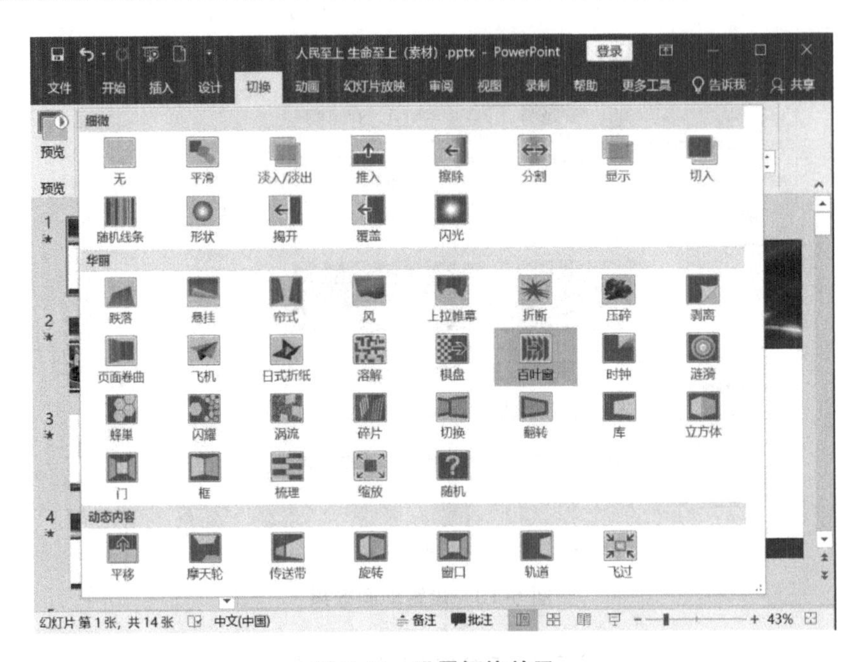

图 5-11　设置切换效果

4. 为幻灯片添加超链接

1）在幻灯片浏览窗格中选中要添加超链接的第 3 张幻灯片。单击 SmartArt 中的第一个矩形，单击“插入”/“链接”，在弹出的“插入超链接”对话框中单击“本文档中的位置”，选择“4. 幻灯片 4”，单击“确定”，如图 5-12 所示。为 SmartArt 中的其他矩形添加超链接，分别链接到幻灯片 6、幻灯片 8、幻灯片 10 和幻灯片 12。

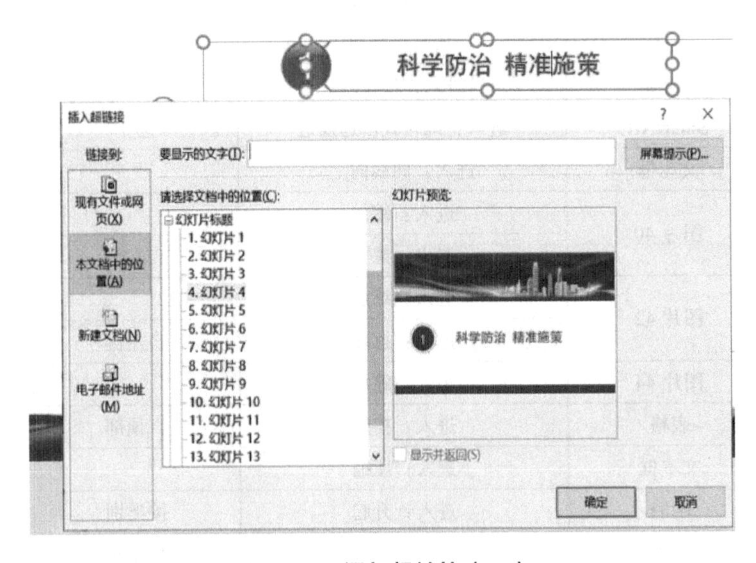

图 5-12　添加超链接（一）

2）单击“视图”/“幻灯片母版”，单击左侧的“仅标题版式”。单击“插入”/“形状”/“动作按钮：转到主页”，拖动鼠标绘制一个动作按钮，弹出“操作设置”对话框，选择超链接到“幻灯片”，选择“3. 幻灯片 3”，单击“确定”，如图 5-13 所示。在“格式”选项卡中设置“形状填充”为“深红”，“形状轮廓”为“无轮廓”。单击“幻灯片母版”/“关闭母版视图”。

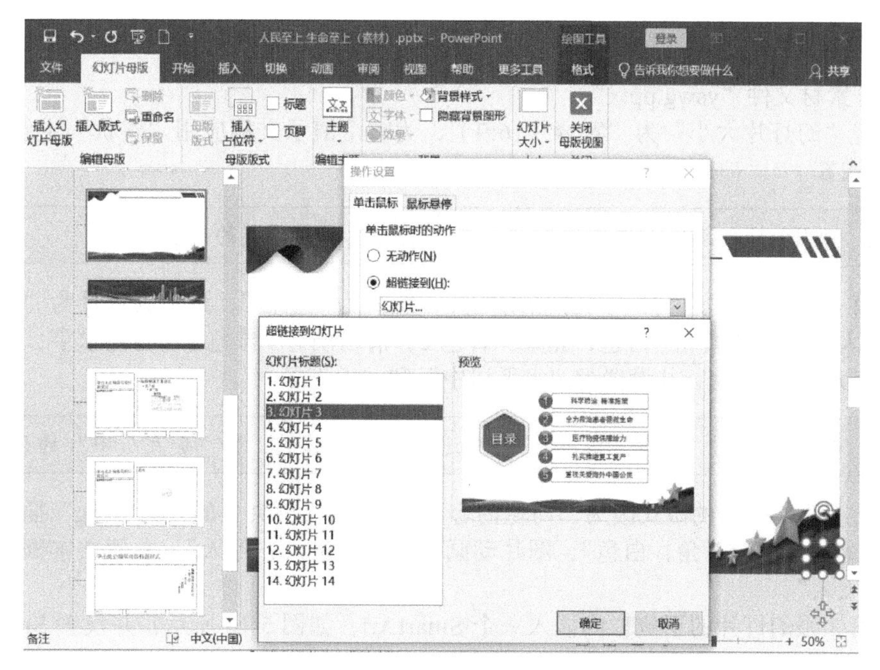

图 5-13　添加超链接（二）

5. 为幻灯片添加背景音乐

单击第 1 张幻灯片，使其成为当前编辑的幻灯片。单击“插入”/“音频”/“PC 上的音频”。在“插入音频”对话框中，定位到素材文件夹，选中音频文件“中华民族 .m4a”，单击“插入”。单击“音频工具”下的“播放”，勾选“放映时隐藏”“循环播放，直到停止”和“跨幻灯片播放”复选框，设置“开始”为“自动”，如图 5-14 所示。

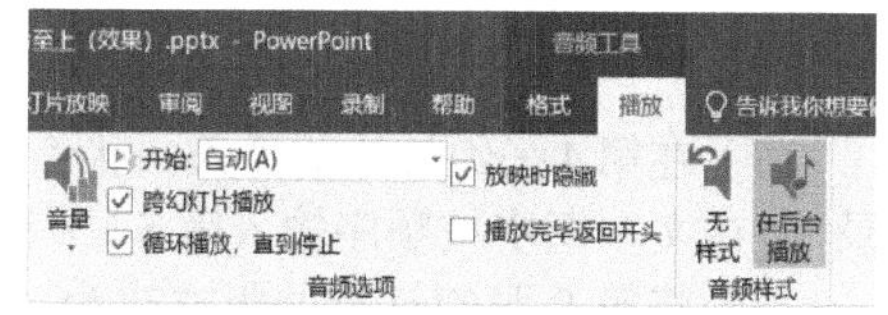

图 5-14　添加背景音乐

6. 保存文件

单击“文件”/“保存”即可。

实验 3　等级考试模拟题

一、实验目标

1. 掌握幻灯片大小、主题、背景、版式、超链接、动画、切换及放映方式的设置方法。
2. 掌握艺术字、图片、SmartArt 的插入及样式的应用方法。

二、实验准备

1. Windows 10 操作系统。
2. PowerPoint 2019 演示文稿制作软件。
3. 素材文件。

三、实验内容及操作步骤

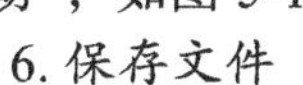 实验内容

1. 设置幻灯片大小、主题、背景、版式、超链接、动画、切换及放映方式。
2. 插入艺术字、图片及 SmartArt。

操作步骤

1）打开素材文件“yswg.pptx”。

2）设置“幻灯片大小”为“宽屏（16:9）”，为整个演示文稿应用“丝状”主题，“背景样式”为“样式 6”。

> **提示：**在“设计”选项卡进行幻灯片大小、主题及背景样式的设置。

3）在第 1 张幻灯片前面插入一张新幻灯片，版式为“空白”，设置其背景为“水滴”的纹理填充。插入样式为“填充 - 白色，轮廓 - 着色 2，清晰阴影 - 着色 2”的艺术字，文字为“牡丹花”，文字大小为 96 磅，并设置为“水平居中”和“垂直居中”。

> **提示：**在“开始”/“排列”/“对齐”中进行“水平居中”和“垂直居中”的设置。

4）将第 2 张幻灯片的版式改为“两栏内容”，将素材文件夹中的“图 1.jpg”插入到右侧栏中，图片样式为“圆形对角，白色”，图片动画设置为“进入：浮入”，左侧文本框的动画设置为“进入：飞入”。

5）在第 3 张幻灯片的下侧栏内插入一个 SmartArt，如图 5-15 所示，并设置 SmartArt 样式为“优雅”。

图 5-15　插入 SmartArt

6）在第 4 张幻灯片前插入一张新的幻灯片，版式为“标题和内容”，在标题处输入文字“目录”，在文本框中按顺序输入第 5 ~ 9 张幻灯片的标题，并且添加相应幻灯片的超链接。

7）将第 8 张幻灯片的版式改为“两栏内容”，将素材文件夹中的“图 2.jpg”插入到右侧栏中，图片样式为“棱台形椭圆，黑色”，图片动画设置为“进入：浮入”，左侧文本框的动画设置为“进入：飞入”。

8）设置全部幻灯片的切换方式为“百叶窗”，并且每张幻灯片的切换时间是 5 秒。放映方式设置为“观众自行浏览（窗口）”。

> **提示：**在“切换”选项卡中选中“百叶窗”，勾选“设置自动换片时间”复选框，并设置时间为 00:05.00，单击“应用到全部”。单击“幻灯片放映”/“设置幻灯片放映”，选中“观众自行浏览（窗口）”。

单元习题

一、判断题

1. 可使用组合键 <Alt+F4> 退出 PowerPoint 2019。（　）

2. 在 PowerPoint 2019 状态栏显示的是正在编辑的文件的名称。（　）

3. 在 PowerPoint 2019 中，从“应用设计模板”中选择某种模板，在编辑窗口中可立刻应用该模板。（　）

4. 在 PowerPoint 2019 中插入的批注，不能任意移动其位置。（　）

5. 在 PowerPoint 2019 中可以插入剪贴画，但不可以插入图形文件。（　）

二、单选题

1. PowerPoint 2019 是（ ）公司的产品。

A. IBM　B. 微软　C. 金山　D. 联想

2. 在 PowerPoint 2019 的各种视图中，可以同时浏览多张幻灯片，便于选择、添加、删除、移动幻灯片操作的是（ ）。

A. 备注页视图　B. 普通视图　C. 幻灯片浏览视图　D. 幻灯片放映视图

3. “动画”选项卡中的“效果选项”引入文本的方式有（ ）。

A. 整批发送、按字、按大小　B. 作为一个对象、整批发送、按段落

C. 按字、按字母　D. 整批发送、按字

4. 在 PowerPoint 2019 中，对于已经创建的演示文稿可以用（ ）命令转移到其他未安装 PowerPoint 的机器上放映。

A. 文件 / 打包成 CD　B. 文件 / 发送

C. 复制　D. 幻灯片放映 / 设置幻灯片放映

5. 在以下（ ）母版中插入徽标可以使其在每张幻灯片上的位置自动保持相同。

A. 讲义母版　B. 幻灯片母版　C. 标题母版　D. 备注母版

6. 要将 Word 文稿读入 PowerPoint 2019 中，应在下列哪个视图中进行（ ）？

A. 幻灯片视图　B. 大纲视图

C. 幻灯片浏览视图　D. 备注页视图

7. 在 PowerPoint 2019 中，不能对个别幻灯片内容进行编辑修改的视图方式是（ ）。

A. 幻灯片视图　B. 幻灯片浏览视图

C. 大纲视图　D. 以上都不是

8. 在 PowerPoint 2019 的大纲窗格中，不可以（ ）。

A. 添加文本框　B. 删除幻灯片　C. 插入幻灯片　D. 移动幻灯片

9. 在 PowerPoint 2019 的幻灯片浏览视图下，按住 <Ctrl> 键并拖动某幻灯片，可以完成（ ）操作。

A. 删除幻灯片　B. 选定幻灯片　C. 移动幻灯片　D. 复制幻灯片

10. 在幻灯片放映时，用户可以利用绘图笔在幻灯片上写字或画线，这些内容（ ）。

A. 在本次演示中不可删除　B. 在本次演示中可以删除

C. 自动保存在演示文稿中　D. 以上都不对

三、多选题

1. 启动 PowerPoint 2019 的方法有（ ）。

A. 单击“开始” / “所有程序” / “Microsoft Office 2019” / “PowerPoint 2019”

B. 在桌面上双击快捷方式图标

C. 在“Windows 资源管理器”中双击扩展名为 .pptx 的文件

D. 在“我的电脑”中双击扩展名为 .pptx 的文件

2. 在 PowerPoint 2019 的操作界面上有（ ）。

A. 标题栏　B. “常用”工具栏

C. “格式”工具栏　D. “绘图”工具栏

3. 创建新演示文稿的方法有（ ）。

A. 用内容提示向导新建文稿　B. 根据设计模板新建文稿

C. 根据现有演示文稿新建　D. 将 Word 文档另存为新演示文稿

4. PowerPoint 2019 中的超链接可以链接到（ ）。

A. 同一演示文稿中的幻灯片　B. 本机上的其他文档

C. 纸质书本　D. Internet 上的某个文档

5. 在 PowerPoint 2019 中可以插入的对象有（ ）等。

A. 影片　　B. 声音　　C. 图表　　D. 图形

四、填空题

1. 使用 PowerPoint 2019 制作的演示文稿文件的扩展名是____________。
2. ____________视图是进入 PowerPoint 2019 后的默认视图。
3. 在 PowerPoint 2019 中，要同时选中第 1、2、5 张幻灯片，应该在____________视图下操作。
4. 在 PowerPoint 2019 中绘制椭圆时，按住____________键能画出正圆。
5. 放映幻灯片的快捷键是____________。

项目 6 信息检索

Project 6

实验 1 了解信息检索

一、实验目标

1. 学会使用昆明冶金高等专科学校图书馆网站进行图书检索。
2. 从检索结果中识别图书信息。

二、实验准备

1. 确保使用的计算机已接入互联网。
2. 知晓昆明冶金高等专科学校图书馆网站地址。

三、实验内容与操作步骤

实验内容

1. 检索图书《大话通信》。
2. 从检索呈现的内容中识别"索书号""所在馆""所在馆藏地点""在馆数 / 馆藏总数"等信息。
3. 从检索呈现的内容中识别图书信息，包括题名、ISBN 号、语种等。

操作步骤

1）打开昆明冶金高等专科学校图书馆网站 http://lib.kmyz.edu.cn/，如图 6-1 所示。

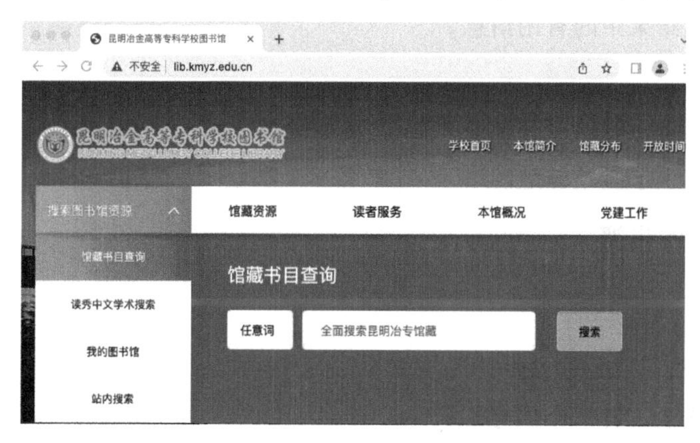

图 6-1 昆明冶金高等专科学校图书馆网站

2）在搜索框中输入“大话通信”，如图 6-2 所示。

3）单击“搜索”，检索结果如图 6-3 所示。

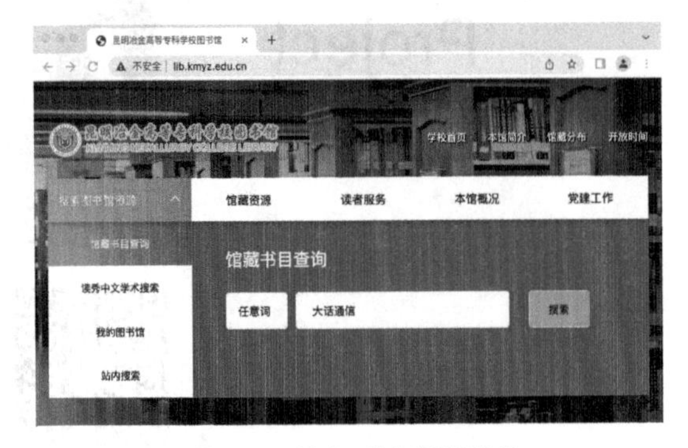

图 6-2　输入“大话通信”

图 6-3　检索结果

4）查看图书馆藏信息，如图 6-4 所示。

5）查看图书信息，如图 6-5 所示。

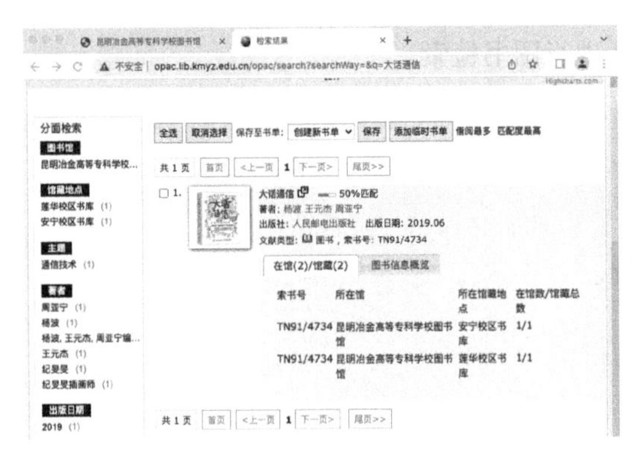

图 6-4　图书馆藏信息

图 6-5　图书信息

实验 2　了解搜索引擎

一、实验目标

1. 熟练使用百度搜索引擎配合关键字进行信息检索。
2. 识别信息检索结果中的有用信息。

二、实验准备

1. 确保使用的计算机已接入互联网。
2. 知晓百度搜索引擎网站地址。

三、实验内容与操作步骤

实验内容

1. 用浏览器打开百度搜索引擎。
2. 在搜索框内输入“神舟十四号”。
3. 从检索结果中识别有用的信息。

操作步骤

1）打开百度搜索引擎，如图 6-6 所示。

图 6-6　百度搜索引擎界面

2）在搜索框内输入需要检索的关键字“神舟十四号”，检索结果如图 6-7 所示。

图 6-7　检索结果

3）识别检索结果中的信息，如图 6-8、图 6-9 所示。

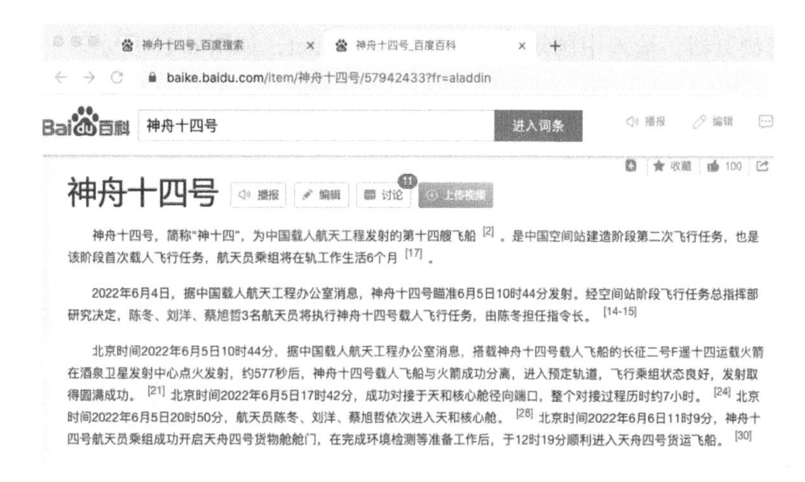

神舟十四号

神舟十四号，简称“神十四”，为中国载人航天工程发射的第十四艘飞船 [2]。是中国空间站建造阶段第二次飞行任务，也是该阶段首次载人飞行任务，航天员乘组将在轨工作生活6个月 [17]。

2022年6月4日，据中国载人航天工程办公室消息，神舟十四号瞄准6月5日10时44分发射。经空间站阶段飞行任务总指挥部研究决定，陈冬、刘洋、蔡旭哲3名航天员将执行神舟十四号载人飞行任务，由陈冬担任指令长。[14-15]

北京时间2022年6月5日10时44分，据中国载人航天工程办公室消息，搭载神舟十四号载人飞船的长征二号F遥十四运载火箭在酒泉卫星发射中心点火发射，约577秒后，神舟十四号载人飞船与火箭成功分离，进入预定轨道，飞行乘组状态良好，发射取得圆满成功。[21] 北京时间2022年6月5日17时42分，成功对接于天和核心舱径向端口，整个对接过程历时约7小时。[24] 北京时间2022年6月5日20时50分，航天员陈冬、刘洋、蔡旭哲依次进入天和核心舱。[28] 北京时间2022年6月6日11时9分，神舟十四号航天员乘组成功开启天舟四号货物舱舱门，在完成环境检测等准备工作后，于12时19分顺利进入天舟四号货运飞船。[30]

图 6-8　检索的详细信息（一）

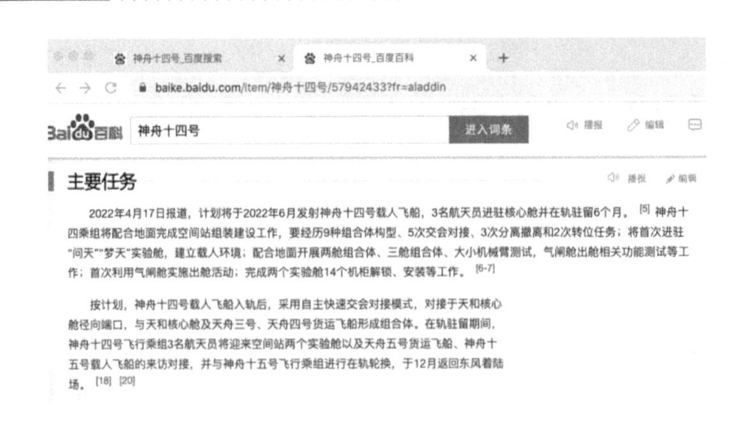

图 6-9　检索的详细信息（二）

实验 3　数字信息资源检索

一、实验目标

1. 熟练使用中国知网平台进行文献资料检索。
2. 识别检索结果。

二、实验准备

1. 确保使用的计算机已接入互联网。
2. 知晓中国知网网站地址。

三、实验内容与操作步骤

实验内容

1. 利用中国知网平台检索“中国共产党党史”。
2. 识别检索结果，下载任意一篇关于中国共产党党史研究的论文并阅读。

操作步骤

1）打开任意浏览器，输入中国知网网址 www.cnki.net，如图 6-10 所示。

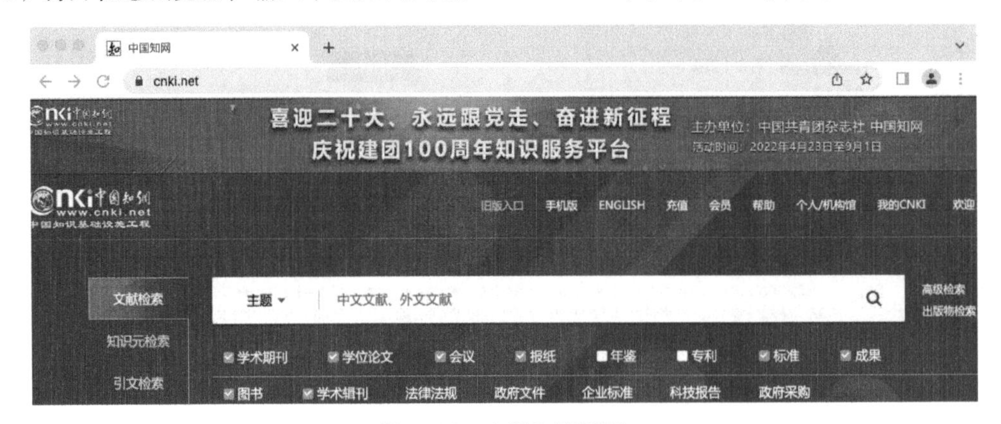

图 6-10　中国知网界面

2）在搜索框中输入“中国共产党党史”，如图 6-11 所示。

图 6-11　在搜索框中输入内容

3）识别检索结果，从检索结果中选择任意一篇关于中国共产党党史研究的论文并进行下载阅读，如图 6-12、图 6-13 所示。

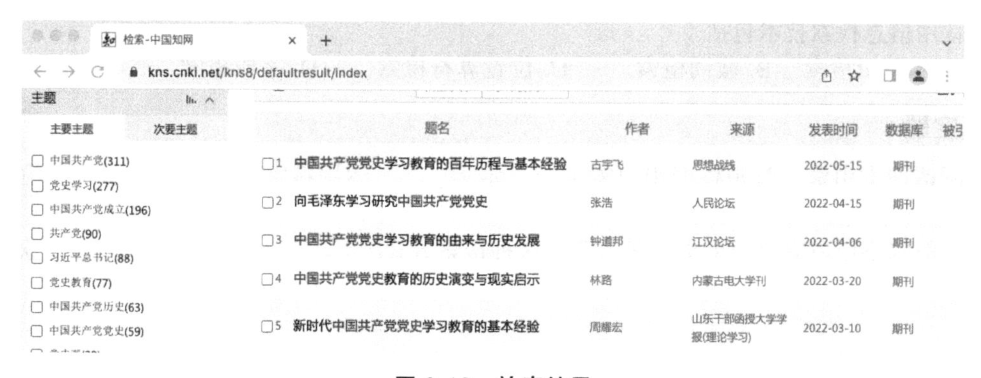

图 6-12　检索结果

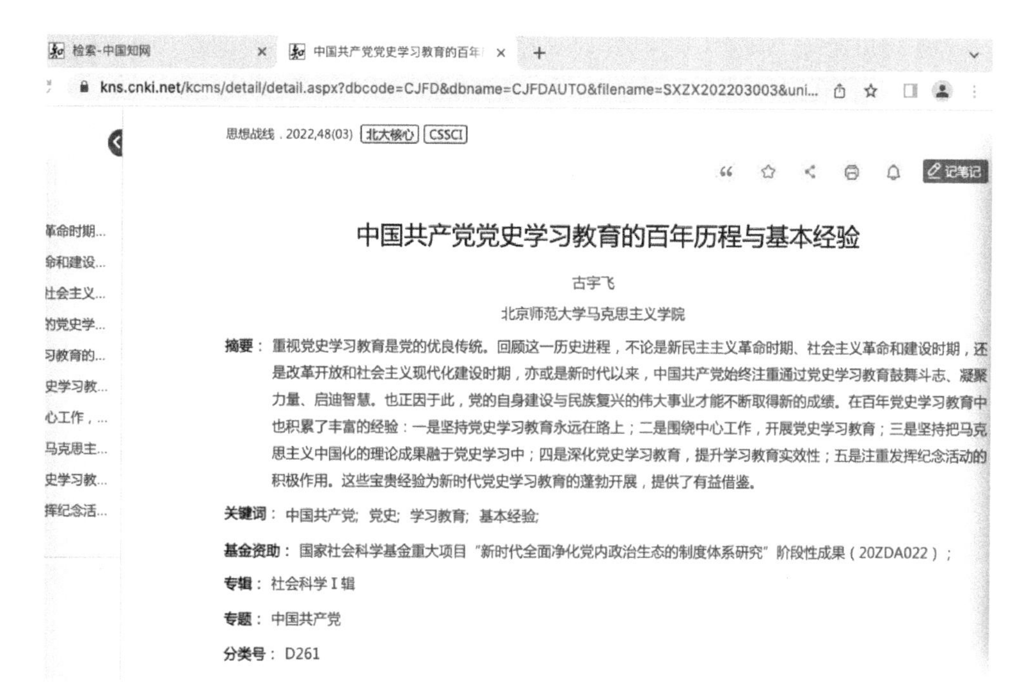

图 6-13　关于中国共产党党史研究的论文

单元习题

一、判断题

1. 信息检索有广义和狭义之分。 (　　)
2. 百度搜索引擎是目前全球应用最为广泛的信息搜索引擎。 (　　)

二、单选题

1. 信息检索依据不同的标准可划分为（　　）种类型。

A. 1　　B. 2　　C. 3　　D. 4

2. 目前属于全球十大搜索引擎以及市场份额排名第三的是（　　）。

A. 百度　　B. 阿里巴巴　　C. 360 搜索　　D. 雅虎搜索

三、多选题

1. 以下选项属于搜索引擎分类的是（　　）。

A. 全文搜索引擎　　B. 元搜索引擎　　C. 垂直搜索引擎　　D. 目录搜索引擎

2. 常用信息检索技术包括（　　）。

A. 布尔逻辑检索　　B. 截词检索　　C. 位置算符检索　　D. 字段检索

四、填空题

1. 所谓搜索引擎，就是根据用户需求与一定________运用特定________从互联网检索出指定信息并反馈给用户的一门检索技术。

2. 一般网络用户适用于全文搜索引擎。这种搜索方式________、________，并容易获得所有相关信息。

项目 7 Project 7

新一代信息技术概述

回复"71331+7"观看视频

实验 1　新一代信息技术与职业生涯规划

一、实验目标

1. 认识新一代信息技术。
2. 了解身边新一代信息技术的典型应用。
3. 结合个人专业和新一代信息技术的相关性，编写个人职业生涯规划书。

二、实验准备

1. 学习新一代信息技术相关理论知识。
2. 收集新一代信息技术相关图书、文献、网站和电子资料。

三、实验内容及操作步骤

实验内容

根据提供的职业生涯规划书模板，结合个人专业和新一代信息技术的相关性，编写个人职业生涯规划书。

操作步骤

个人职业生涯规划书的编写可以分为两部分：

1. 前言部分

前言部分的编写示例如下：

时光飞逝，作为一个新时代的大学生，转眼自己来到大学已经有一段时间了。平时除了丰富的大学生活和繁重的专业学习，在校园里不时会看到一些即将毕业的学长学姐为自己的毕业而忙碌着。想想自己再有两年多的时间也将面临毕业，不免会感到迷茫，对自己的专业、对自己的将来都不知道该怎么走。但生活不会永远迷茫，只要自己努力了希望总会存在。

作为一名有理想、有抱负的青年大学生，我们都希望自己有一个美好的未来。要完成这一理想，对大学生而言，在大学期间制订一个适合本专业及本人的职业生涯规划必不可少，这样自己在大学里才不会虚度年华，也不会不知所措。

2. 正文部分

请按照表 7-1 的架构完成个人职业生涯规划书正文部分的编写。

表 7-1　个人职业生涯规划书正文部分的架构

架构	说明
自我解剖	本部分应从多维度剖析自己的人格特点，发现自己的优点和不足。在今后学习、生活和工作中应坚持优点，不足之处应结合多方面加以分析，并不断改进
专业认知	本部分可以谈谈个人对本专业及本专业对应的行业的认知，例如未来发展方向，面对未来本行业能够为本专业提供的就业岗位，以及相关岗位对学生个人能力的要求（素质、知识、技能等）等
个人规划	本部分可以参考以下思路进行设计： ■ 确定目标和路径 ✓ 近期职业目标：例如，认真学习专业知识，以优异的成绩顺利毕业，大学期间考取相关证书（计算机等级考试证书、英语四六级证书、职业技能等级证书等） ✓ 中期职业目标：例如，进入某理想企业或单位的某岗位实习，脚踏实地虚心学习，为个人今后进入岗位打下坚实基础 ✓ 长期职业目标：制订合理的有挑战性的个人职业生涯规划 ✓ 职业发展路径：例如，大学毕业→进入某企业某岗位（基层员工）→做出业绩，能力和职位稳健提升→成为企业或部门的中坚力量 ■ 制订行动计划 ✓ 短期计划：大学期间的个人学习计划 ✓ 中期计划：从基层做起，脚踏实地一步一步提升工作技能及社交能力 ✓ 长期计划：规划个人、家庭、工作和生活的具体实施方案 ■ 动态反馈调整 可能由于计划本身不完善或后期各种因素发生变化，个人需要实时评估，调整自己的职业目标、职业路径和行动计划
备选规划方案	由于社会环境、组织环境、家庭环境、个人成长曲线等情况的变化以及各种不可预知因素的影响，个人的职业生涯规划往往不是一帆风顺的。为了更好地把握人生，适应千变万化的职场，拟定一份备选的职业生涯规划方案是很有必要的，本部分学生可以参考以下思路进行设计： ✓ 在职场中很多岗位或者在后续职场晋升中都会要求本科及以上学历，如若有必要，在大学期间可以考虑通过多种途径提升学历 ✓ 如果有更好的机会和环境可以考虑自主创业等

实验 2　新一代信息技术与创新

一、实验目标

1. 认识创新对一个行业和一个国家发展的重要性。
2. 了解新一代信息技术创新的发展方针。

二、实验准备

收集新一代信息技术相关图书、文献、网站和电子资料。

三、实验内容及操作步骤

实验内容

1. 探索创新的概念及重要性。
2. 搜寻新一代信息技术领域相关应用的典型创新案例。
3. 阅读文章《抢抓新一代信息技术融合创新带来的重大机遇 构筑我国智能制造发展新优势》，了解创新带来的机遇与优势。

操作步骤

1. 探索创新的概念及重要性

分组讨论或借助网络探索创新的概念及重要性，整理并和身边的朋友分享。

2. 搜寻新一代信息技术领域相关应用的典型创新案例

将案例进行整理，并按表7-2的结构完成信息收集。

表7-2 新一代信息技术领域典型创新案例

序号	典型应用	新一代信息技术领域	产生的应用价值	创新点
1				
2				
3				

3. 阅读以下参考范文并谈谈你的感想

抢抓新一代信息技术融合创新带来的重大机遇 构筑我国智能制造发展新优势（节选）

当前全球新一轮科技革命和产业变革深入发展，以5G、AI等为代表的新一代信息技术不断突破并加速向制造业融合渗透，推动制造业的生产方式、组织形态、商业模式等变革与重塑，持续向数字化、网络化、智能化方向跃迁升级。习近平总书记强调，要以智能制造为主攻方向推动产业技术变革和优化升级，推动制造业产业模式和企业形态根本性转变，以“鼎新”带动“革故”，以增量带动存量，促进我国产业迈向全球价值链中高端。2021年12月21日，工业和信息化部等八部门发布了《“十四五”智能制造发展规划》（以下简称《规划》），提出从创新能力、供给能力、支撑能力和应用水平四个方面，加快构建智能制造发展生态，为下一步智能制造发展指明了方向。站在新的历史方位，必须深入贯彻落实习近平总书记重要讲话精神，坚持智能制造主攻方向不动摇，充分把握新一代信息技术融合创新带来的发展机遇，探索符合我国国情的智能制造发展路径，加快传统制造业转型升级，持续培育经济发展新动能，全力支撑制造强国建设。

一、新一代信息技术融合创新加速制造业转型升级

（一）新一代信息技术融合创新成为转型升级重要动力

《规划》指出，随着全球新一轮科技革命和产业变革突飞猛进，新一代信息通信、生物、新材料、新能源等技术不断突破，并与先进制造技术加速融合，为制造业高端化、智能化、绿色化发展提供了历史机遇。

（二）新一代信息技术融合创新推动支撑产业升级演进

5G、AI等新一代信息技术与智能制造装备、工业软件等深度融合，推动传统产业体系智能化变革，并不断衍生系统解决方案、工业互联网平台等新型产业。

（三）新一代信息技术融合创新加速制造体系模式变革

新一代信息技术正在推动制造业研发创新、生产制造、资源组织等全面变革，催生了一系列新模式新业态。

二、精准把握、主动应对新一代信息融合创新对我国智能制造发展带来的机遇和挑战

（一）新一代信息融合创新为我国智能制造加速发展带来契机

一方面，进一步释放了我国超大规模市场优势和内需潜力。我国拥有全球门类最齐全、体系最完备、规模最大的制造业。另一方面，新一代信息技术与制造业融合，催生出一系列可布局的产业新环节和新方向，也为我国短板突破带来新机遇。如结合深度感知、自适应补偿等技术进一步增强装备功能，为我国基础工艺、控制算法等差距突破提供新思路；各种智能算法工具、数据建模助力工业软件功能实现，提升软件产品竞争力，为工业软件发展提供新轨道。

（二）新一代信息技术融合发展仍面临一系列技术和商业挑战

一是新一代信息技术融合发展路径尚不清晰。

二是关键技术产品和解决方案供给能力不足。

三是5G、AI等新一代信息技术的应用前期投入较高，我国工业企业规模普遍偏小，投入能力不足，还无法有效支撑5G、AI等新一代信息技术探索需求。

四是我国制造业发展水平参差不齐，特别是诸多中小企业还处于自动化信息化补课阶段，相对薄弱的数字基础难以匹配5G、AI等新一代信息技术落地要求。

三、进一步推动新一代信息技术与智能制造融合发展的建议

新一代信息技术与智能制造融合发展是一项系统工程，要充分发挥我国工业场景及国内市场的巨大拉动作用，推动二者深度融合与创新变革，探索形成新一代信息技术引领的智能制造产业支撑体系和推广路径，打造制造业发展核心竞争优势。

一是深化融合应用，探索形成特色融合发展路径。

二是加强技术研究，提高丰富技术产品供给能力。

三是强化公共服务，构建一体化融合发展服务能力。

四是完善政策保障，构建全方位多层次支撑体系。

（来源：中国工业新闻网）

单元习题

一、判断题

1. 新一代信息技术是以人工智能、量子信息、移动通信、物联网、区块链等为代表的新兴技术。（　　）

2. 传统的信息技术是指IT技术，ICT技术一般不属于信息技术。（　　）

3. 云计算是一种基于互联网的计算新方式，使得个人和企业用户以按需即取、易扩展的方式获取计算和服务。（　　）

4. 人工智能是计算机科学的一个分支，它企图了解智能的实质，并生产出一种新的能以与人类智能相似的方式做出反应的智能机器。（　　）

5. 语音识别、自然语言生成、机器人、机器学习和深度学习等都属于大数据技术的典型应用。（　　）

6. 物联网即“万物相连的互联网”，是在互联网基础上延伸和扩展的网络，是将各种信息传感设备与网络结合起来而形成的一个巨大网络，实现任何时间、任何地点，人、机、物的互联互通。（　　）

7. 新一代计算机技术是指把信息采集、存储、处理、通信同人工智能结合在一起的智能计算机系统。（　　）

二、单选题

1. 一种按使用量付费的模式，提供可用的、便捷的、按需的网络访问，进入可配置的计算资源共享池技术是指（　　）技术。

A. 物联网　　B. 移动通信　　C. 云计算　　D. 大数据

2. 以下哪一项新一代信息技术带来的科技产品，将会是人类智慧的“容器”。（　　）

A. 物联网　　B. 人工智能　　C. 云计算　　D. 大数据

3. 以下哪一项技术可以预测未来交通情况，为改善交通状况提供优化方案，有助于交通部门提高对道路交通的把控能力，防止和缓解交通拥堵，提供更加人性化的服务。（　　）

A. 物联网　　B. 人工智能　　C. 云计算　　D. 大数据

4. 当前智能家居行业采用的新一代信息技术是（　　）技术。

A. 物联网　　B. 人工智能　　C. 云计算　　D. 大数据

三、多选题

1. 以下选项中属于新一代信息技术典型代表的是（　　）。

A. 物联网技术　B. ICT 技术　C. AI 技术　D. 大数据技术

2. 传统信息技术可以按照（　　）形式分类。

A. 按表现形态的不同　B. 按工作流程中基本环节的不同
C. 根据信息设备的不同　D. 按技术功能层次的不同

3. 人工智能领域的研究内容包括（　　）。

A. 机器人　B. 语言识别　C. 图像识别　D. 自然语言处理和专家系统

4. 大数据技术的典型应用领域包括（　　）等。

A. 电商领域　B. 医疗领域　C. 安防领域　D. 交通领域

5. 物联网技术的典型应用包括（　　）等。

A. 智慧交通　B. 智能家居　C. 公共安全　D. 语音通信

6. 量子信息技术的典型应用包括（　　）。

A. 量子计算　B. 量子通信　C. 量子纠缠　D. 量子探测

四、填空题

1. 传统信息技术的应用主要包括________、________、________等。

2. 信息技术的主要特征包括________、________。

3. 新一代信息技术主要表现在________、________和________ 3 大领域与发展方向。

4. 区块链就是把________（区块）按照时间顺序进行叠加（链）生成的________、________的记录。从某种意义上说，区块链技术是互联网时代一种新的“信息传递”技术。

5. 量子信息是________与________相结合发展起来的新学科，主要包括________和________两个领域。

6. 今后计算机还将不断地发展，从结构和功能等方面看，大致有以下几种趋势________、________、________、________。

8 Project

项目 8 信息素养与社会责任

实验 1 信息素养

一、实验目标

1. 理解信息素养的概念、内涵和特点。
2. 自我评估个人信息素养能力。

二、实验准备

1. 学习信息素养的概念、内涵和特点等知识。
2. 在图书馆或互联网查询大学生信息素养评价标准相关知识。

三、实验内容及操作步骤

实验内容

参考“国内外大学生信息素养能力标准”，进行信息素养的自我评价。

操作步骤

1. 请阅读以下材料并谈谈你的感想

国内外大学生信息素养能力标准

一、国外大学生信息素养能力标准

1998 年，美国图书馆协会和教育传播协会制定了学生学习的九大信息素养标准，概括了信息素养的具体内容。

标准一：具有信息素养的学生能够有效地、高效地获取信息。

标准二：具有信息素养的学生能够熟练地、批判地评价信息。

标准三：具有信息素养的学生能够精确地、创造性地使用信息。

标准四：具有信息素养的学生能够独立学习，并能探求与个人兴趣有关的信息。

标准五：具有信息素养的学生能够独立学习，并能欣赏作品和其他对信息进行创造性表达的内容。

标准六：具有信息素养的学生能够独立学习，并能力争在信息查询和知识创新中做得更好。

标准七：具有信息素养的学生能对学习社区和社会有积极贡献，并能认识信息对民主化社会的重要性。

标准八：具有信息素养的学生能对学习社区和社会有积极贡献，并能实行与信息和信息技术相关的符合伦理道德的行为。

标准九：具有信息素养的学生能对学习社区和社会有积极贡献，并能积极参与小组的活动来探求和创建信息。

2000年1月18日，美国大学与研究图书馆协会（ACRL）标准委员会审议通过了《高等教育信息素养能力标准》（以下简称ACRL《标准》）。

ACRL《标准》的5条标准如下：

1）具有信息素养的学生能够确定所需信息的性质和范围。

2）具有信息素养的学生能够有效和高效地获取所需信息。

3）具有信息素养的学生能评价信息及其来源，并将选取的信息融合到他（她）们的知识库和价值体系中。

4）具有信息素养的学生，不管是个人还是作为一个团体的成员，都能够有效地利用信息来实现特定的目的。

5）具有信息素养的学生了解信息利用过程中的经济、法律和社会问题，并能合理合法地获取信息。

二、国内大学生信息素养能力标准

我国高等学校的信息素养教育可以追溯到1984年，教育部规定在全国有条件的高校广泛开展文献检索与利用课程教育，目的是提高学生的情报意识和文献检索技能。2002年教育部首次将文献检索课教学改革成信息素质教育。

但随着美国ACRL《标准》的出台，我国的信息素养教育在以下几个方面也亟须改进：信息素养教育侧重点应当从对学生“信息获得”的培养转变到“信息社会生存能力”的培养；信息素养教育者应当从“传授者”向“交流者”转变；信息素养教育师资队伍应当从单一由图书馆教育向联合相关专业共同教育转变；信息素养教育活动应当从信息检索向信息应用多样化转变。

北京市文献检索研究会在2005年制定了《北京地区高校信息素质能力指标体系》，该体系认为具备信息素质的学生：能够了解信息以及信息素质能力在现代社会中的作用、价值与力量；能够确定所需信息的性质与范围；能够有效地获取所需要的信息；能够正确地评价信息及其信息源，并且把选择的信息融入自身的知识体系中，重构新的知识体系；能够有效地管理、组织与交流信息；作为个人或群体的一员能够有效地利用信息来完成一项具体的任务；了解与信息检索、利用相关的法律、伦理和社会经济问题，能够合理、合法地检索和利用信息。

2. 完成信息素养自我评价表

填写说明：请您对自己下列能力的满意程度进行评价，从左至右依次是很好、好、一般、不好、很不好，在右边□打“√”。

标准一：研究问题和确定信息需求的能力		
我能准确地表达和描述信息需求吗?		
1	我能描述一个研究主题和信息需求	□□□□□
2	我能通过与老师、同行交流，进一步明确研究主题和信息需求	□□□□□
3	我能通过浏览广泛的信息资源来熟悉研究主题，圈定研究点	□□□□□
4	我能列出所需信息的学科范围、文献类型、时间跨度等限定因素	□□□□□
5	我能用关键词和术语描述信息需求	□□□□□
我能识别各种类型的信息源吗?		
6	我能区分一次、二次、三次信息源，了解各自特点和用途	□□□□□
7	我把专家或科研人员视为信息源	□□□□□
8	我了解信息有时需要从原始数据中综合实证而来	□□□□□
我了解本学科领域的文献分布状况吗?		
9	我了解本学科领域的专业协会及其文献出版状况	□□□□□

（续）

10	我了解本学科领域的专利、标准、科技报告、学位论文、技术说明书、行业规范等特种文献的分布状况	□□□□□
11	我了解交叉学科领域的文献分布状况	□□□□□
我能权衡获取信息的成本和收益吗？		
12	我会判定所需信息的可获得性	□□□□□
13	我了解获取各种类型信息的成本和时效性	□□□□□
14	我会制订完整方案和时间表来搜集信息	□□□□□
标准二：有效获取信息的能力		
我能根据研究主题，选择最适合的调研方法或数据库吗？		
15	我了解各种调研方法（如文献检索、实验、模拟、实地调查）	□□□□□
16	我了解各种全文数据库的收录范围、文献类型和检索方法	□□□□□
17	我能使用 SCI、EI、ISTP、INSPEC 等评价类数据库进行文献调研	□□□□□
我能构造最佳的检索策略吗？		
18	我能确定所需信息的关键词、同义词和相关词	□□□□□
19	我会使用某些数据库（如 EI、INSPEC）提供的主题词表和受控词表	□□□□□
20	我会使用布尔运算符、截词检索、邻近检索构造精确的检索方式	□□□□□
21	我会从引文途径查找相关文献	□□□□□
我能运用多种方法获取信息吗？		
22	我会利用联合目录确定文献的馆藏地点或所在数据库	□□□□□
23	我会利用文献传递与馆际互借服务申请原文	□□□□□
24	我会通过网上咨询台、电话、Email 等途径向图书馆员咨询	□□□□□
25	我会向论文作者求助原文	□□□□□
26	我会向老师、同学、同行求助	□□□□□
27	我能运用调查、信件、访谈、实验或其他调研方法获取信息	□□□□□
标准三：准确评估信息的能力		
我能运用标准来评估信息和它的出处吗？		
28	我能根据信息源的类型来评估信息的可靠性、权威性和时效性等	□□□□□
29	我能辨别哪些信息是事实，哪些是作者自己的观点和意见	□□□□□
30	我能判断论点、论据和论证的结构和逻辑是否合理	□□□□□
31	我能利用数据统计方法来评估信息的准确性和可靠性	□□□□□
我能通过对比新旧知识来判断信息是否前后矛盾吗？		
32	我能运用模拟和实验来检验现有的信息	□□□□□
33	我能接纳即使是影响个人价值体系的相关信息，并排除对它的曲解	□□□□□
我能通过与小组或团队、专家的讨论，来验证对信息的诠释吗？		
34	我能参与网上讨论（如 BBS、聊天室），来验证对信息的诠释	□□□□□
35	我能在课题组或团队中有效工作	□□□□□
36	我能通过多种途径征求专家意见（如面谈、电子邮件）	□□□□□
我能评估整个信息检索过程，并加以改进吗？		
37	我能判断已获信息是否满足自己的研究需要，必要时加以补充	□□□□□
38	我能质疑信息源和检索策略的局限性，必要时加以改进	□□□□□
标准四：合理合法使用信息的能力		
我了解与信息利用和信息技术有关的伦理、法律和社会经济问题吗？		

（续）

39	我了解知识产权、版权的基本知识	□□□□□
40	我了解信息获取过程中的免费与收费问题	□□□□□
41	我了解中国科学院科研行为的 6 条基本准则	□□□□□
42	我了解中国科学院国家科学图书馆电子资源合理使用申明	□□□□□
我能遵守与信息获取和利用相关的法律、法规、政策及礼节吗?		
43	我只利用经授权的合法身份认证来获取信息资源	□□□□□
44	我了解如何避免恶意下载行为	□□□□□
45	我了解如何避免抄袭和剽窃行为	□□□□□
我会在作品中声明所引用信息的出处吗?		
46	我会选择和使用正确的参考文献格式	□□□□□
47	我会致谢所有提供过帮助的人，并遵守与资助者达成的协议	□□□□□
标准五：利用各种新技术追踪本领域最新进展的能力		
我会利用各种新技术追踪本领域最新进展吗?		
48	我会使用数据库的 Alert 服务、Email 提醒服务，及时跟踪相关文献	□□□□□
49	我会使用书目管理软件管理文献（如 Endnote）	□□□□□
50	我会使用文献计量学工具进行文献分析（如 Web of Science）	□□□□□
51	我会使用国家科学图书馆的 RSS 科技新闻聚合服务	□□□□□
52	我会使用国家科学图书馆的“E 划通”桌面信息检索工具	□□□□□
53	我会使用国家科学图书馆的“随易通”服务	□□□□□
54	我会使用本领域新兴的学术出版形态获取信息（如日志、开放获取）	□□□□□

3. 对照自我评价表的结果和信息素养能力标准，谈谈自我信息素养的不足之处

实验 2　信息素养社会责任

一、实验目标

1. 树立正确的信息素养职业理念，明确大学生需承担的信息素养社会责任。
2. 以调查问卷的形式向身边的同学科普信息素养基本知识。

二、实验准备

1. 学习信息的发展历程，了解信息安全以及信息行业相关法律法规和道德要求。
2. 在图书馆或互联网查询信息素养相关知识。

三、实验内容及操作步骤

实验内容

制作信息素养相关知识调查问卷，向身边的同学进行信息素养基本知识科普。

操作步骤

1. 请阅读以下新闻材料并进行讨论

阅读新闻材料，根据信息素养及法律法规相关知识对材料中涉及的信息素养和信息道德问题进行讨论。

近日，某大学收到有关计算机科学与技术学院本科生雷某某、卢某某涉嫌学术不端问题的

反映，学校高度重视，立即成立调查组开展核查工作。

经查，雷某某、卢某某两名学生在做毕业设计过程中通过网络平台购买代码，并通过购买的代码完成论文的部分实验结果。经学院学术委员会认定，学校学风建设委员会确认，雷某某、卢某某存在学术不端行为。依据相关规定，学校研究决定给予雷某某、卢某某两名学生留校察看一年处分，期间不得申请学位，取消卢某某研究生推免资格。

通报称，学校将以此为鉴，进一步加强学术规范教育和培养过程管理，严肃处理学术不端行为。欢迎社会各界监督。

2. 制作调查问卷

请参照新闻所反映出的信息素养相关问题及所查找到的信息素养相关知识，制作调查问卷。

问卷参考如下：

1）你知道什么是信息素养吗？（　　）

A. 知道　　B. 不知道

2）你是否关心生活中的信息（如网络或者国家、学校的相关政策文件）？（　　）

A. 非常关心　　B. 比较关心　　C. 不太关心　　D. 从不关心

3）你是否了解自己所学专业的最新发展动态？（　　）

A. 非常了解　　B. 比较了解　　C. 不太了解　　D. 不了解

你是通过哪些渠道了解的？________

4）你是否清楚应该去什么地方获取自己所需的信息？（　　）

A. 非常清楚　　B. 比较清楚　　C. 不太清楚　　D. 不清楚

5）你获取信息的主要渠道是什么？（　　）

A. 电视广播　　B. 报纸书刊　　C. 网络　　D. 亲人朋友　　E. 其他

6）你认为查找信息是否需要和同学或者朋友合作？（　　）

A. 需要　　B. 不需要　　C. 无所谓

7）你在查找信息时是否会利用相关信息内容的超文本链接，并认为出现的相关信息内容越多越好？（　　）

A. 是　　B. 不是　　C. 够用就好

8）你是否经常按一定的分类方法整理你所获取的信息？（　　）

A. 经常　　B. 有时　　C. 很少　　D. 从没有

9）你每天平均上网的时间是（　　）。

A. 1 小时以下　　B. 1 ~ 3 小时　　C. 3 ~ 5 小时　　D. 5 ~ 6 小时　　E. 6 小时以上

10）你平时上网的主要目的是（可多选）（　　）。

A. 收发电子邮件、看新闻　　B. 查找有关学习资料

C. 学习网络相关知识和技术　　D. 聊天、交友　　E. 玩游戏

11）你是否经常使用搜索引擎？（　　）

A. 经常　　B. 一般　　C. 很少　　D. 从来没有

一般使用的搜索引擎是________。

12）你经常使用下列哪些检索手段？（可多选）（　　）

A. 布尔运算符：and，not，or　　B. 截词符（如 photoshop）

C. 用短语（如“信息素养”）　　D. 检索字段或范围（如限制在标题范围内）

13）如果运用网络找不到你所需的资料，你将如何做？（　　）

A. 放弃　　B. 继续在网络查找　　C. 通过别的方式查找

14）你是否经常去图书馆查阅资料？（　　）

A. 经常　　B. 偶尔　　C. 很少　　D. 从不

15）你对图书馆的藏书和图书资料的分类是否熟悉？（　　）

A. 很熟悉　　B. 一般　　C. 很陌生　　D. 不感兴趣

16）你经常从网上下载文件吗？（　　）

A. 经常　　B. 一般　　C. 较少　　D. 从不

使用的下载工具有________。

17）你会使用哪些信息检索方式？（可多选）（　　）

A. 文献检索　　B. 光盘检索　　C. 计算机联机　　D. 网络

18）你经常通过哪些途径交流思想、处理你的研究成果？（　　）

A. 集体或小组讨论　B. 在刊物发表　　C. 电子邮件或 BBS　　D. 自我欣赏

E. 其他________

19）对于自己感兴趣的一些信息内容，你是否会进行动态跟踪？（　　）

A. 经常　　B. 偶尔　　C. 一般　　D. 从不

20）对于不断更新换代的新知识，你会怎么做？（　　）

A. 选择性地接受并学习　　B. 全部接受，认为都是正确的

C. 不接受，觉得自己的知识才是正确的　　D. 不肯定也不否定，中立

21）你是否会严格要求自己，不断利用相关方法和途径学习新知识？（　　）

A. 会　　B. 无所谓　　C. 偶尔　　D. 不会

22）你是否清楚将来在教学过程中要将相关学科知识与信息技术进行整合？（　　）

A. 很清楚　　B. 有些了解　　C. 不清楚

23）你能否将自己所学专业与信息技术进行整合并运用于实际教学当中？（　　）

A. 很熟练　　B. 还可以　　C. 有点困难　　D. 不会

24）你知道如何预防计算机病毒和其他计算机犯罪活动吗？（　　）

A. 很懂　　B. 懂一点　　C. 不懂

25）对于学校公用机房的计算机，你知道使用规则吗？（　　）

A. 不随意地删除系统软件，篡改计算机的设置

B. 不故意删除、修改他人保存在计算机上的文件

C. 不给计算机加设个人密码

D. 不制造不传播黄色的、反动的信息

E. 主动抵制黄、赌、毒、反动等不良信息的入侵

26）对于盗版软件，你的态度是什么？（　　）

A. 便宜，常购买　B. 偶尔会买　　C. 反对盗版，绝不购买

27）你所在的学校院系是否开设过信息素养的教育课程或其他相关课程？（　　）

A. 开设过　　B. 没有开设　　C. 听说打算开设了

28）你认为学校有关信息技术、技能等方面的课程存在哪些不足？（可多选）（　　）

A. 计算机课只注重操作层面的教学，不注重学生对新技术跟踪能力的培养

B. 文献检索课只注重从“手检”到“机检”的技能培养，内容只限于文献基本知识，缺乏对信息知识的系统介绍

C. 所学课程的教材明显滞后

D. 缺乏针对转变学生观念、培养信息意识的课程，如文献学、信息学等

E. 学校硬件设备落后或缺少信息专业教师而无法开设相关课程

F. 课程开设的时间（在大学什么阶段开设、安排在什么时段开设）及开设方式（必修或选修）不够合理

G. 没有什么不足

H. 其他________

3. 通过生成电子问卷的形式邀请身边同学参与问卷调查

4. 回收问卷并统计结果

回收问卷，统计问卷结果，分析调研数据，制作有关科普信息素养基础知识的宣传海报。

单元习题

一、判断题

1. 信息素养是可以培养的，信息素养的培养是一个从低到高逐步发展的过程。（　　）

2. 学会终身学习，每个人都必须掌握与时代需求相匹配的、以信息素养为核心的终身学习能力。（　　）

3. 学生可以下载使用未经授权的破解版软件进行学习办公。（　　）

4. 在我国互联网相关法律法规禁止以外的互联网行为都可以进行。（　　）

二、单选题

1. 我国信息素养发展的第（　　）阶段被称为图书馆素养，强调图书馆手工文献检索技能。

A. 一　　B. 二　　C. 三　　D. 四

2. 信息技术发展历程的第三阶段以（　　）为标志。

A. 语言的出现　　B. 文字的使用　　C. 电磁波的发现　　D. 印刷术的出现

3. 信息伦理又称信息道德，是调整（　　）之间以及人和社会之间信息关系的行为规范的总和。

A. 人与信息　　B. 人与人　　C. 信息与信息　　D. 社会与社会

三、多选题

1. 下列属于华为技术有限公司业务范畴的是（　　）。

A. 手机制造　　B. 通信设备制造　　C. 可穿戴产品研发　　D. 华为云

2. 有效评判与鉴别信息，需要从信息哪些方面出发（　　）。

A. 信息的来源　　B. 信息的个人喜好程度

C. 信息的价值取向　　D. 信息的时效性

四、填空题

1. 信息素养的主要要素包括________、________、________ 3 个方面。

2. 被誉为计算机界诺贝尔奖的是________。

3. 信息安全的基本属性是________、________、________。

五、简答题

1. 简述信息素养的主要要素。

2. 简述鉴别与评价信息的方法。

项目 9 Project 9

计算机网络与 Internet 应用

回复"71331+9"
观看视频

实验 1 安装 VMware 虚拟机

一、实验目标

1. 理解虚拟机的特点。
2. 掌握虚拟机的安装方法。

二、实验准备

1. 虚拟机安装环境。
2. 虚拟机安装软件。

三、实验内容及操作步骤

实验内容

1. 认识虚拟机的工作特点。
2. 安装虚拟机。

操作步骤

VMware 虚拟机软件是一个"虚拟 PC"软件，它可以在一台机器上同时运行两个或更多系统（如 Windows、DOS、Linux）。

1. 虚拟机安装环境检测

请学生自行下载并安装虚拟机环境检测软件，在弹出的检测结果对话框中将提示检测结果。如果全部通过，则可以安装虚拟机，如图 9-1 所示；如果某项不通过，则需改善环境后再进行安装。

2. 虚拟机安装

双击安装文件即可进入安装界面。和普通软件的安装一样，只需按照提示单击"下一步"即可进行安装，如图 9-2 所示。

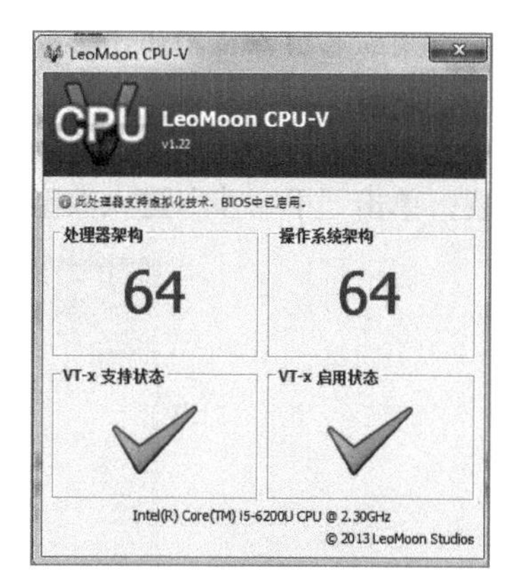

图 9-1 检测通过界面

> **提示：** 如果安装虚拟机之前，安装环境检测不通过，出现如图 9-3 所示的提示，则需要修改 bios 设置，启用 VT-x 后再进行安装。

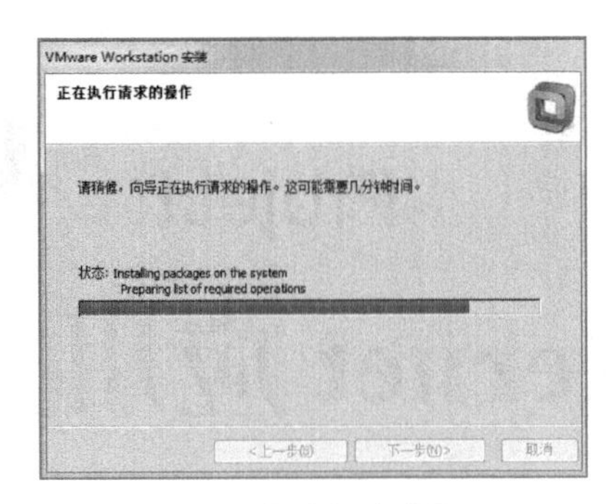

图 9-2　虚拟机安装界面

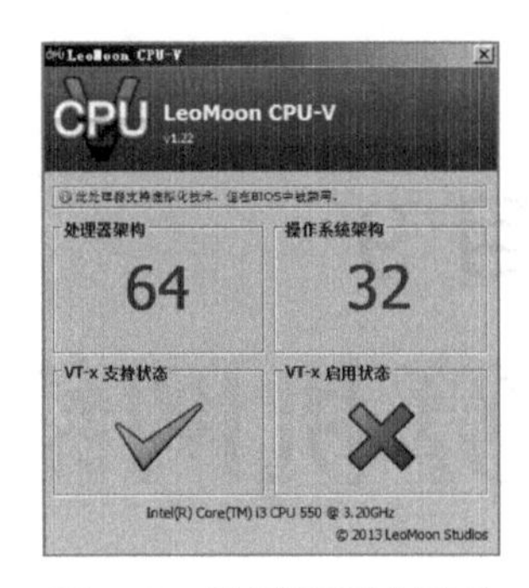

图 9-3　检测不通过界面

实验 2　虚拟仿真

一、实验目标

1. 在虚拟机中安装系统。
2. 在虚拟机系统中配置硬件资源。
3. 使用虚拟机的安装系统进行配置实验。

二、实验准备

1. 已安装好的虚拟机平台。
2. 用于安装系统的操作系统文件。

三、实验内容及操作步骤

实验内容

1. 在虚拟机中安装系统。
2. 配置虚拟资源。

操作步骤

本实验以在虚拟机中安装 Linux（CentOS 64 位）和 Windows Server 2008 R2 操作系统为例进行讲解。

打开虚拟机，单击“主页”选项卡，如图 9-4 所示，单击“创建新的虚拟机”。选择典型安装，单击“下一步”进入典型安装界面。

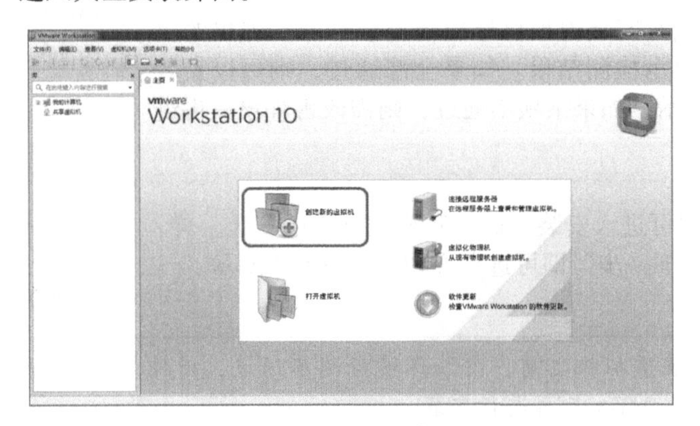

图 9-4　创建新的虚拟机

根据 ISO 安装文件所在位置，选择需要安装的文件并打开，单击“下一步”进入系统安装。

1. 安装 Linux（CentOS 64 位）

在 Linux（CentOS 64 位）系统的安装过程中需要进行系统设置，在如图 9-5 所示的安装界面中输入用户名和密码。注意一定不能忘记密码，否则安装完成后无法进入系统。

单击两次“下一步”之后，弹出如图 9-6 所示的对话框，在这里可以对硬盘进行虚拟化设置。

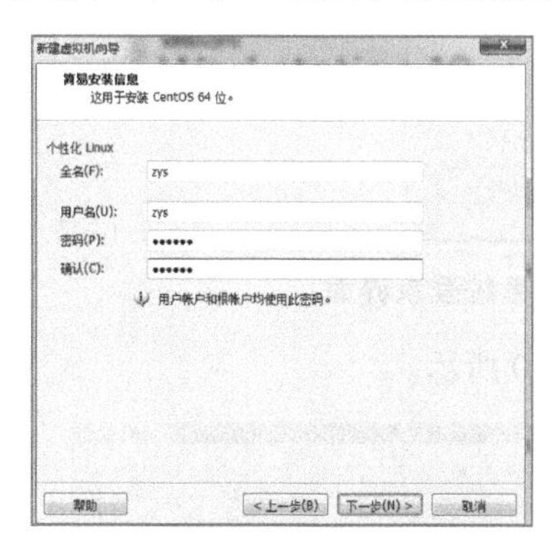

图 9-5　系统个性化设置

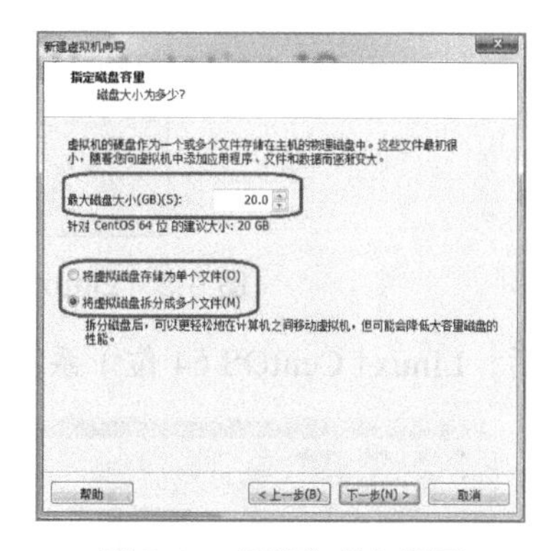

图 9-6　虚拟化硬盘设置

单击“下一步”，打开虚拟化设置默认界面。如果对虚拟化硬件采用默认设置，则单击“完成”；如果需要对虚拟化硬件进行个性化设置，则单击“自定义硬件”，打开如图 9-7 所示的个性虚拟化设置界面，可以进一步进行设置。

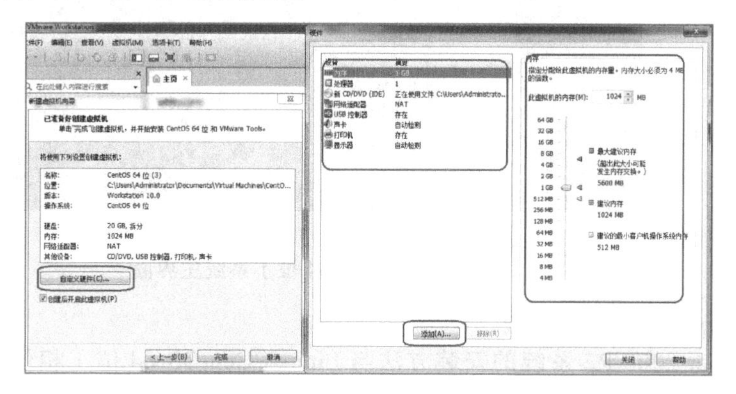

图 9-7　个性虚拟化设置

单击“完成”后进入安装操作系统界面，虚拟机将进行自动安装，安装过程和在物理机上安装系统完全一致，如图 9-8 所示。

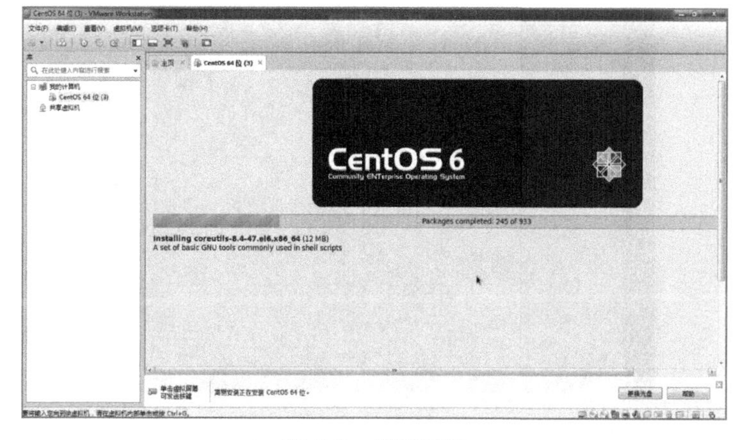

图 9-8　安装过程

完成安装后，Linux（CentOS 64 位）系统登录界面如图 9-9 所示。

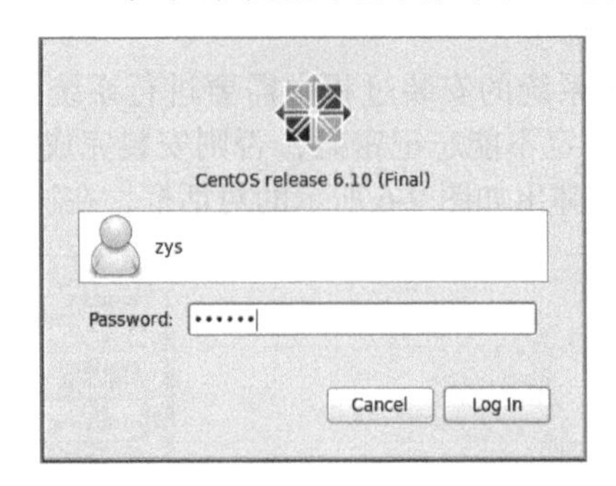

图 9-9　Linux（CentOS 64 位）系统登录界面

登录后，Linux（CentOS 64 位）系统主界面如图 9-10 所示。

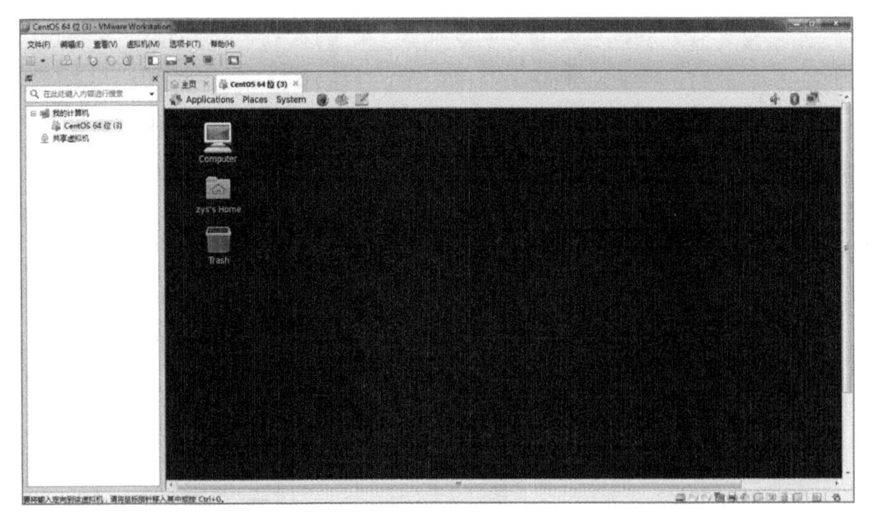

图 9-10　Linux（CentOS 64 位）系统主界面

2. 安装 Windows Server 2008 R2

Windows Server 2008 R2 系统的安装方法与 Linux（CentOS 64 位）相似，安装完成后的 Windows Server 2008 R2 系统主界面如图 9-11 所示。

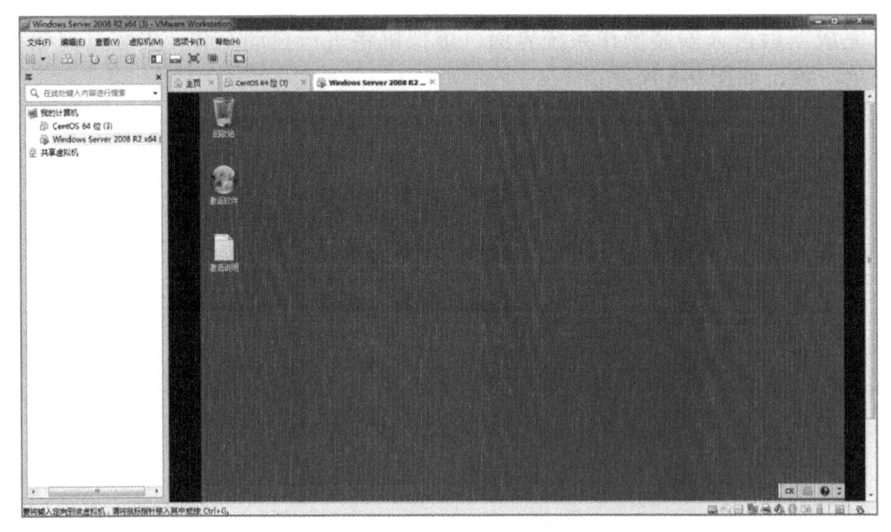

图 9-11　Windows Server 2008 R2 系统主界面

本实验虚拟机上安装的两个系统的硬件虚拟配置如图 9-12 所示。

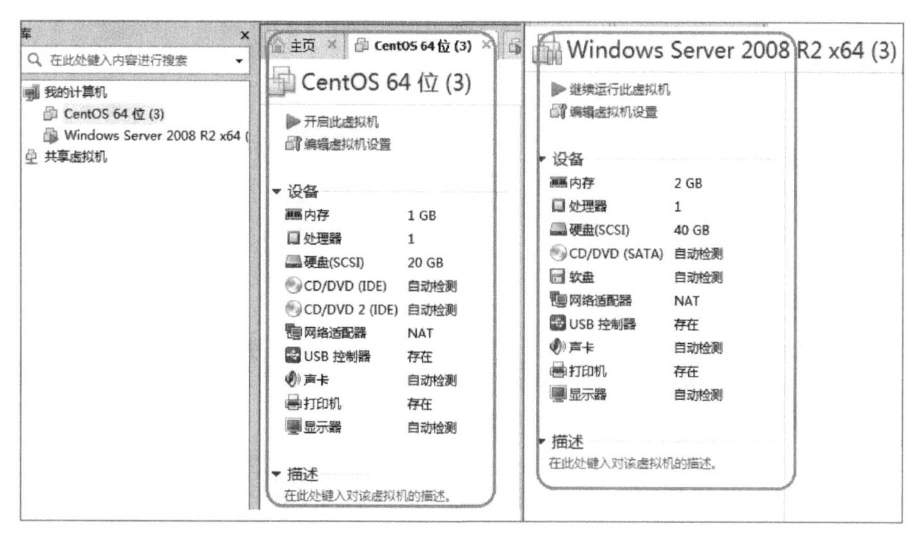

图 9-12　硬件虚拟配置

> **提示：** 本实验中安装的系统文件，读者可以从官方网站等渠道获取。本实验虚拟机可接受多个版本的操作系统安装。

实验 3　配置服务器

一、实验目标

1. 理解 DNS 服务器。
2. 安装 DNS 服务器。
3. 掌握配置 DNS 服务器的方法。

二、实验准备

1. 一台装有 Windows Server 2008 的虚拟机。
2. 一批需要解析的 IP 地址，见表 9-1。

表 9-1　IP 地址和域名对应表

服务器名	域名	IP
DNS	dns.zys.com	192.168.1.4
WEB	www.zys.com	192.168.1.5
BBS	bbs.zys.com	192.168.1.6
FTP	ftp.zys.com	192.168.1.7
Mail	mail.zys.com	192.168.1.8
PC1		192.168.1.9
PC2		192.168.1.10
…		…
PC*n*		192.168.1.x

3. 具有如图 9-13 所示的网络结构。
4. 多台正常接入网络的客户机。

三、实验内容及操作步骤

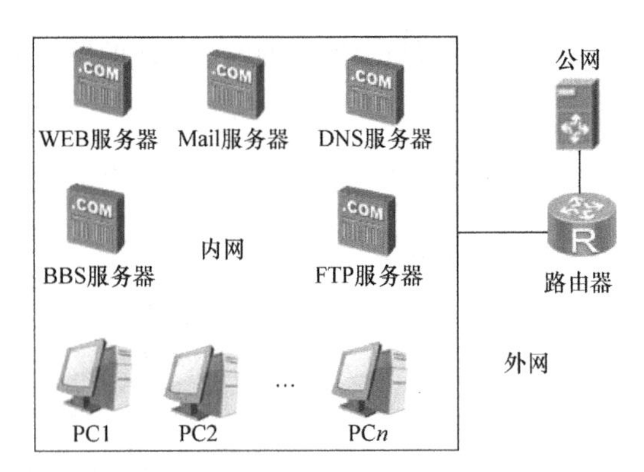

图 9-13　网络结构

实验内容

1. 安装 DNS 服务器。
2. 正向查找区域创建。
3. 创建主机。
4. 客户端设置与 DNS 解析功能测试。

操作步骤

1. 安装 DNS 服务器

1）启动 Windows Server 2008 服务器后，把服务器的 IP 和“首选 DNS 服务器”均设置为“192.168.1.4”。

2）单击如图 9-14 所示的服务器管理图标，打开“服务器管理器”主界面。

图 9-14　服务器管理图标

3）在“服务器管理器”主界面中，选择“添加角色”，如图 9-15 所示。

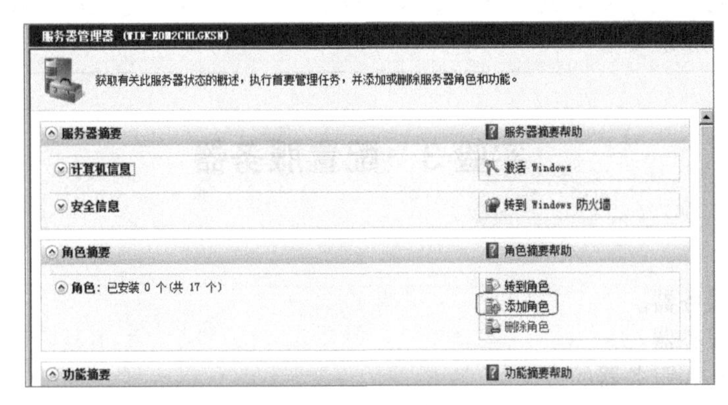

图 9-15　添加角色

4）单击“下一步”，打开如图 9-16 所示的“添加角色向导”对话框，勾选“DNS 服务器”复选框。

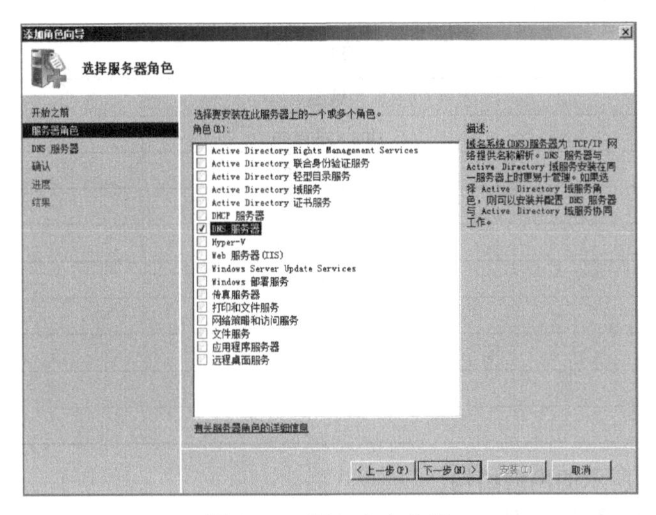

图 9-16　添加角色向导

5）单击“下一步”，在出现的界面中单击“安装”，安装完成后单击“关闭”，完成 DNS 服务器的安装。

6）展开左侧的树形目录，在“角色”/“DNS 服务器”/“DNS”下，右击服务器名称，在弹出的快捷菜单中选择“属性”，打开如图 9-17 所示的属性对话框，可以查看服务器的 IP。

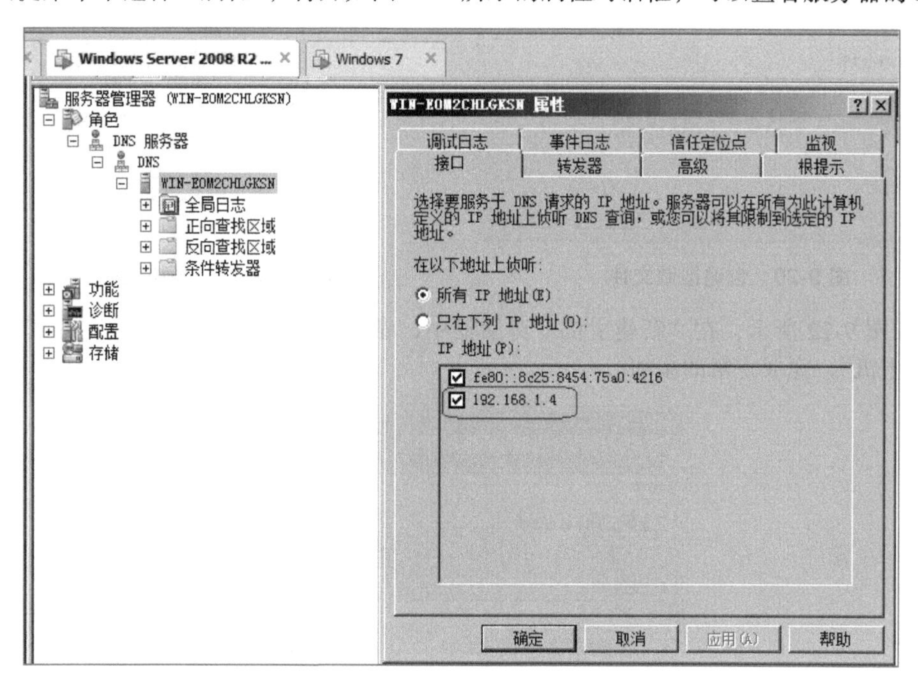

图 9-17　DNS 服务器属性

2. 正向查找区域创建

1）在图 9-17 所示的左侧树形目录中，右击“正向查找区域”，在弹出的快捷菜单中选择“新建区域”，打开如图 9-18 所示的“新建区域向导”。

2）单击“下一步”两次，如图 9-19 所示，在“区域名称”中输入“zys.com”。

3）单击“下一步”进入创建区域文件界面，系统根据区域名称自动生成区域文件“zys.com.dns”，如图 9-20 所示。

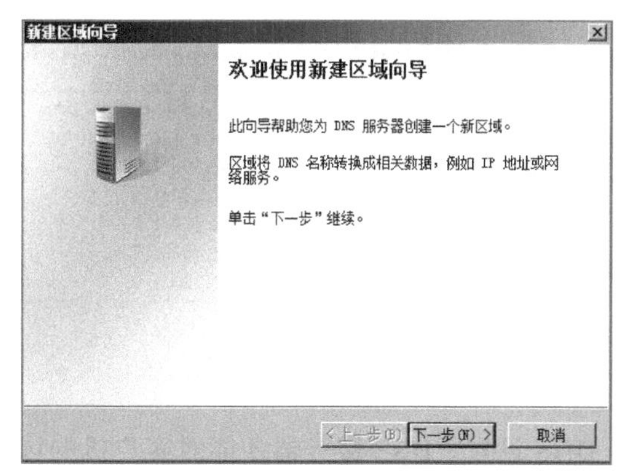

图 9-18　新建区域向导

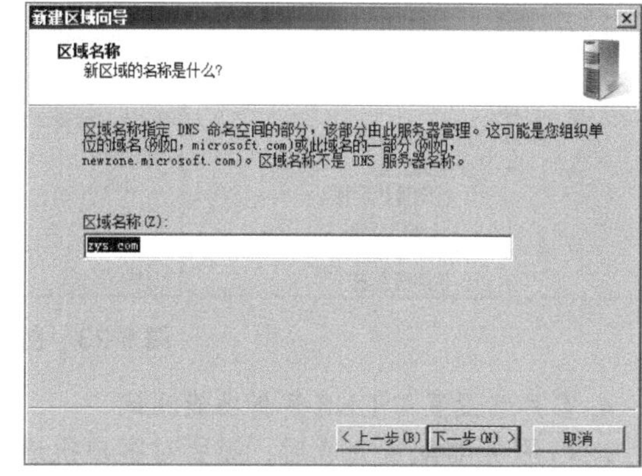

图 9-19　输入区域名称

4）单击“下一步”两次，单击“完成”，完成正向查找区域的创建。

3. 创建主机

1）在 DNS 管理器中，右击新建的“zys.com”区域名，在弹出的快捷菜单中选择“新建主机”，如图 9-21 所示，打开“新建主机”对话框。

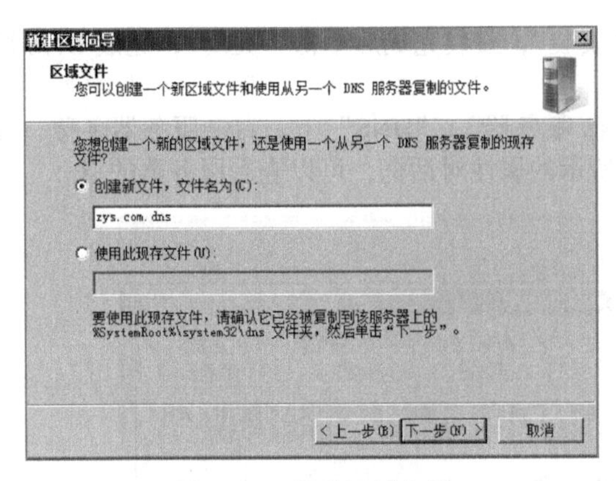

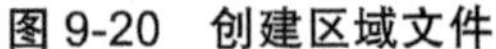
图 9-20　创建区域文件

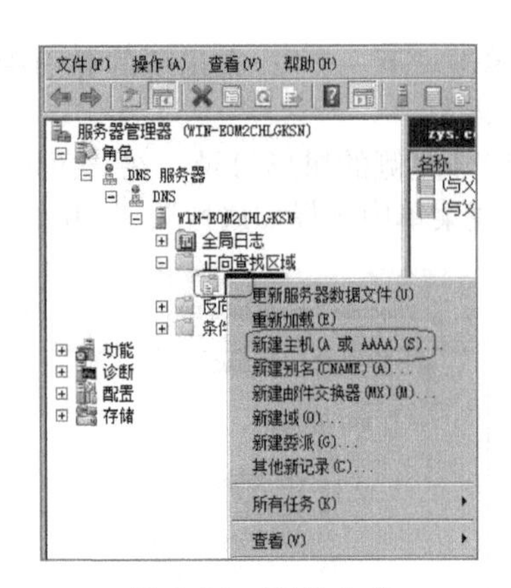

图 9-21　新建主机

2）如图 9-22 所示，在“新建主机”对话框中，参照表 9-1 输入名称和对应的 IP 地址，单击“添加主机”，完成主机的添加。

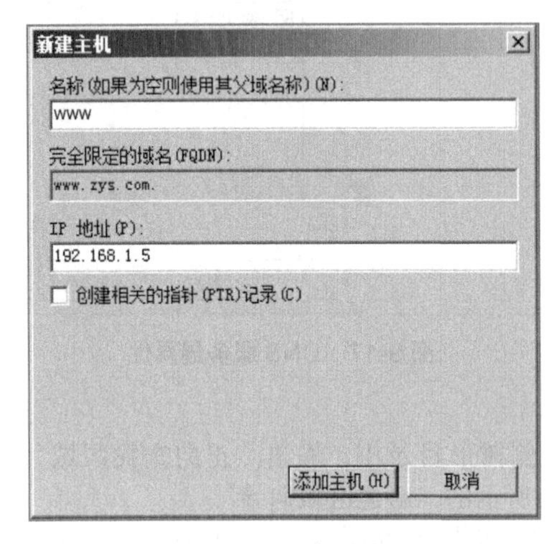

图 9-22　添加主机

3）使用同样的方法分别添加表 9-1 所示的其他主机，添加完毕后，结果如图 9-23 所示。

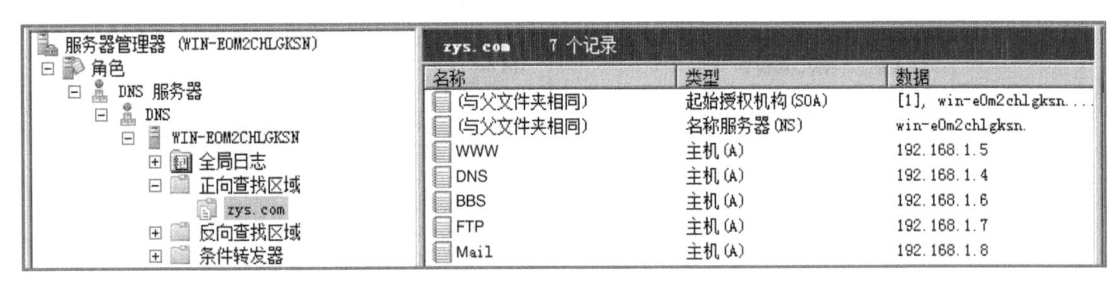

图 9-23　创建的主机记录

4. 客户端设置与 DNS 解析功能测试

DNS 服务器配置完成后，需要对客户机进行 DNS 设置，DNS 服务器才能对客户机的域名进行解析。

1）在虚拟机中开启 Windows Server 2008 系统。

2）单击“开始”，选择“运行”，在弹出的“运行”窗口中输入“cmd”，按 <Enter> 键或者单击“确定”，打开 cmd 命令行窗口。

3）在 cmd 命令行窗口中，用 ping 命令分别验证表 9-1 中的域名，效果如图 9-24 所示。

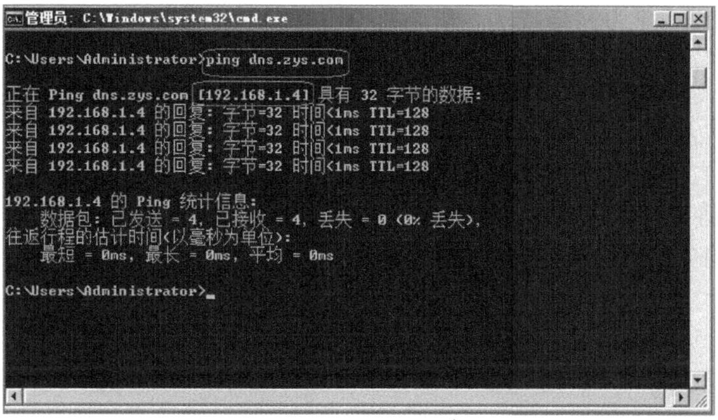

```
C:\Users\Administrator>ping dns.zys.com

正在 Ping dns.zys.com [192.168.1.4] 具有 32 字节的数据:
来自 192.168.1.4 的回复: 字节=32 时间<1ms TTL=128
来自 192.168.1.4 的回复: 字节=32 时间<1ms TTL=128
来自 192.168.1.4 的回复: 字节=32 时间<1ms TTL=128
来自 192.168.1.4 的回复: 字节=32 时间<1ms TTL=128

192.168.1.4 的 Ping 统计信息:
    数据包: 已发送 = 4, 已接收 = 4, 丢失 = 0 (0% 丢失),
往返行程的估计时间(以毫秒为单位):
    最短 = 0ms, 最长 = 0ms, 平均 = 0ms

C:\Users\Administrator>
```

图 9-24　DNS 解析功能测试

> **提示：** 上述 ping 命令也可在服务器系统中直接验证。如果解析不通，请使用网络诊断命令修复后再试。

实验 4　利用华为模拟器组建局域网

一、实验目标

1. 学会使用华为模拟器。
2. 学会使用华为模拟器组建简单局域网。
3. 学会配置局域网。
4. 学会网络联通性测试。

二、实验准备

1. 安装华为模拟器。
2. 熟悉华为模拟器界面。

三、实验内容及操作步骤

实验内容

1. 组建局域网。
2. 配置客户机。
3. 配置服务器。
4. 配置交换机。
5. 网络联通性测试。

操作步骤

1. 安装华为模拟器

安装华为模拟器时，按照提示即可进行快速安装。安装文件可以从华为官网下载。

2. 认识华为模拟器

（1）华为模拟器概述　eNSP（Enterprise Network Simulation Platform）是一款由华为提供的免费的、可扩展的、图形化操作的网络仿真工具平台，主要对企业网络路由器、交换机进行软件仿真，完美呈现真实设备实景，支持大型网络模拟，让用户有机会在没有真实设备的情况下能够开展模拟演练，学习网络技术。华为模拟器有图形化操作、高仿真度、可与真实设备对接、分布式部署等特点，界面如图 9-25 所示。

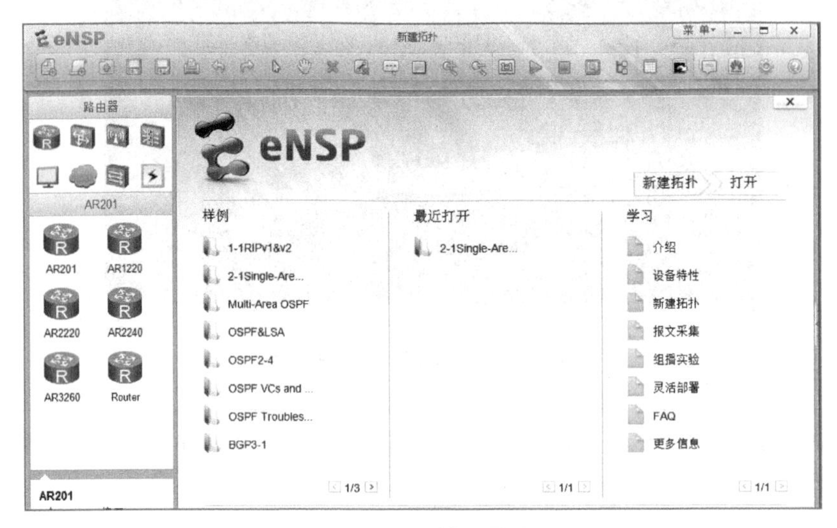

图 9-25　华为模拟器界面

1）图形化操作：eNSP 提供便捷的图形化操作界面，让复杂的组网操作变得更简单，可以直观感受设备形态，并且支持一键获取帮助和在华为网站查询设备资料。

2）高仿真度：按照真实设备支持特性情况进行模拟，模拟的设备形态多，支持功能全面，模拟程度高。

3）可与真实设备对接：支持与真实网卡的绑定，实现模拟设备与真实设备的对接，组网更灵活。

4）分布式部署：eNSP 不仅支持单机部署，同时还支持 Server 端分布式部署在多台服务器上。分布式部署环境下能够支持更多设备组成复杂的大型网络。

（2）应用场景　eNSP 帮助解决了在网络教育领域的资源缺少问题，如学员和讲师缺乏设备、网络。eNSP 构建了易用的、可扩展的图形化网络仿真工具平台，使学员和相关技术人员能够很方便地学习网络知识、模拟组建网络、熟悉华为数通产品。

1）对于学员：eNSP 是一款有趣的、灵活的软件。使用 eNSP 可以轻松地建立模型，进行网络实验。学员将获取到等同于操作实际网络设备的经验，这些有助于其成为网络专业人员。

2）对于讲师：eNSP 是一款模拟的、可视化的、协作的网络教学工具。eNSP 可协助学员搭建虚拟的网络，学员可在这些网络中执行数据包相关实验，直观感受到数据包的流动和网络协议的原理。

3）对于技术人员：eNSP 是学习网络知识、模拟组建网络、熟悉华为数通产品的平台。eNSP 让技术人员可以方便地接触华为数通产品，学习网络特性与协议。通过 eNSP 平台，技术人员可以方便地组建虚拟网络，模拟现网环境，如维护时用于复现现网问题和组网交付前的预模拟等。

3. 使用华为模拟器进行局域网硬件配置

1）打开华为模拟器。单击左上角的“新建拓扑”，如图 9-26 所示，进入新建拓扑界面。

2）添加设备到界面。单击“终端”设备，用鼠标拖拽 1 个服务器、3 个 PC 到界面上，如图 9-27 所示。

单击“交换机”设备，用鼠标拖拽 1 个交换机（S5700）到界面上，如图 9-28 所示。

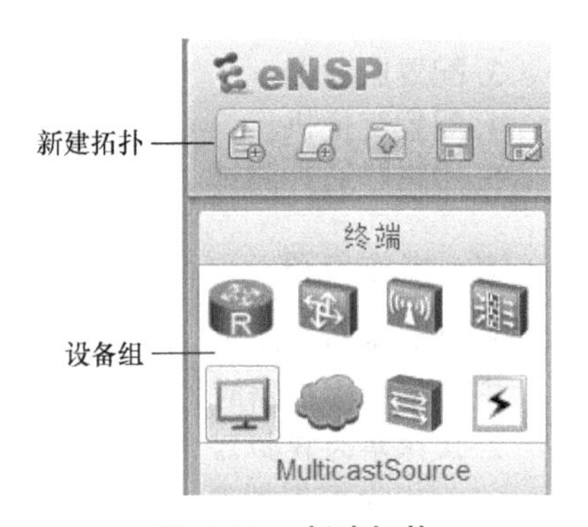

图 9-26　新建拓扑

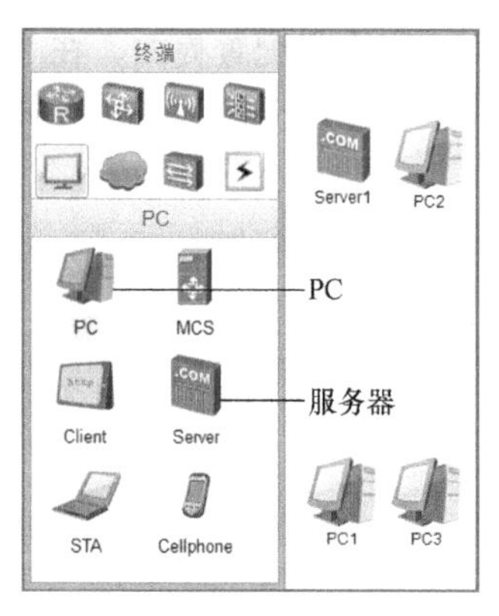

图 9-27　添加终端

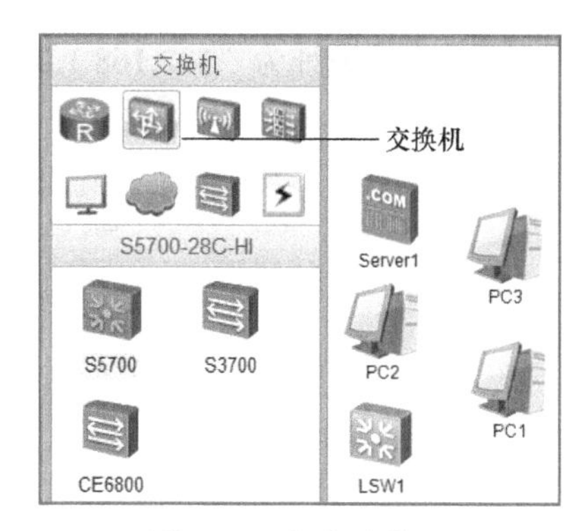

图 9-28　添加交换机

单击“设备连线”设备，选择自动选择链接设备（Auto），然后在界面上用鼠标将服务器、交换机、PC 连接起来，如图 9-29 所示。

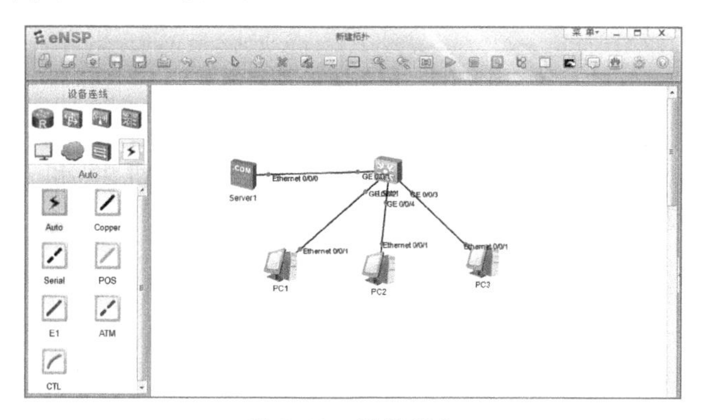

图 9-29　连接设备

4. 使用华为模拟器进行局域网 IP 配置

1）配置主机。双击“PC1”，打开如图 9-30 所示的配置界面，在“基础配置”选项卡下，配置 PC1 的主机名为“主机 1”，静态 IP 地址为“192.168.1.1”，子网掩码为“255.255.255.0”，单击“应用”，完成 PC1 的配置。

使用同样的方法配置 PC2 的主机名为“主机 2”，静态 IP 地址为“192.168.1.2”，子网掩码为“255.255.255.0”；配置 PC3 的主机名为“主机 3”，静态 IP 地址为“192.168.1.3”，子网掩码为“255.255.255.0”。

图 9-30　配置主机

2）服务器的基础配置。双击“Server1”，打开如图 9-31 所示的配置界面，在“基础配置”选项卡下，配置本机地址为“192.168.1.0”，子网掩码为“255.255.255.0”，单击“保存”，完成服务器的基础配置。

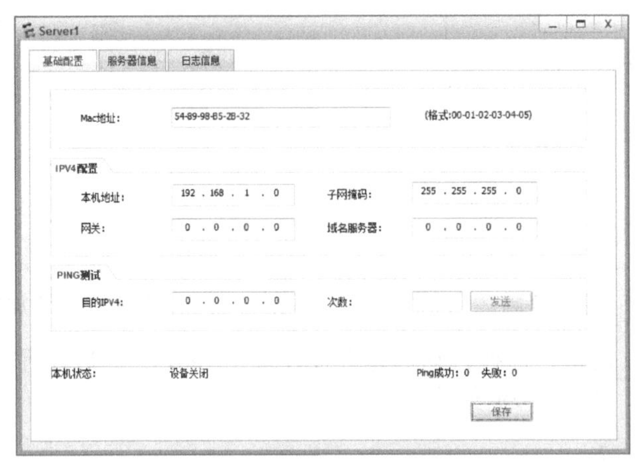

图 9-31　服务器的基础配置

3）配置服务器信息。单击“服务器信息”选项卡，打开如图 9-32 所示的服务器信息配置界面。单击“DNSServer”，配置主机域名分别为“主机 1”“主机 2”和“主机 3”IP 地址分别为“192.168.1.1”“192.168.1.2”和“192.168.1.3”。

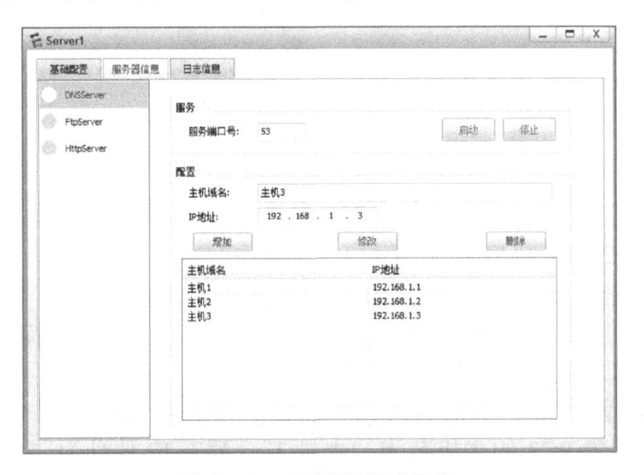

图 9-32　配置服务器信息

5. 测试网络联通性

1）启动设备。用鼠标框选所有设备，然后单击“开启设备”，如图 9-33 所示。当所有设备启动完毕后，已启动的设备图标变成天蓝色。

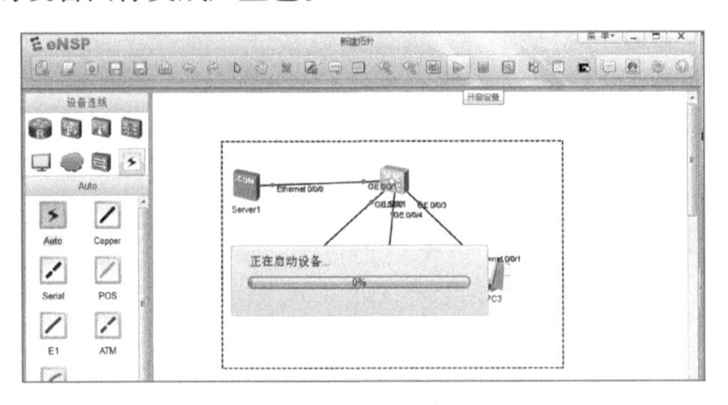

图 9-33　启动设备

2）在服务器端测试设备联通性。双击“Server1”，打开如图 9-34 所示的对话框，在“PING 测试”下的“目的 IPV4”中输入“192.168.1.1”，“次数”输入 1~10 之间的任意数字，单击“发送”，即可看到测试结果。

单击“日志信息”选项卡，即可查看详细日志，如图 9-35 所示。

图 9-34　PING 测试

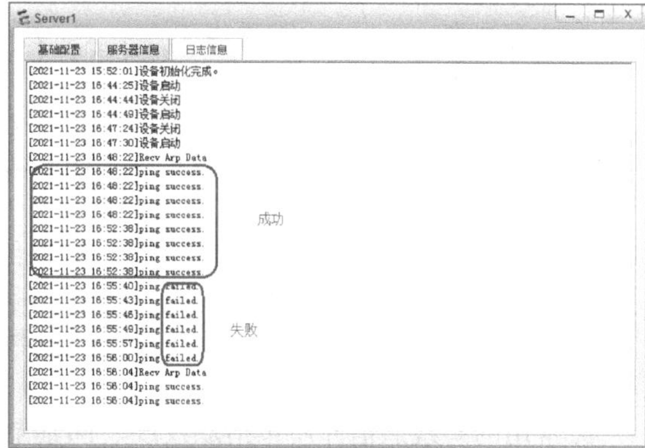

图 9-35　日志信息

3）在客户机端测试设备联通性。双击任意主机图标（如双击“PC2”），在弹出的对话框中单击“命令行”选项卡，在光标处输入需要测试对象的 IP 地址，按 <Enter> 键后进行测试，如图 9-36 所示。

可以测试该主机与服务器、该主机与其他主机是否联通。测试结果如图 9-37 所示。

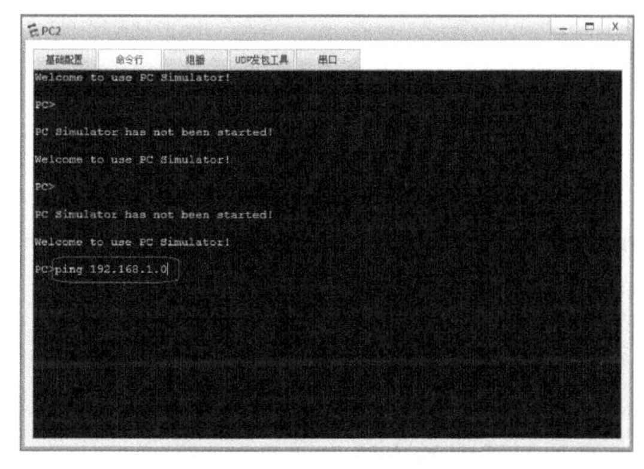

图 9-36　输入 IP 地址

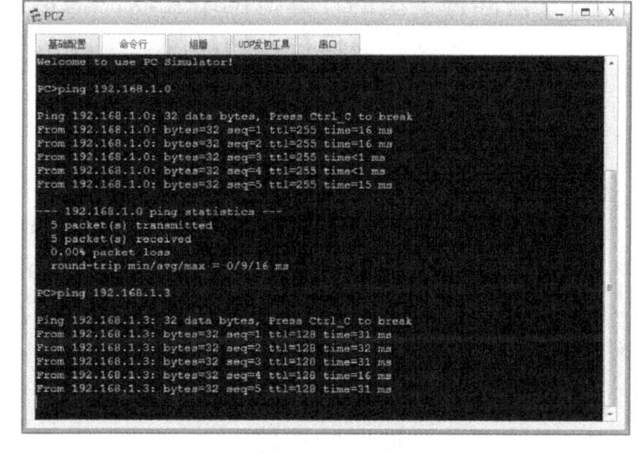

图 9-37　测试结果

单元习题

一、判断题

1. 组建局域网时，网卡不是必不可少的网络通信硬件。（　　）

2. 通信和资源共享是计算机网络最基本和最重要的特点。（　　）

3. WWW 中的超文本文件是用超文本标识语言（HTML）来书写的，因此也将超文本文件称为 TXT 文件。（　　）

4. 双绞线是计算机网络的一种通信线路。（　　）

5. 计算机协议实际是一种网络操作系统，它可以确保网络资源的充分利用。（　　）

二、单选题

1. 网络的物理拓扑结构可分为（　　）。
A. 星型、环型、树型和路径型　　B. 星型、环型、路径型和总线型
C. 星型、环型、局域型和广域型　　D. 星型、环型、树型和总线型
2. 计算机网络最主要的特点是（　　）。
A. 电子邮件　　B. 资源共享　　C. 文件传输　　D. 科学计算
3. TCP/IP 协议是（　　）。
A. 用户联入互联网的合同　　B. 用户买计算机的合同
C. 传递、管理信息的一些规范　　D. 网络编程的规定
4. Internet 是（　　）。
A. 一种局域网　　B. 网络的网络
C. 一种大型的计算机系统　　D. 一种关系网
5. 在 IPV4 下 IP 地址由（　　）位二进制数组成。
A. 64　　B. 32　　C. 16　　D. 128
6. 常用的有线通信介质包括双绞线、同轴电缆和（　　）。
A. 微波　　B. 红外线　　C. 光缆　　D. 激光
7. 网址为 www.ynu.edu.cn 的网站是属于（　　）。
A. 教育机构　　B. 商业机构　　C. 军事机构　　D. 政府机构
8. WWW 中的超文本文件是用（　　）来书写的。
A. ASCII　　B. 超文本标识语言（HTML）
C. Basic 语言　　D. 大写字母
9. Wifi 是（　　）。
A. 支持同种类型的计算机网络互联的通信协议
B. 一个无线网路通信技术的品牌
C. 聊天软件
D. 广域网技术
10. 关于 Internet，下列说法不正确的是（　　）。
A. Internet 是全球性的国际网络　　B. Internet 起源于美国
C. 通过 Internet 可以实现资源共享　　D. Internet 不存在网络安全问题

三、多选题

1. 网络互联是指（　　）。
A. 局域网与局域网的连接　　B. 主机系统与局域网的连接
C. 局域网与广域网的连接　　D. 主机与主机的连接
2. 计算机局域网的特点是（　　）。
A. 覆盖的范围较小　　B. 传输速率高
C. 误码率低　　D. 投入较大
3. 计算机网络的资源共享是（　　）。
A. 技术共享　　B. 软件共享　　C. 硬件共享　　D. 信息共享
4. 常用的搜索引擎是（　　）。
A. 百度　　B. 谷歌　　C.yahoo　　D. 中国电信
5. 信息安全的实现目标是（　　）。
A. 真实性：对信息的来源进行判断，能对伪造来源的信息予以鉴别
B. 保密性：保证机密信息不被窃听，或窃听者不能了解信息的真实含义
C. 完整性：保证数据的一致性，防止数据被非法用户篡改

D. 可用性：保证合法用户对信息和资源的使用不会被不正当地拒绝

四、填空题

1. 如果你的计算机已接入 Internet，用户名为 Zhang，而连接的服务器主机域名为 public.tpt.tj.cn，则你的 Email 地址应该是________。

2. 单击每条搜索结果后的________，可查看该网页的快照内容。

3. 在主机域名中，WWW 指的是________。

4. DNS 指的是________。

5. 发送邮件的服务器和接收邮件的服务器是________。

10 Project 项目 10

多媒体技术基础

回复“71331+10”
观看视频

实验 1 Photoshop 综合案例

一、实验目标

1. 图层蒙版工具。
2. 仿制图章工具。

二、实验准备

1. 打开 Photoshop。
2. 找到本实验素材。

三、实验内容及操作步骤

实验内容

1. 将狮子脸换成老虎脸。
2. 修饰合成图片。

操作步骤

1. 换脸

1）在 Photoshop 中打开本单元素材“狮子”和“老虎”。

2）将光标对准狮子图层，双击将狮子图层解锁，如图 10-1 所示。

图 10-1 解锁图层

3）使用同样的方法再将老虎图层解锁。

4）使用移动工具将老虎图像拖到狮子图层中。

5）单击“编辑”/“变换”/“缩放”，将老虎调整到适当大小，如图 10-2 所示。

6）将老虎图层的不透明度调低，以方便调整图像重叠，再次拖动与调整老虎图像，让虎头和狮子头尽量重叠，如图 10-3 所示。

图 10-2　变换图像

图 10-3　重叠图像

7）将老虎图像的不透明度再次调整至 100%，选择“图层” / “图层蒙版” / “隐藏全部”。

2. 图层蒙版

1）单击黑色蒙版图层，激活蒙版，如图 10-4 所示。

2）将前景色设置为白色，选用画笔工具，适当调整画笔大小，在左边狮子脸上涂抹，被涂抹到的部分老虎脸就会透出，如图 10-5 所示。

图 10-4　激活蒙版

图 10-5　使用蒙版

3. 仿制图章

因涂抹后两个图像有过渡不一致的地方，需要使用仿制图章进行修饰。

1）选中狮子图层，在工具箱中找到“仿制图章工具”图标，右击，选择“仿制图章工具”。

2）光标移到狮子图像上需要采样的位置，按住 <Alt> 键，光标变成瞄准镜样（圆圈中间带有十字），单击即可，对光标所在位置进行采样。

3）选择老虎图层，将光标移到需要修饰的位置，按住鼠标左键进行涂抹，被涂抹到的部分就换成前面采样的颜色和形状，从而对老虎脖子和狮子脖子结合处进行修饰。

4）用同样的方法再把图 10-5 所示老虎头部上面的背景用仿制图章工具进行背景修饰。最终效果如图 10-6 所示。

5）单击“文件” / “存储为”，选择存储的图片格式后将图片导出存储。

图 10-6　最终效果

实验 2　Flash 综合案例

一、实验目标

1. 综合完成 Photoshop 基本图像操作。
2. 综合完成 Flash 基本图像操作。

二、实验准备

1. 打开 Photoshop。
2. 打开 Flash。
3. 找到本章实验素材所在位置。

三、实验内容及操作步骤

实验内容

1. Photoshop 相关操作。
2. Flash 相关操作。

利用项目 10 的实验 2 所给的素材（丛林 .jpg、鹰 .jpg、飞鸟 1.jpg、飞鸟 2.jpg、飞鸟 3.jpg、声音 .wav），用 Photoshop 和 Flash 软件制作一个鹰捕鸟的动画。

操作步骤

1. Photoshop 的相关操作

1）单击“文件”/“打开”，选中素材库中的鹰图像并打开。

2）单击“选择”/“色彩范围”，用打开的对话框中的吸管工具单击鹰周围的黑色，使鹰呈现出来，然后单击“确定”。

3）单击“编辑”/“清除”，把鹰以外的色彩清除掉。

4）单击“选择”/“反向”，选中鹰。

5）单击“文件”/“存储为”，在存储对话框中选择“格式”中的“PNG”，命名为“鹰 .png”，如图 10-7 所示。

6）在弹出的“PNG 选项”对话框中选择“交错”并单击“确定”，如图 10-7 所示。

图 10-7　存储图像

7）用同样的方法，把素材库中的飞鸟 1、飞鸟 2、飞鸟 3 图像打开，并把飞鸟 1、飞鸟 2、飞鸟 3 单独抠取出来，分别存储为“飞鸟 1.png”“飞鸟 2.png”“飞鸟 3.png”。

> **提示：** 抠取飞鸟 1 图像的时候，要用套索工具才能很完整地抠取下整个图像。在存储图像的时候，一定要存储为 PNG 格式，“PNG 选项”一定要选“交错”，否则抠取下来的图像有背景，不可用。

2. Flash 的相关操作

（1）基本设置

1）新建 Flash 文档。

2）单击“文件”/“导入”/“导入到舞台”，选择素材库中的“丛林 .jpg”并打开。

3）将文件导入到舞台中，并适当调整图像和舞台的大小，让整个画面适合界面大小。

4）再新建 4 层图层并分别命名为“飞鸟”“鹰”“背景”“声音”，如图 10-8 所示。

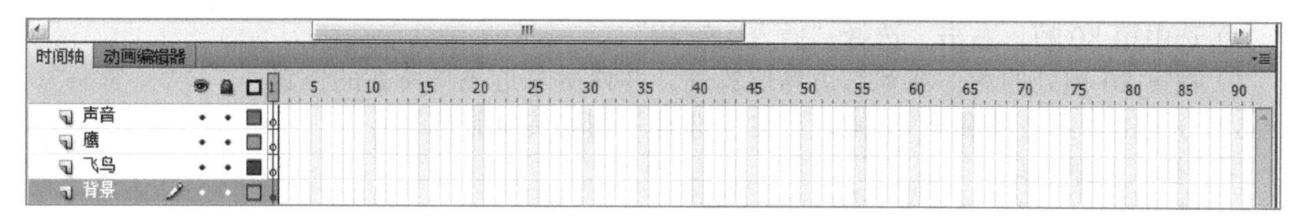

图 10-8 新建图层

5）选择背景图层，选择第 80 帧，右击，选择“插入关键帧”。

6）选择飞鸟图层，锁定其他图层。

7）选择飞鸟层第 1 帧，单击“文件” / “导入” / “导入到舞台”，把“飞鸟 1.png”导入到舞台中。

8）单击“修改” / “变形” / “水平翻转”，将飞鸟 1 变换方向，并用缩放工具（或单击“修改” / “变形”）将飞鸟 1 缩小到适当大小，放置到树林的适当位置，如图 10-9 所示。

图 10-9 水平翻转

9）选中第 40 帧，右击，选择“插入关键帧”。

（2）制作飞鸟图层的逐帧动画

1）选中飞鸟图层的第 41 帧，右击，选择“插入空白关键帧”，把“飞鸟 2.png”导入到舞台中并缩小（操作方法和前面第 8 步一样），然后把飞鸟 2 拖到飞鸟 1 稍微右边一点的位置。

2）用同样的方法，在第 42 帧处插入空白关键帧，并把“飞鸟 3.png”导入到第 42 帧位置，且调整大小并水平翻转，然后拖到飞鸟 2 右边一点的位置。

3）选中第 41 帧，右击，选择“复制帧”，选中第 43 帧，右击，选择“粘贴帧”，将第 41 帧的内容粘贴到第 43 帧处，并将第 43 帧处的图像再往右拖动一点位置。

4）用同样的方法，复制第 42 帧的内容到第 44 帧处，并拖到再靠右边一点。

5）重复上述复制粘贴帧操作，直到把飞鸟图像拖到舞台最右侧边缘位置为止（整个逐帧动画要掌握好帧之间的位置，在 80 帧全部做完的位置鸟能飞出整个界面）。

6）完成飞鸟图层逐帧动画的制作。

（3）制作鹰的动作补间动画

1）选中鹰图层的第 1 帧，锁定其他图层，单击“文件” / “导入”“导入到舞台”，将“鹰 .png”导入到第 1 帧位置。

2）将鹰拖到屏幕上方一点靠右的位置并适当缩小，使图像看起来给人一种在很远位置的感觉。

3）选中第 42 帧，右击，选择“插入关键帧”。

4）选中第 42 帧，将图像拖到飞鸟 1 所在位置附近。

5）单击“修改” / “变形” / “水平翻转”，并将第 42 帧处的图像放大，使它给人一种近在眼前的感觉。

6）选中第 80 帧，右击，选择“插入关键帧”。

7）把第 80 帧处的图像拖到右边界位置处，并稍微靠近飞鸟所在的位置。

8）分别选择第 1 帧和第 42 帧，右击，选择“创建传统补间”。

（4）插入背景音乐

1）锁定其他图层，选择音乐层的第 1 帧。

2）单击“文件”/“导入”/“导入到舞台”，将素材库中的声音文件导入到舞台中。

3）单击“窗口”/“属性”，开启属性面板对话框。

4）单击声音属性下拉列表，选中导入的声音文件，并根据需要选中相关项，效果如图 10-10 所示。

5）单击“控制”/“测试场景”，可以看到动画效果。

图 10-10　声音导入

（5）存储或者导出文件

1）单击“文件”/“另存为”，把文件存储。

3）单击“文件”/“导出”/“导出影片”，把文件以影片或 Flash 动画格式导出。

单元习题

一、判断题

1. 多媒体技术中的“媒体”通常是指存储信息的实体。（　　）

2. 人的视觉对颜色敏感的程度比对亮度更高。（　　）

3. 一般人耳所能感受到的声音频率在 100Hz ~ 10kHz 范围内。（　　）

4. 音频、视频的数字化过程中，量化过程实质上是一个有损压缩编码过程，必然带来信息的损失。（　　）

5. Flash 由于使用矢量方式保存动画文件，并采用流式技术，特别适用于网络动画制作。（　　）

二、单选题

1. 表现形式为各种编码（如文本编码、图像编码、音频编码等）的媒体是（　　）。

A. 感觉媒体　　B. 显示媒体　　C. 表示媒体　　D. 存储媒体

2. 在音频数字化过程中，将连续的声波信号变换成离散的脉冲幅度调制信号的过程叫作

（　　）。

A. 编码　　B. 量化　　C. 采样　　D.D/A 转换

3. 我国的电视制式为 PAL 制式，采用的颜色模型是（　　）。

A. HSB　　B.YIQ　　C. YUV　　D. RGB

4. 声音具有两大物理特征，（　　）属于其物理特征。

A. 音色　　B. 音调　　C. 频率　　D. 音高

5. JPEG 格式是为（　　）而制定的压缩标准。

A. 视频　　B. 灰度图像　　C. 动画　　D. 音乐

6.（　　）不属于图形图像制作软件。

A. Photoshop　　B. Windows 自带的画图软件　　C. Fireworks　　D. Premiere

7. Fireworks 软件的主要功能不包括（　　）。

A. 录制语音　　B. 制作动画及交互效果　　C. 绘制矢量图　　D. 编辑位图

8. Photoshop 的功能主要表现在图像编辑、图像合成、校色调色和特效制作等方面，但不含（　　）功能。

A. 图像合成　　B. 校色调色　　C. 制作动画及交互效果　　D. 特效制作

9. 下列概念中与 Flash 无关的是（　　）。

A. 帧　　B. 层　　C. 时间轴　　D. 羽化

10. Flash 生成的动画源文件的扩展名是（　　）。

A. FLC　　B. SWF　　C. FLA　　D. MOV

三、多选题

1. 按照国际电信联盟（ITU）对媒体的划分，（　　）属于表现媒体。

A. 图形　　B. 条形码　　C. 数码相机　　D. 投影仪

2. 多媒体的关键技术主要包括（　　）。

A. 多媒体数据压缩和解压缩技术　　B. 多媒体网络通信技术

C. 多媒体数据库技术　　D. 多媒体产品设计技术

3. 多媒体技术的应用已渗透到了社会生活和工作的各个方面，主要应用在（　　）。

A. 电子商务　　B. 电子出版物　　C. 多媒体通信　　D. 家庭娱乐

4. 常用的图像处理软件有（　　）。

A. Photoshop　　B. Premiere　　C. Fireworks　　D. 3ds Max

5. Flash 中的基本动画类型有（　　）。

A. 三维动画　　B. 二维动画　　C. 逐帧动画　　D. 补间动画

四、填空题

1. 计算机处理图像采用的颜色模型是________。

2. RGB 颜色模型下要显示真彩色效果，其颜色深度至少要达到________位。

3. 便携式网络图像格式 PNG 使用了从________派生的无损数据压缩算法。

4. GIF 格式采用无损压缩存储图像，而且还可以同时存储若干幅静止图像形成连续动画，但色彩较差，最多可有________种颜色。

5. ASF 格式是由 Microsoft 公司推出的一种高级流媒体格式，使用________压缩算法，可以在 Internet 上实现实时播放。

11 Project 项目 11

网页设计基础

回复“71331+11”观看视频

实验 1　站点建立

一、实验目标

1. 熟悉站点建立和管理的方法。
2. 熟悉站点文件及文件夹的分类管理。
3. 熟悉站点文件的保存。
4. 熟悉站点文件的临时补充。

二、实验准备

1. 打开 Dreamweaver 软件。
2. 找到本项目实验 1 的素材所在的位置。

三、实验内容及操作步骤

实验内容

1. 在桌面上新建一个文件夹。
2. 在文件夹下新建系列子文件夹（子文件夹使用英文名称）。
3. 新建站点并将站点存放位置指向桌面上的文件夹。

操作步骤

1. 新建文件夹

在桌面上新建一个文件夹，命名为“红色记忆”。

2. 建立系列子文件夹

在“红色记忆”文件夹下面再分别建立系列子文件夹，如图 11-1 所示。

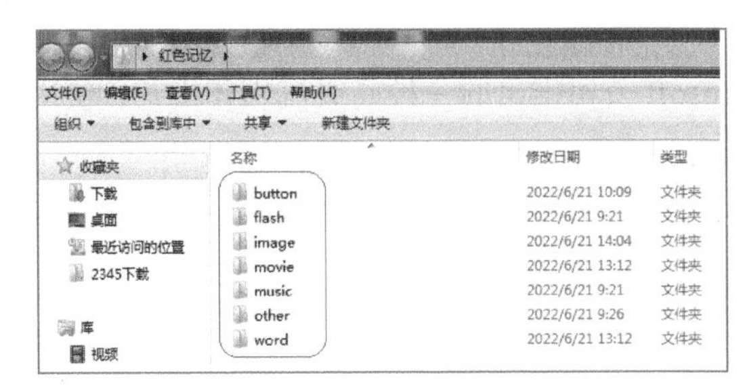

图 11-1　站点文件夹

3. 将提前准备好的素材归类放置到对应的文件夹下

1）将素材按照图片、文字、Flash 动画、电影、声音、按钮分类。

2）将图片素材剪切到“image”文件夹下面。

3）将文字素材剪切到“word”文件夹下面。

4）将 Flash 动画素材剪切到“flash”文件夹下面。

5）将电影素材剪切到“movie”文件夹下面。

6）将声音素材剪切到“music”文件夹下面。

7）将按钮素材剪切到“button”文件夹下面。

> **提示：** 站点建立实验可以暂时没有相关素材，在网页制作过程中也可以临时添加素材到对应位置。

4. 新建站点并将站点存放位置指向桌面上的“红色记忆”文件夹

1）打开 Dreamweaver，执行“站点”/“新建站点”，打开站点新建对话框。

2）在“站点名称”中输入“红色记忆”。

3）单击“本地站点文件夹”右侧的“浏览文件夹”图标，选择要存放的位置为“红色记忆”文件夹，如图 11-2 所示。

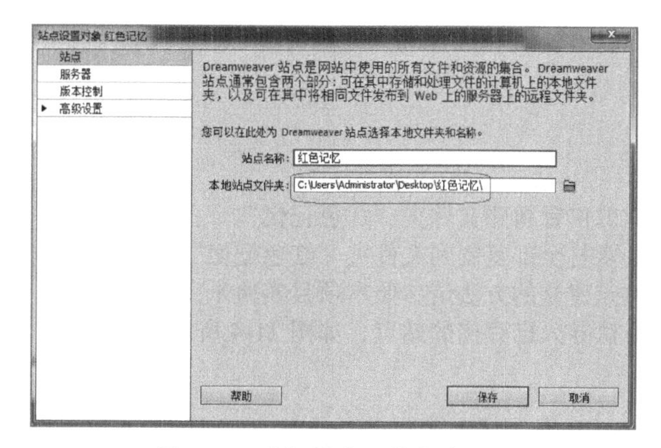

图 11-2 选择站点文件存放位置

4）单击“保存”，完成站点建立。此时在右下角出现站点基本信息，如图 11-3 所示。

5）单击“站点”/“管理站点”，打开“管理站点”界面，如图 11-4 所示，单击“导出”可以把站点导出。

图 11-3 站点基本信息

图 11-4 站点管理

实验 2　制作静态网站

一、实验目标

1. 熟悉站点建立的方法。
2. 熟悉表格布局页面的方法。
3. 熟悉 Ap Div 布局页面的方法。

二、实验准备

1. 打开 Dreamweaver 软件。
2. 找到本项目实验 2 的素材所在的位置。

三、实验内容及操作步骤

实验内容

1. 站点建立。
2. 表格布局页面。
3. Ap Div 布局页面。

操作步骤

1. 站点建立

1）在需要保存站点的位置新建文件夹“红色记忆”。

2）将本实验提供的素材全部复制到文件夹“红色记忆”下。

3）新建站点。新站点建立的方法请参照本项目实验 1。

4）用导入站点的方法导入已存储的站点，如图 11-4 所示。

2. 表格布局页面

（1）建立空白页

1）单击“文件”/“新建”/“空白页”/“HTML”/“创建”，创建一个空白页并另存为“index.html”，将页面存储到站点文件夹根目录下。

2）单击“插入”/“表格”，在弹出的“表格”对话框中，按照图 11-5 所示设置，插入一个 5 行 2 列、边框粗细为 0 像素、表格宽度为 100%、“标题”采用“两者”的表格。

3）选中表格第一行的两个单元格，右击，选择“合并单元格”，将第一行合并。使用同样的方法将最后一行以及中间三行的右边部分均合并，效果如图 11-6 所示。

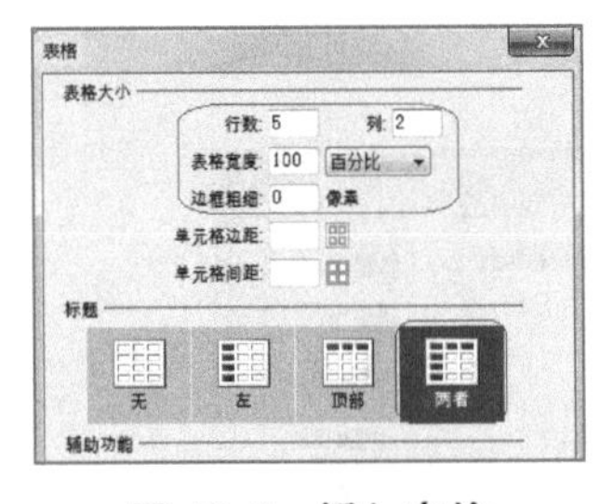

图 11-5　插入表格

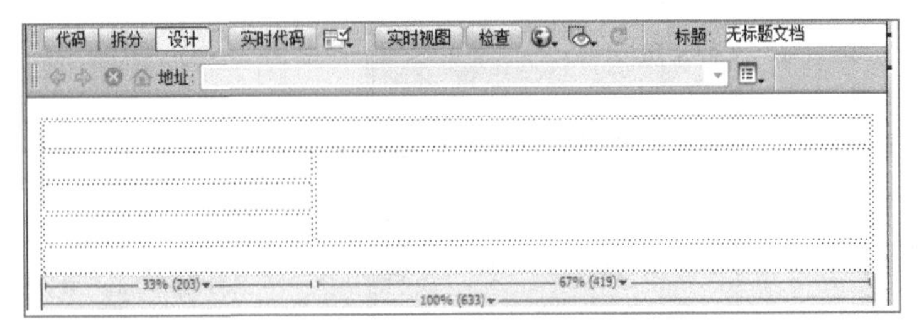

图 11-6　表格设计

4）单击“插入”/“图像”，分别在头部和左侧插入图 11-7 所示的图片。适当拖动表格边框和图片，对图片进行位置调整，并将 4 个图片的宽度属性均设设置为 100%。

5）在页面最后一行输入文字“红色记忆”，并将其属性设置为居中，背景颜色设置为深红色。

图 11-7　插入图片

6）分别选中头部和左侧图片，在其属性的“链接”右侧对话框中输入“index.html”“ yydfb.html”“spzq.html”和“jdzz.html”。

7）单击“文件”/“保存全部”，将主页文件进行保存。

（2）新建所有页面

1）打开“index.html”文件。

2）单击“文件”/“另存为”，将主页文件分别另存为“yydfb.html”“spzq.html”和“jdzz.html”3 个二级页面。

3. Ap Div 布局页面

（1）布局主页文件

1）打开主页文件“index.html”。

2）光标移到右侧空白区域，单击“插入”/“布局对象”/“Ap Div”，在页面右侧插入 Ap Div 对象，并适当调整其大小，如图 11-8 所示。

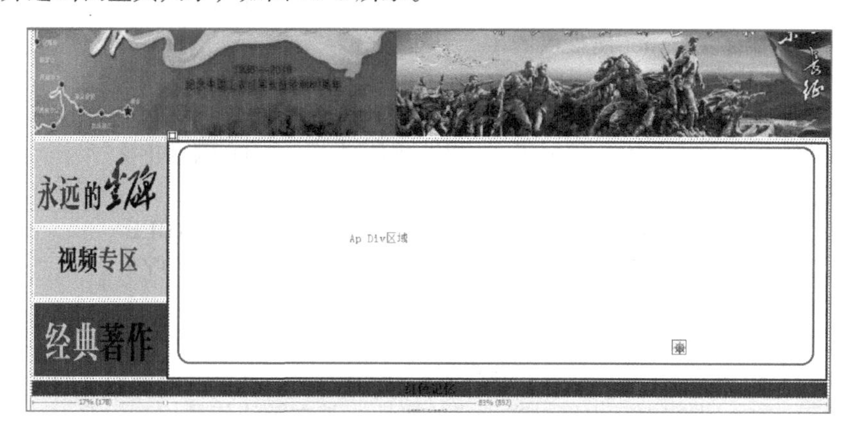

图 11-8　插入 Ap Div 对象

3）在 Ap Div 区域中插入图片或录入文本、插入视频或插入音乐，对页面进行编辑即可，如图 11-9 所示。

4）单击“文件”/“保存”，保存主页页面。

（2）布局其他页面文件

1）用布局主页页面相同的方法，布局“yydfb.html”“spzq.html”和“jdzz.html”3 个页面。

2）单击“文件”/“保存全部”，保存全部页面。

图 11-9　设置图片属性

单元习题

一、判断题

1. HTML 文档由各种 HTML 标记码组成，这些标记码必须手工编写。（　　）
2. HTML 中，<HTML>…</HTML> 的作用是通知浏览器该文件含有 HTML 标记码。（　　）
3. 只可对文本设置超链接，图像、视频、动画等不能设置超链接。（　　）
4. 表格除可以显示数据及信息之外，常用于整个网页的页面布局。（　　）
5. Dreamweaver 软件只能管理本地站点，不能管理远程站点。（　　）

二、单选题

1. 以下扩展名中不表示网页文件的是（　　）。
A. htm　　B. html　　C. asp　　D. txt
2. 浏览网页是属于 Internet 所提供的（　　）服务。
A. FTP　　B. E-mail　　C. Telnet　　D. WWW
3. HTML 中，<HTML> 标记的作用是通知浏览器该文件含有（　　）。
A. 网页标题　　B. HTML 标记码　　C. 超链接信息　　D. 网页正文
4. 设置网页标题的标记码为（　　）。
A. <HEAD> 网页标题 </HEAD>　　B. <TABLE> 网页标题 </TABLE>
C. <TITLE> 网页标题 </TITLE>　　D. <BODY> 网页标题 </BODY>
5. 在 HTML 中使用（　　）设置超链接。
A. <A> 与 < / A>　　B. <EMBED> 与 </EMBED>
C. <IMG> 与 </IMG>　　D. <B> 与 </B>
6. 表项单元 <TD> 带有表示水平对齐方式的属性，其中默认值是（　　）。
A. ALIGN= LEFT　　B. ALIGN=TOP
C. ALIGN= BOTTOM　　D. ALIGN=CENTER
7. 标记 <TEXTAREA>…</TEXTAREA> 定义一个（　　）。
A. 表单　　B. 单行文本框　　C. 多行文本框　　D. 表格
8. 如果要强调某个单词，其中之一是可以使用下划线，其标识是（　　）。
A. <U></U>　　B. <B></B>　　C. <EM></EM>　　D. <I></I>
9. 在 Dreamweaver 软件中输入文本时，如果要分段则需按（　　）键。

A. Shift + Enter　B. Enter　C. Alt +Enter　D. Ctrl + Enter

10. Dreamweaver 软件通过（　　）面板管理站点。

A. “站点”　B. “文件”　C. “资源”　D. “设置”

三、多选题

1. <TABLE> 标记是一个 Table 结构的最外层，它包括（　　）等重要属性。

A. 表示表格边框粗细程度的属性 BORDER

B. 表示每个表项单元的内容与表格边框之间所空开的距离的属性 CELLPADDING

C. 表示表格名称信息的属性 TITLE

D. 表示表格宽度的属性 WIDTH

2. Dreamweaver 软件中，下面的对象中能设置超链接的是（　　）。

A. 任何文字　B. 图像　C. 图像的一部分　D.Flash 影片

3. 格式化文本的基本样式设置包括（　　）。

A. 字体　B. 字体大小　C. 颜色　D. 样式

4. 创建电子邮件超链接需要在“电子邮件”对话框中输入（　　）信息。

A. 电子邮件地址　B. 所在网页的名称

C. 发送电子邮件的软件名称　D. 用于超链接的文本

5. 在网页中插入的 Flash 动态元素包括（　　）。

A. 插入声音文件　B. 插入 Flash 按钮

C. 插入 Flash 文本　D. 插入 Flash 动画

四、填空题

1. 网站也称为________，是包括主页在内的很多网页的集合。利用这些网页，它将各种各样的资源信息放置在互联网上，供用户浏览使用。

2. ________是由 Adobe 公司推出的一款在网页制作方面的大众化软件，它具有可视化编辑界面，用户不必编写复杂的 HTML 源代码就可以生成跨平台、跨浏览器的网页。

3. 创建文字超链接的步骤是先选中要创建超链接的文字，然后在________的“链接”文本框中输入目标文件的 URL（相对或绝对）。

4. 表格常用于页面布局，标记一个表格的 HTML 标识为________。

5. WWW 服务以客户 / 服务器的工作模式，通过 WWW 浏览器与 WWW 服务器在________协议基础上进行信息资源的传输。

12 Project 项目 12 信息安全

回复“71331+12”
观看视频

实验 1　个人计算机防火墙配置

一、实验目标

通过“控制面板”配置防火墙，实现对计算机系统的信息安全防护。

二、实验准备

1. 个人计算机硬件和系统软件。
2. 个人计算机上已经安装 Windows 系统。

三、实验内容及操作步骤

实验内容

1. 启动个人计算机。
2. 进入个人计算机系统的“控制面板”，找到防火墙并进行配置。

操作步骤

1）在搜索框中输入“控制面板”，如图 12-1 所示，打开“控制面板”。
2）单击“Windows Defender 防火墙”，如图 12-2 所示。

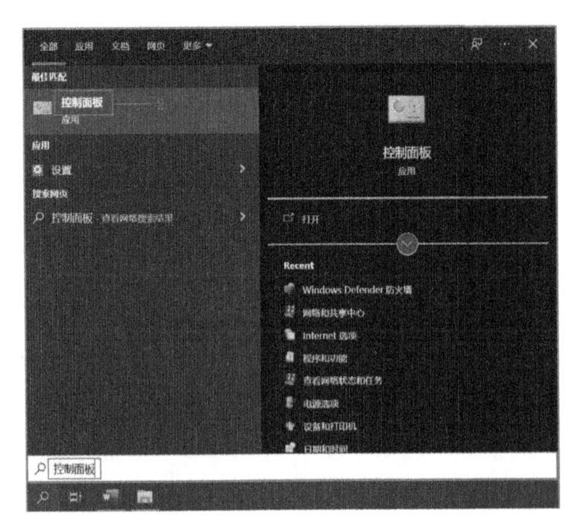

图 12-1　搜索“控制面板”

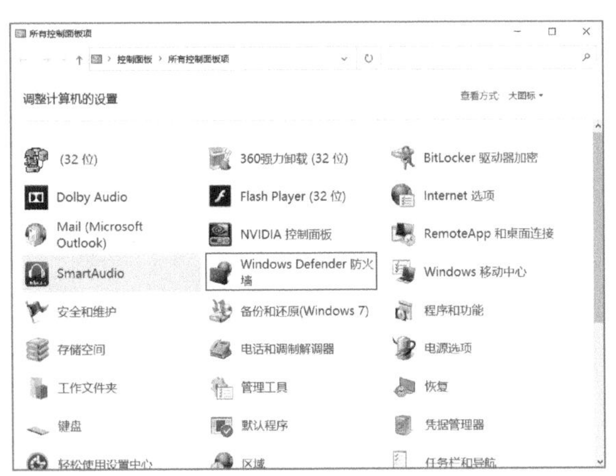

图 12-2　单击“Windows Defender 防火墙”

3）单击“启用或关闭 Windows Defender 防火墙”，如图 12-3 所示。

图 12-3 启用或关闭 Windows Defender 防火墙

4）在“专用网络设置”处单击“启用 Windows Defender 防火墙”，在“公用网络设置”处单击“启用 Windows Defender 防火墙”，最后单击“确定”，防火墙生效，如图 12-4 所示。

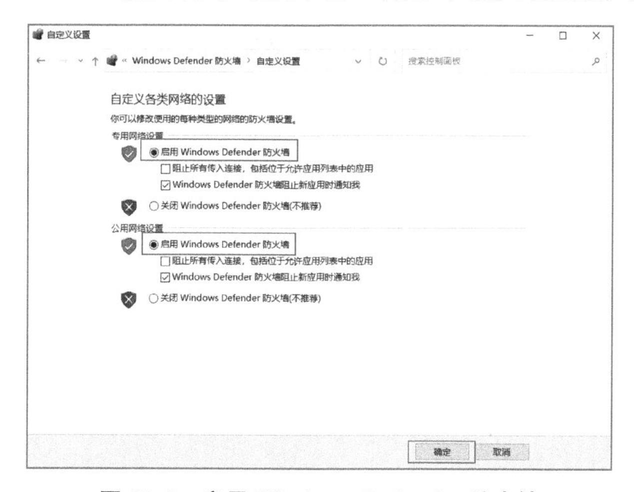

图 12-4 启用 Windows Defender 防火墙

5）单击“高级设置”，打开“高级安全 Windows Defender 防火墙”对话框，可以设置系统的入站及出站规则、连接安全规则以及监视，如图 12-5 所示。

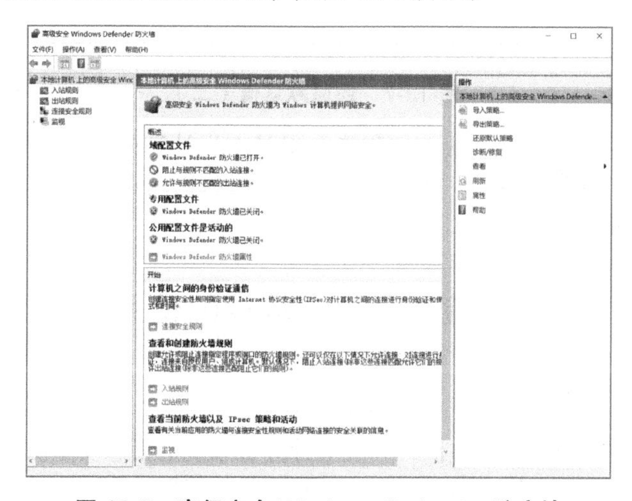

图 12-5 高级安全 Windows Defender 防火墙

另外，若要恢复系统默认的防火墙设置，可以单击“还原默认值”，如图 12-6 和图 12-7 所示。

图 12-6　还原默认值（一）

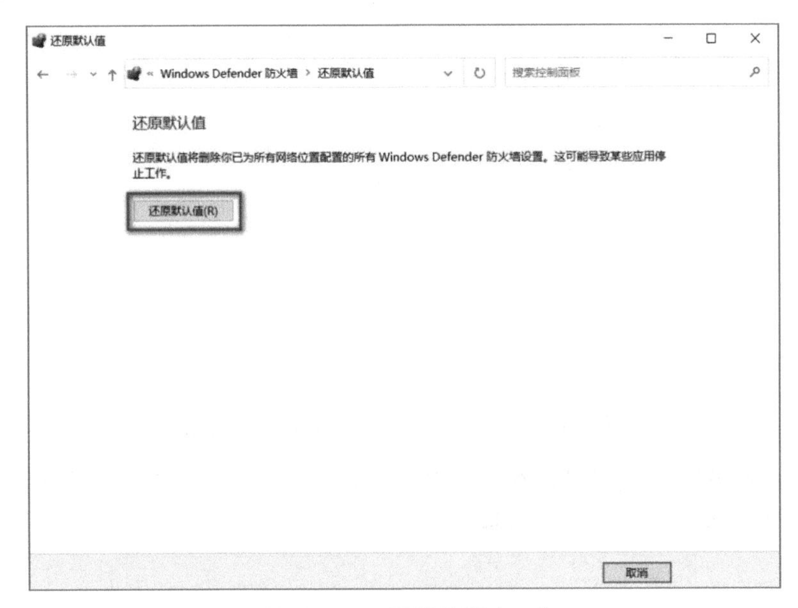

图 12-7　还原默认值（二）

个人计算机系统的防火墙只能从一定程度上保护个人计算机的信息安全，但很难确保计算机完全不被恶意代码、漏洞等侵害，我们通常通过计算机网络局域网或者广域网接入硬件和软件的防火墙系统，共同保证信息安全。

实验 2　杀毒软件的使用

一、实验目标

1. 通过系统安全中心配置病毒防护，实现对计算机系统的信息安全防护。
2. 掌握配置病毒防护的方法，以及第三方杀毒软件的使用方法。

二、实验准备

1. 个人计算机硬件和系统软件。
2. 个人计算机上已经安装 Windows 系统。
3. 个人计算机上已经安装第三方杀毒软件。

三、实验内容及操作步骤

实验内容

1. 启动个人计算机。
2. 进入个人计算机系统的安全中心进行病毒防护配置。
3. 打开第三方杀毒软件进行病毒查杀。

操作步骤

1）单击“开始”，选择“设置”，如图 12-8 所示。

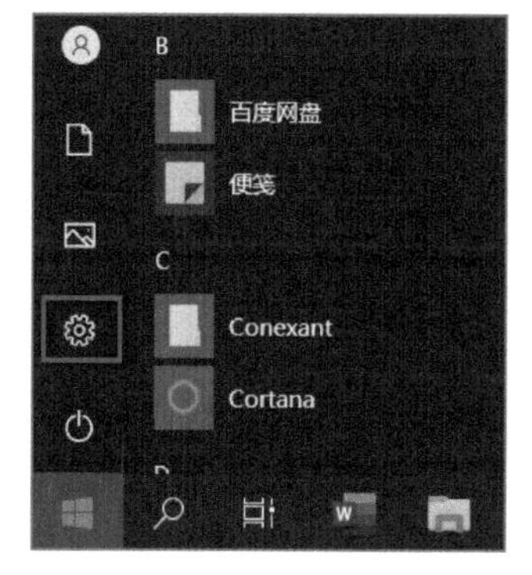

图 12-8　设置

2）在“Windows 设置”中单击“更新和安全”，如图 12-9 所示。

图 12-9　更新和安全

3）进入设置界面，选择“Windows 安全中心”，查看和管理设备安全性和运行状况，单击“病毒和威胁防护”，如图 12-10 所示。单击“快速扫描”，对系统进行病毒和威胁扫描，如图 12-11 所示。

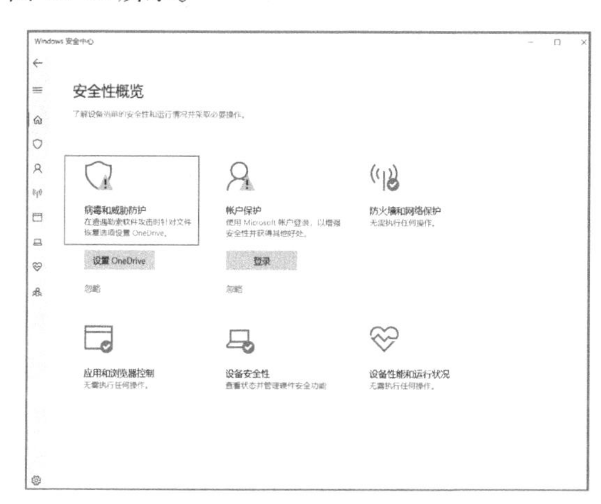

图 12-10　病毒和威胁防护

图 12-11　快速扫描

4）单击"'病毒和威胁防护'设置"。若未安装第三方杀毒软件，将默认"实时保护"为打开状态，如图 12-12 所示；若已采用第三方杀毒软件进行实时保护，则系统设置为关闭状态。

5）单击"检查更新"，对病毒和威胁防护进行更新，以保障获取最新的安全情报，如图 12-13 所示。

6）如果已经采用第三方杀毒软件进行实时保护，Windows 安全中心如图 12-14 所示。

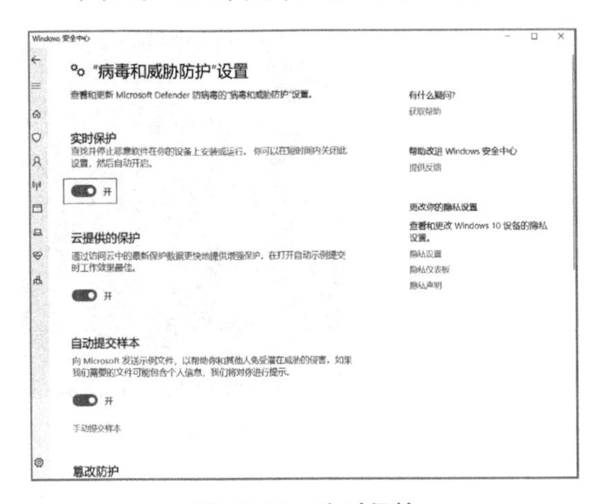

图 12-12　实时保护

图 12-13　检查更新

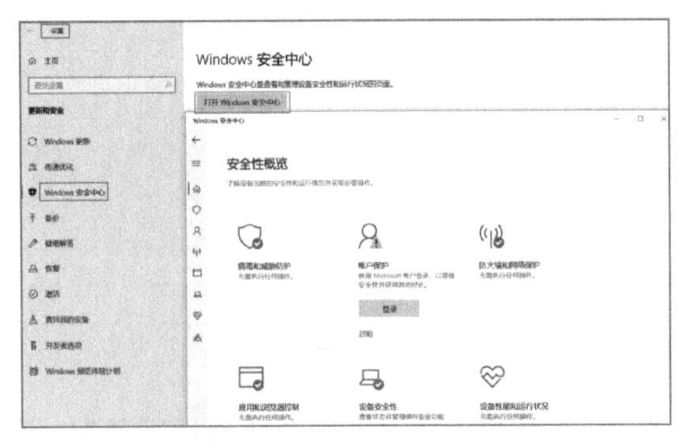

图 12-14　Windows 安全中心

图 12-15　打开第三方杀毒软件

7）使用第三方杀毒软件（如 360 安全卫士）进行木马病毒查杀，如图 12-15 ~ 图 12-17 所示。

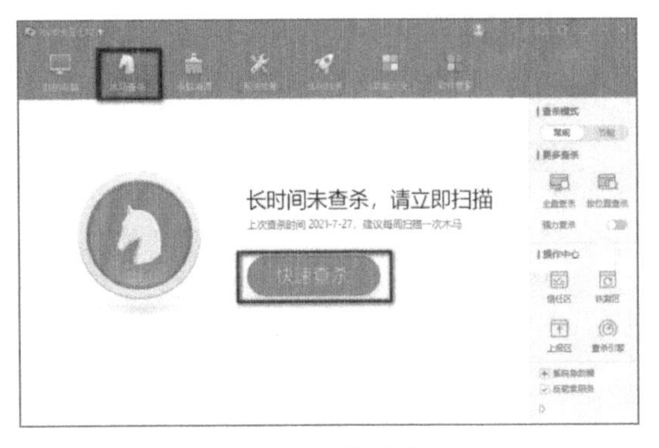

图 12-16　快速查杀

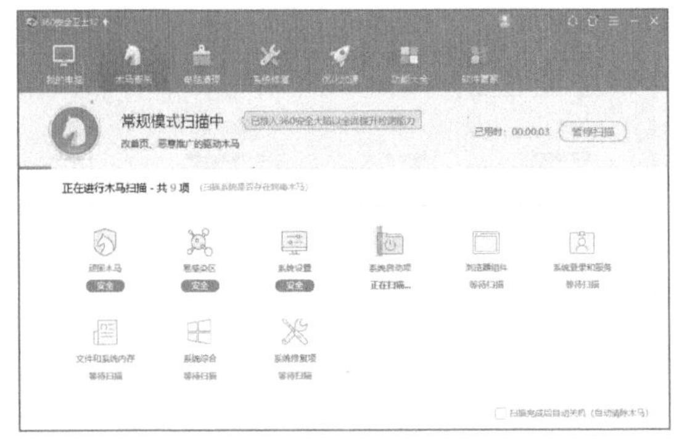

图 12-17　木马扫描

8）如果需要退出第三方杀毒软件，选择"退出卫士"，单击"确定"，如图 12-18 所示。

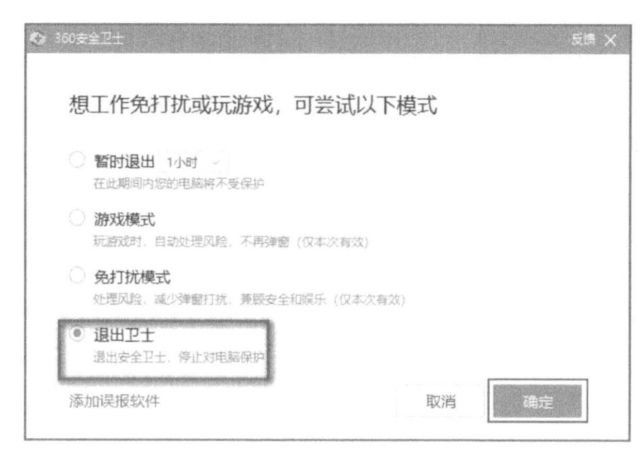

图 12-18　退出第三方杀毒软件

单元习题

一、判断题

1. 防火墙技术是指由软件和硬件设备组合而成，在内部网和外部网之间、专用网与公共网之间的一道防御系统的总称，是一种获取安全性方法的形象说法。 (　　)

2. 信息安全是指信息在产生、制作、传播、收集、处理、存储等过程中不被泄露或破坏，确保信息的可用性、保密性、完整性和不可否认性，并保证信息系统的可靠性和可控性。 (　　)

3. 2018 年 7 月 1 日发布《中华人民共和国国家安全法》。 (　　)

二、单选题

1. 常见的非对称加密算法有（　　）。

A. RSA　　B. DES　　C. 3DES　　D. IDEA

2. 华为防火墙划分了 4 个默认的安全区域，不包括下列哪个安全区域？（　　）

A. 受信区域（trust）　　B. 非受信区域（untrust）

C. 非军事化区域（dmz）　　D. 外地保护区

三、填空题

1. 信息安全涉及的内容分为物理安全、________、主机安全、应用安全、________等 5 个方面。

2. ________是一种对网络活动进行实时监测的专用系统。该系统处于防火墙之后，可以和防火墙及路由器配合工作，用来检查一个 LAN(Local Area Network) 网段上的所有通信，记录和禁止网络活动，可以通过重新配置来禁止从防火墙外部进入的恶意流量。它能够对网络上的信息进行快速分析或在主机上对用户进行审计分析，通过集中控制台来管理、检测。

四、简答题

1. 针对个人在使用计算机过程中出现的木马、病毒入侵等安全问题，你应该采取哪些措施来对计算机进行防护？

2. 信息安全包含的 3 层含义有哪些？

3. 信息安全的基本要素主要有哪些？

13 Project 项目 13

项目管理

实验 1　编制项目管理任务书

一、实验目标

1. 了解工程项目的实施内容、文件编制原则、文件编制依据和工程实施方法。

2. 掌握工程项目实施的全过程，提高独立分析和解决工程项目实施过程中出现的问题的能力。

3. 掌握流水施工原理，编制施工进度计划、成本控制计划和质量控制计划等。

二、实验准备

1. 国家和地方有关工程建设的法律、法规。

2. 国家和地方有关工程建设的技术标准、规范、规程等。

3. 经有关部门批准的工程项目建设文件和设计文件。

4. 业主与管理单位签订的建设工程项目管理委托合同。

5. 业主与勘察单位、设计单位、施工单位、供应单位签订的建设工程勘察合同、设计合同、施工合同、材料设备合同。

6. 其他与工程项目有关的资料。

三、实验内容及操作步骤

实验内容

1. 项目概述（描述项目的背景情况）

熟悉设计资料，编写工程概况：

1）学生应根据已有资料，对工程建设概况进行描述，如主要介绍拟建工程的建设单位、工程名称、性质、用途、作用、工程投资额、开竣工日期、设计单位、施工单位、施工图纸情况、施工合同、主管部门的有关文件或要求、组织施工的指导思想等。

2）对工程施工概况进行描述，如建筑设计特点、结构设计特点、建设地点特征、施工条件等。

2. 主要任务和目标（描述项目的工作范围和基本要求）

1）学生应该参照《中华人民共和国民法典》等资料，描述甲乙双方项目小组确定的工程项目的实施范围，以及任何范围的调整所执行的任务书中规定的变更控制程序。

2）对于工程验收的总体框架，应进行概述，例如，当乙方将合同中约定的交付件交付给甲方后，甲方应于合同约定时间内以书面形式指出其中的问题；在乙方将交付件内容更新并提交给甲方后，甲方还可在合同约定时间内以书面形式再次指出其他问题；若甲方对交付件无异议或处理逾期，则上述交付件被视作已通过甲方验收。

3）以某具体项目为例，完成项目各阶段划分、任务划分、完成标志等情况的拟定，并对项目实施过程中各阶段所涉及的任务与交付件、各阶段工作的完成标志进行描述。

3. 约束条件（包括进度、成本、质量、资源等方面的约束）

1）确定施工程序、施工流向和施工顺序。

2）选择施工机械，如主导机械、辅助机械的类型与数量。

3）确定主要的项目施工方法，计算各工序的作业时间，并形成施工进度计划计算书。

4）划分施工过程，计算工程量（注意工程量计算单位应与定额保持一致）。

5）套用施工定额，计算劳动量或机械台班量。

6）确定各施工过程的施工时长。

7）编制施工进度计划的初始方案。

8）检查与调整。

4. 验收标准（项目交付的条件）

根据项目合同制订交付件验收条件，如：

1）是否满足了客户需求。

2）是否实现了销售目标。

3）是否获得了盈利。

4）是否提高了市场占有率。

5）项目交付件质量是否达到了用户要求。

6）客户验收时的缺陷密度。

7）软件和硬件的开发生产率。

8）成本目标达成率、进度偏差率等。

5. 项目主要资源（包括人员职责）

1）劳动力需用量计划。

2）主要材料需用量计划。

3）构件和半成品需用量计划。

4）施工机械需用量计划。

5）项目经理职责、总工程师及专业工程师职责、安全岗位人员职责、质量监督岗位人员职责等。

6. 项目奖励标准（项目奖励发放的基础和提拨程序等）

1）奖励发放基础：根据目标成本、质量、进度、安全及其他管理目标，结合日检、旬检、月检结果。

2）奖励发放依据：项目部制订的《工程项目综合奖励考评表》及考评办法。

3）奖励提拨程序：工程项目竣工退场后，项目部出具结算凭证（包括对甲方、分包商及供应商的结算件）。奖励应按竣工及工程回款情况分期提拨。

操作步骤

1. 描述项目范围

包括组织范围、功能范围、业务流程范围、模块和组织应用矩阵图、项目接口范围、数据转换范围、二次开发范围、技术实施范围和培训范围等。

2. 输出项目组织信息

包括总体组织结构图、项目指导委员会、客户项目组织（客户高层、客户项目经理、关键用户、技术人员）、施工方及其他项目组织（项目总监或项目经理、咨询实施顾问、技术顾问）。

3. 输出项目实施过程文档

1）项目规划：需求调研准备与需求调研。

2）业务分析：需求分析和系统初步设计。

3）项目咨询服务（服务方式、服务内容、完成标志）。

4）实施阶段甲乙双方的责任。

5）系统开发与单机测试。
6）方案变更（系统详细变更设计）。
7）系统集成测试（乙方任务、乙方交付件、完成标志、甲方责任）。
8）系统联机测试。
9）系统终验及维护保障（服务方式）。
10）最终用户培训，甲方中高层管理人员交付件（业务、功能）展示。

实验 2　项目管理工具的应用

一、实验目标

1. 掌握网络图的绘制方法。
2. 掌握关键路径的计算方法。
3. 掌握关键路径上各工作可缩短时间的计算方法。

二、实验准备

1. 掌握横道图（甘特图）制图的原理和方法，通过图表方式展示进度信息。在横道图中，活动列于纵轴，日期排于横轴，活动持续时间则表示为按开始和结束日期定位的水平条形。

2. 掌握网络计划这一科学动态控制方法。网络图是由箭线和节点组成的，用来表示工作流程的有向、有序网状图形。一个网络图表示一项计划任务。网络图中的工作是计划任务按需要粗细程度划分而成的、消耗时间或同时也消耗资源的一个子项目或子任务。工作可以是单位工程，也可以是分部工程、分项工程。一个施工过程也可以作为一项工作。在一般情况下，完成一项工作既需要消耗时间，也需要消耗劳动力、原材料、施工机具等资源。但也有一些工作只消耗时间而不消耗资源。

3. 掌握项目进度控制的方法。有效项目进度控制的关键是监控项目的实际进度，及时、定期地将它与计划进度进行比较，并立即采取必要的纠偏措施。项目进度控制必须与其他变化控制过程紧密结合，并且贯穿于项目的始终。当项目的实际进度滞后于计划进度时，首先要发现问题、分析问题根源并找出妥善的解决办法。

三、实验内容及操作步骤

实验内容

1. 画出项目进度网络图（双代号网络图），每个工作所需时间及费用见表 13-1。

表 13-1　每个工作所需时间及费用

工作	正常工作		赶工工作	
	时间 / 天	费用 / 元	时间 / 天	费用 / 元
A	2	1200	1	1500
B	4	2500	3	2700
C	10	5500	7	6400
D	4	3400	2	4100
E	7	1400	5	1600
F	6	1900	4	2200
G	5	1100	3	1400
H	6	9300	4	9900

（续）

工作	正常工作		赶工工作	
	时间 / 天	费用 / 元	时间 / 天	费用 / 元
I	7	1300	5	1700
J	8	4600	6	4800
K	2	300	1	400
L	4	900	3	1000
M	5	1800	3	2100
N	6	2600	3	2960

其中，A 工作没有紧前工作且只有 1 个紧后工作 B；B 工作只有 1 个紧后工作 C；C 工作有 3 个紧后工作 D、E、F；F 工作只有 1 个紧后工作 H；I 工作有 2 个紧前工作 H、D；I 工作只有 1 个紧后工作 K；G 工作只有 1 个紧前工作 D；J 工作有 2 个紧前工作 E、G；J 工作有 2 个紧后工作 L、M；N 工作有 2 个紧前工作 L、M；N 工作和 K 工作没有紧后工作。

2. 请给出项目关键路径，并计算项目总工期。

3. 完成下列计算。

1）请计算关键路径上各工作的可缩短时间、每缩短 1 天增加的费用和增加的总费用，并将计算结果填入表 13-2 中。

表 13-2　工期压缩方案及费用增加情况表

活动	可缩短时间	缩短 1 天增加的费用	增加的总费用
A			
B			
C			
D			
G			
J			
M			
N			

2）项目工期要求缩短到 38 天，请给出具体的工期压缩方案并计算需要增加的最少费用。

操作步骤

1）根据以上描述画出项目进度网络图。

2）分别找出每条路径，计算每条路径的总工期，总工期最长的路径即为关键路径。

3）计算工期大于 38 天的路径，根据获得的数据，将相关路径工期压缩到 38 天，并计算所需费用。

单元习题

一、单选题

1. 项目经理和项目团队成员需要掌握专门的知识和技能才能较好地管理信息系统项目，以下叙述不正确的是（　　）。

A. 为便于沟通和管理，项目经理和项目团队成员都要精通项目管理相关知识

B. 项目经理要整合项目团队成员知识，使团队知识结构满足项目要求

C. 项目经理不仅要掌握项目管理 10 个知识领域的纲要，还要具备相当水平的信息系统知识

D. 项目经理无须掌握项目所有的技术细节

2. 现代项目管理过程中，一般会将项目的进度、成本、质量和范围作为项目管理的目标，这体现了项目管理的（　　）特点。

A. 多目标性　　B. 层次性　　C. 系统性　　D. 优先性

3. 在以下类型的组织结构中，项目经理权力相对较大的是（　　）组织。

A. 职能型　　B. 弱矩阵型　　C. 强矩阵型　　D. 项目型

4. 关于项目评估和项目论证的描述，不正确的是（　　）。

A. 项目论证应该围绕市场需求、开发技术、财务经济 3 个方面展开调查和分析

B. 项目论证一般可分为机会研究、初步可行性研究和详细可行性研究 3 个阶段

C. 项目评估由项目建设单位实施，目的是审查项目可行性研究的可靠性、真实性和客观性，为银行的贷款决策或行政主管部门的审批决策提供依据

D. 项目评估的依据包括项目建议书及其批准文件、项目可行性研究报告、报送单位的申请报告及主管部门的初审意见等一系列文件

5. 项目可行性研究阶段的经营成本不包括（　　）。

A. 财务费用　　B. 研发成本　　C. 行政管理费　　D. 销售与分销费用

6. 小张接到一项任务，要对一个新项目的投资及经济效益进行分析，包括支出分析、收益分析、敏感性分析等。请问小张正在进行（　　）。

A. 技术可行性分析　　B. 经济可行性分析

C. 运行环境可行性分析　　D. 法律可行性分析

7. 在信息系统项目的经济可行性分析中，（　　）属于非一次性支出。

A. 差旅费　　B. 培训费　　C. 人员工资和福利　　D. 设备购置费

8.（　　）不属于范围变更控制的工作。

A. 确定导致范围变更的因素，并尽量使这些因素向有利的方向发展

B. 判断范围变更是否已经发生

C. 管理范围变更，确保所有被请求变更按照项目整体变更控制过程处理

D. 确定范围正式被接受的标准和要素

9. 某项任务由子任务Ⅰ（计划编制和批准）和子任务Ⅱ（计划实施）组成。项目经理认为子任务Ⅰ的乐观历时为 3 天，最可能为 4 天，悲观历时为 8 天；子任务Ⅱ的乐观历时为 5 天，最可能为 6 天，悲观历时为 10 天。根据估算，该任务估算历时为（　　）天。

A. 10　　B. 11　　C. 12　　D. 13

10. 以下是某工程进度网络图，如果因为天气原因，活动③→⑦的工期延后 2 天，那么总工期将延后（　　）天。

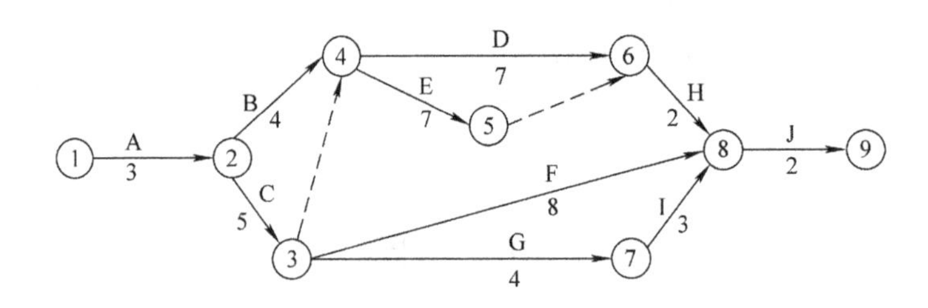

A. 0　　B. 1　　C. 2　　D. 3

二、填空题

1. 项目经理小李对自己的项目采用挣值法进行分析后，发现 SPI>1、CPI<I，则该项目__________和________。

2. 项目经理在进行预算方案编制时，收集到的基础数据如下：工作包的成本估算为 40 万元；工作包的应急储备金为 4 万元；管理储备金为 2 万元。该项目的成本基准是________万元。

3.________旨在建立对未来输出或正在进行的工作在完工时满足特定的需求和期望的信心。

4. 为保证项目实施质量，公司组织项目成员进行了 3 天专业知识培训。该培训成本属于________。

5. 在进行项目活动历时估算时，如果很难获得项目工作的详细信息，可采用________作为项目活动历时估算的工具。

三、简答题

1. 简要描述成本基准的内容。
2. 风险对项目实施有什么影响？简要描述项目风险管理。
3. 请根据《“十四五”信息化和工业化深度融合发展规划》，简述什么是信息化。

14 Project 项目 14

机器人流程自动化

回复“71331+14”观看视频

实验 1　机器人流程自动化基本操作

一、实验目标

1. 熟悉云扩 RPA 编辑器的操作界面。
2. 实现天气数据采集流程自动化项目。
3. 掌握云扩 RPA 编辑器录制功能的使用。

二、实验准备

1. 下载云扩 RPA 编辑器。
2. 安装云扩 RPA 编辑器。

三、实验内容及操作步骤

实验内容

本实验将学习如何使用云扩 RPA 编辑器创建并运行一个基本流程项目。该流程项目将会自动打开浏览器并搜索“天气”，获取明天的天气信息，然后按照天气信息提示明天是否有雨。

操作步骤

1）打开云扩 RPA 编辑器。

2）新建一个项目，并输入项目名称（以“MyFirstProject”为例），如图 14-1 所示。

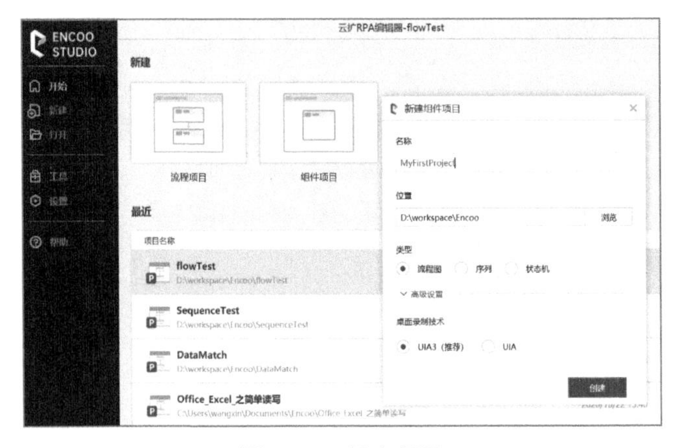

图 14-1　新建项目

3）在组件面板中搜索“打开浏览器”组件，并将其拖入编辑区域，连接至开始节点。

4）在“打开浏览器”组件的属性面板中输入以下内容，如图 14-2 所示。

浏览器类型：IE

网址：“https://www.baidu.com”

5）双击“打开浏览器”组件，然后单击菜单栏中的“工具”/“智能录制”，打开录制器。

6）在 IE 浏览器中自动打开百度网站的首页，然后单击“桌面录制器”的“智能录制”进行网站操作的录制，如图 14-3 所示。

7）单击百度首页的搜索文本框，在出现的对话框中输入要搜索的词条（以“天气”为例），如图 14-4 所示。

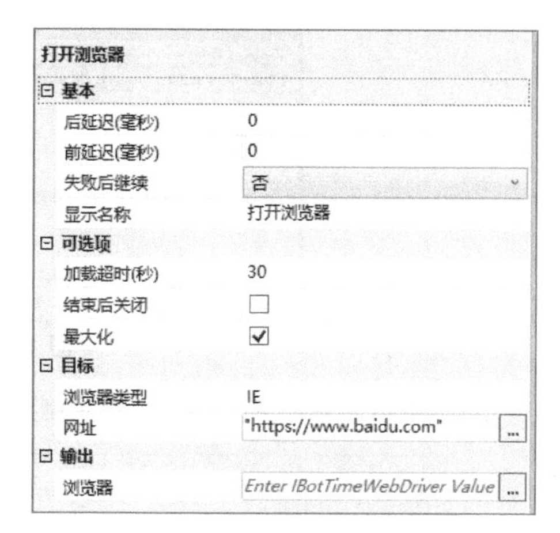

图 14-2 “打开浏览器”组件

图 14-3 打开录制功能

图 14-4 输入文本

8）单击“百度一下”，或者按 <Enter> 键，如图 14-5 所示。

9）打开“桌面录制器”界面，选择“文本”/“获取文本”，如图 14-6 所示。当出现黄色矩形框时，单击明天的天气信息以获取天气文本。

10）按 <Esc> 键结束录制。

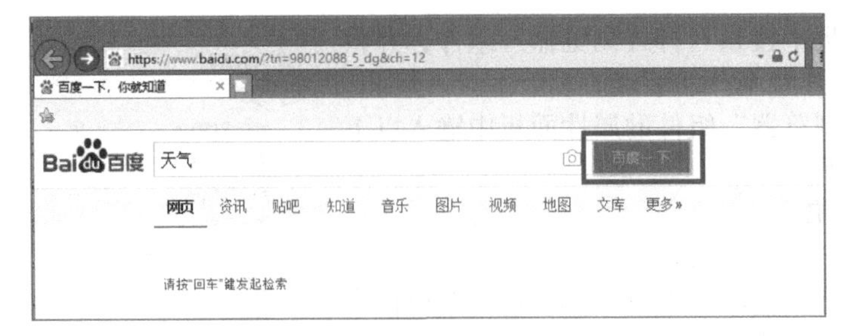

图 14-5　单击“百度一下”

11）单击“保存 & 退出”，将录制好的自动化流程保存至编辑器中，如图 14-7 所示。

图 14-6　获取文本

图 14-7　保存设置

12）打开变量列表，创建一个字符串型（String）变量“weather”，用于存储获取到的天气文本，如图 14-8 所示。

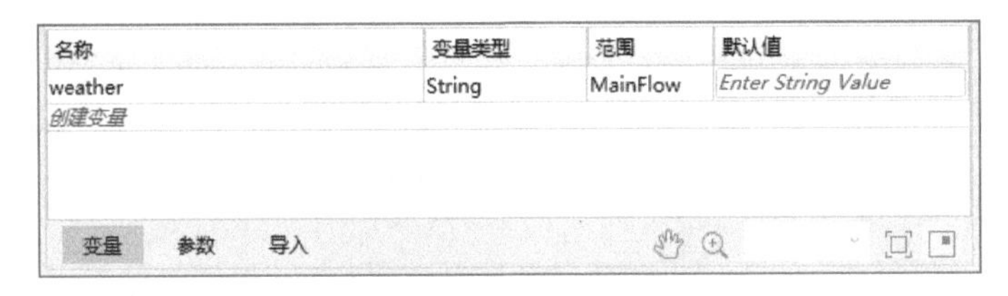

名称	变量类型	范围	默认值
weather	String	MainFlow	*Enter String Value*
创建变量			

变量　参数　导入

图 14-8　存储天气文本

13）选中“获取文本”组件，在属性面板的“文本”中输入“weather”，如图 14-9 所示。

14）从组件面板拖入一个“条件（If）”组件并连接到“获取文本”组件，在“条件（If）”组件的属性面板中输入以下内容，如图 14-10 所示。

判断条件：weather.Contains（“雨”）

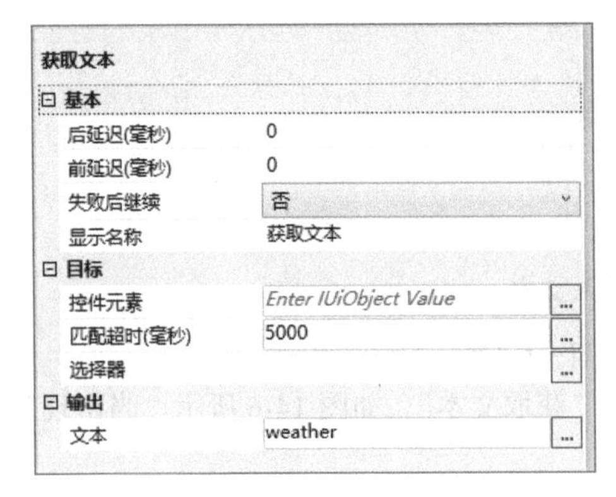

获取文本

属性	值
⊟ 基本	
后延迟(毫秒)	0
前延迟(毫秒)	0
失败后继续	否
显示名称	获取文本
⊟ 目标	
控件元素	*Enter IUiObject Value*
匹配超时(毫秒)	5000
选择器	
⊟ 输出	
文本	weather

图 14-9　获取文本

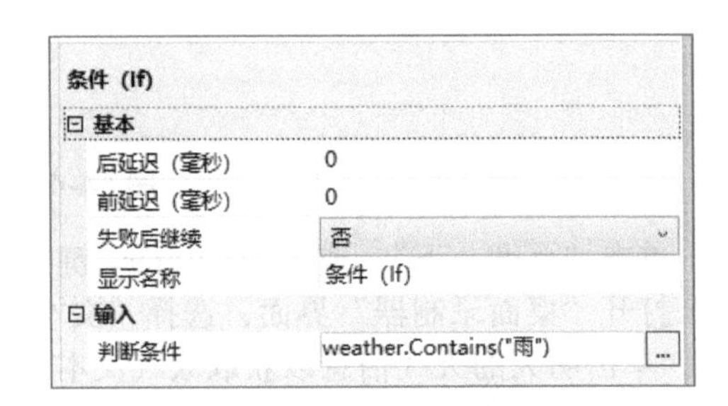

条件 (If)

属性	值
⊟ 基本	
后延迟（毫秒）	0
前延迟（毫秒）	0
失败后继续	否
显示名称	条件（If)
⊟ 输入	
判断条件	weather.Contains("雨")

图 14-10　创建判断条件

15）拖入一个“确认框”组件到“条件（If）”组件的 Then 部分，并在“确认框”组件的属性面板中输入以下内容，如图 14-11 所示。

标题：“明日天气提醒”

描述：“明天有雨，记得带伞哦”

16）拖入另一个“确认框”组件到“条件（If）”组件的 Else 部分，并在“确认框”组件的属性面板中输入以下内容。

标题：“明日天气提醒”

描述：“明天无雨，出去走走吧”

17）单击“运行”，如图 14-12 所示，尝试运行自动化流程。运行过程中，编辑器会自动回放录制的过程，并提示明天是否有雨。

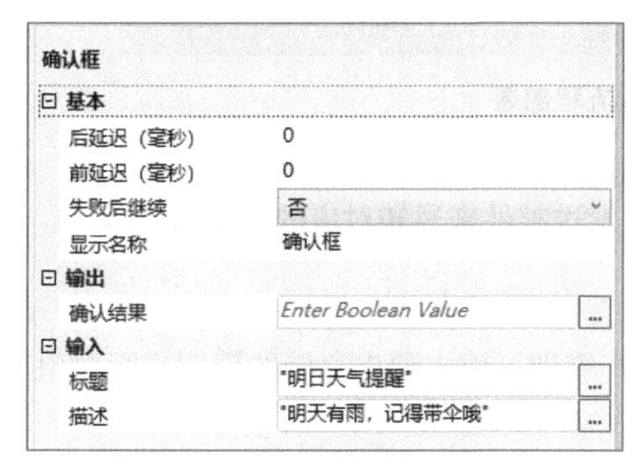

图 14-11　设置返回数据

图 14-12　开始运行

实验 2　使用云扩科技平台部署 RPA

一、实验目标

1. 掌握正确部署 RPA 流程的方法。
2. 学会查询已经部署的 RPA 流程。

二、实验准备

1. 安装云扩 RPA 控制台。
2. 编辑合适的 RPA 机器人。

三、实验内容及操作步骤

实验内容

1. 正确部署 RPA 流程。
2. 查询已经部署的 RPA 流程。

操作步骤

1）在“流程部署”页面中单击“新建”，即可开始新建流程部署，如图 14-13 所示。

- 填写流程部署基本信息：填写流程部署名称，选择对应的流程包以及流程包版本。
- 设置失败最大尝试次数：流程执行失败后将按照该次数自动进行重试。
- 设置任务优先级（1 ~ 5000）：优先级越高，该任务将越先被执行。
- 是否开启视频录制：该选项开启后，可以在任务日志详情页中查看视频回放。

图 14-13　新建流程部署

• 无可用机器人时：选择当无可用机器人时的操作，支持等待、取消任务。
• 执行失败时通知：当流程执行失败时，通过发送邮件来通知对应的人员。
• 对流程包中的参数进行赋值：

手动赋值：填写需要赋值的参数值即可。

导入资产：单击“导入资产”，即可选择在资产管理页面中预先存储的资产进行赋值，如图 14-14 和图 14-15 所示。

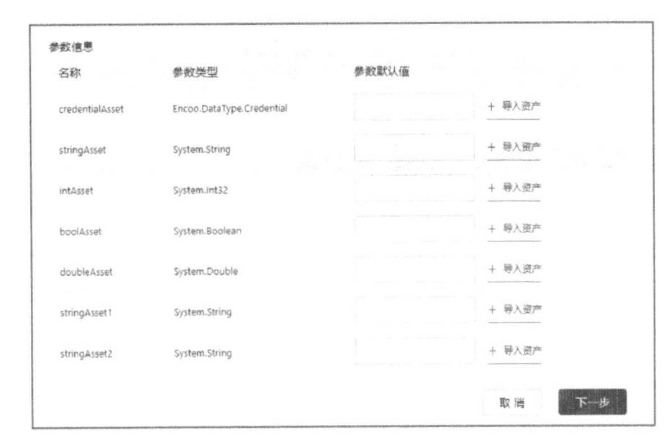

图 14-14　导入资产

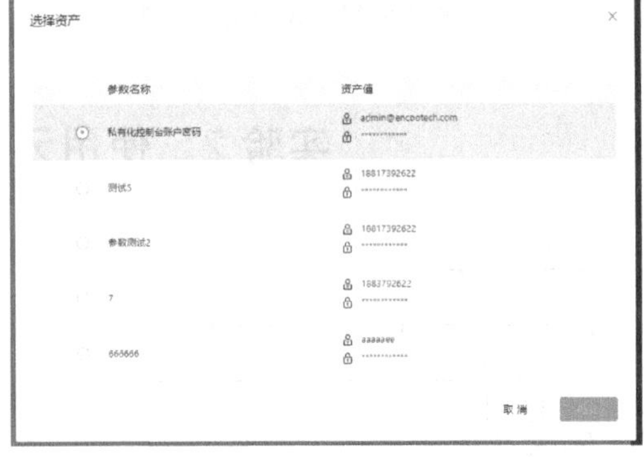

图 14-15　选择资产

2）单击“下一步”开始配置机器人执行目标，可以选择“指定机器人组执行”或“指定机器人选择”。

• 指定机器人组执行：从该部门下已创建的机器人组中进行选择。
• 指定机器人选择：展示该部门下所有的机器人。

3）单击“保存”，可完成流程部署的新建；单击“保存并设置定时计划”，可开始快捷配置定时计划。

4）单击“流程部署”页面中的“流程部署名称”或单击“操作”栏中的“查看”，即可查看流程部署详情，如图 14-16 所示。

• 基本信息：展示当前流程部署的基本信息。单击“编辑”，可更改流程部署的基本信息。
• 定时任务：展示当前流程部署的定时任务列表。
• 执行记录：展示当前流程部署的历史执行记录。
• 搜索流程部署：在“流程部署”页面左上角的搜索框中输入“流程部署名称”“标签”“备注”信息的关键字，可模糊查找对应的流程部署。
• 删除流程部署：单击所选流程部署“操作”栏中的“删除”，即可删除相应的流程部署。
• 批量操作：勾选需要批量操作的流程部署前面的复选框，单击右上角的“批量操作”，可对其进行批量更新流程包、编辑、执行、删除等操作。

图 14-16　流程部署详情

单元习题

一、单选题

1.（　　）指的是将 RPA 中的机器部署到桌面计算机中，而不是后端服务器中。

A. 桌面部署　　B. 服务器部署　　C. 云端部署　　D. 超前部署

2.（　　）最早出现在一些游戏的外挂程序中，它是利用 Windows 操作系统提供的一些 API 访问机制，通过程序模拟出类似人工单击鼠标和操作键盘的一种技术。

A. 工作流技术　　B. 屏幕抓取技术　C. 鼠标键盘事件模拟技术

二、多选题

1. RPA 一般提供自动化软件在开发、集成、运行和维护过程中所需要的工具，通常包含（　　）等 3 个组成部分。

A. 编辑器　　B. 运行器　　C. 控制器　　D. 分发器

2. RPA 控制器的主要能力有（　　）

A. 监控能力　　B. 安全管理能力　C. 自动化分配任务的能力　　D. 自动扩展能力

三、填空题

1.________指的是用于机器人脚本设计、开发、调试和部署的配套开发工具。

2.RPA 的 3 种部署方式是________、________、________。

3. 云端部署又可以分为________部署和________部署，私有云与本地服务器端的部署模式相似，都是在企业内部的网络环境中部署机器人来执行。

4. ________是 RPA 未来主要的发展方向，RPA 将结合人工智能技术，例如机器学习、自然语言产生、自然语言处理等，实现对非结构化数据的处理以及对智能化报表的分析等。

5. ________技术是一种在当前系统和不兼容的遗留系统之间建立桥梁的技术，被用于从展示层的界面或网络中提取数据。

四、简答题

1. 简述 RPA 的几个发展阶段。

2. 简述硬件机器人和软件机器人的区别，并分别列举它们的应用场景。

15 Project 项目 15

程序设计基础

回复“71331+15”
观看视频

实验 1　Python 环境安装与配置

一、实验目标

1. 掌握 Python 环境安装与配置的方法。
2. 学习使用 PyCharm 集成开发环境编写第一个 Python 程序。

二、实验准备

1. 安装有 Windows 7 或 Windows 10 的计算机，且计算机连接到 Internet。
2. 学习 Python 解释器、PyCharm 集成开发环境相关知识。

三、实验内容及操作步骤

实验内容

1. 安装 Python 解释器。
2. 安装 PyCharm 集成开发环境。
3. 编写第一个 Python 程序。

操作步骤

1. 安装 Python 解释器

下面以 Windows 10 64 位操作系统为例，讲解 Python 解释器的具体安装步骤。

1）在浏览器中输入 Python 官方网址 https://www.python.org/downloads/，单击“Windows”进入下载页面，如图 15-1 所示。

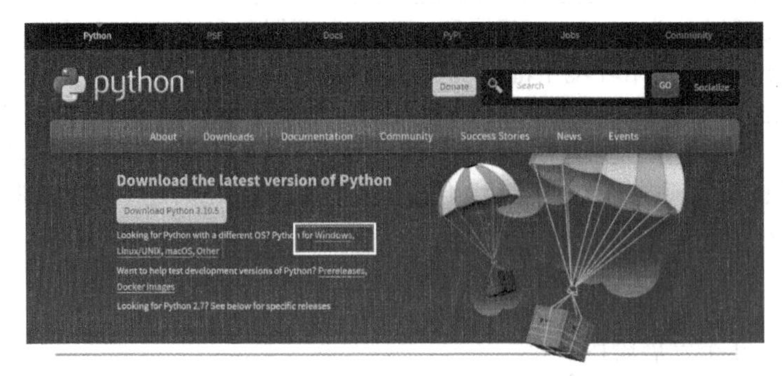

图 15-1　Python 官网界面

2）下载 Python 解释器安装包。选择如图 15-2 所示的安装包。注意，要根据计算机操作系统的位数选择对应的安装包。可右击“我的电脑”，选择“属性”，查看操作系统的位数。

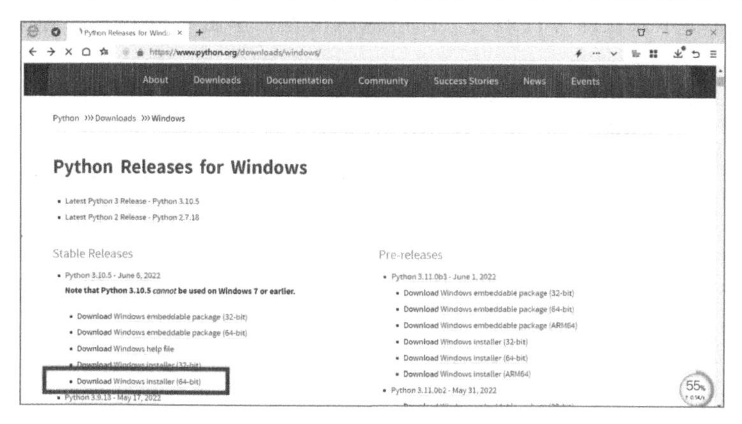

图 15-2　安装包下载

3）安装 Python 解释器。下载完成后，双击安装包启动安装程序。在安装界面，勾选“Add Python 3.7 to PATH”复选框（此时安装程序将自动完成环境变量配置），选择“Install Now”（默认安装），开始自动安装，如图 15-3 所示。

若选择“Customize installation”，将自定义安装路径；若不勾选“Add Python 3.7 to PATH”复选框，则安装完成后还要手动将 Python 添加到环境变量，因此在安装时建议勾选，让安装程序自动配置环境变量。

4）验证安装是否成功。安装完成后，在“开始”菜单栏右击，选择“搜索”，在搜索栏中输入“python”，找到并单击打开“Python 3.7（64-bit）”，若出现图 15-4 所示界面，则说明安装成功。

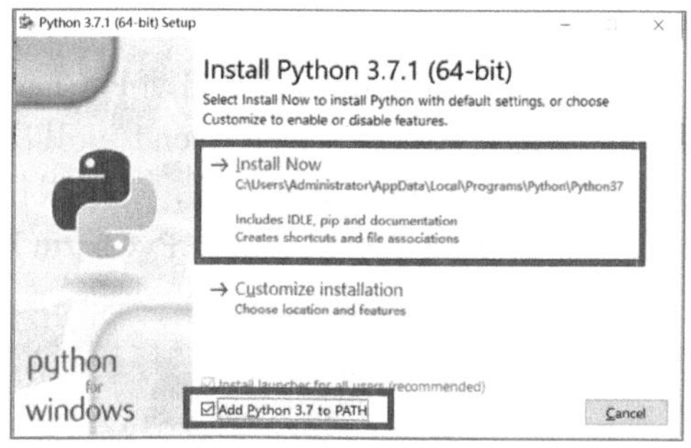

图 15-3　安装界面

图 15-4　运行 Python

2. 安装 PyCharm 集成开发环境

1）下载 PyCharm 安装包。访问网址 https://www.pycharm.com.cn/，单击下载链接。下载时有 Professional（专业版，收费）和 Community（社区版，免费）两个版本可以选择，此处我们下载免费社区版，如图 15-5 所示。

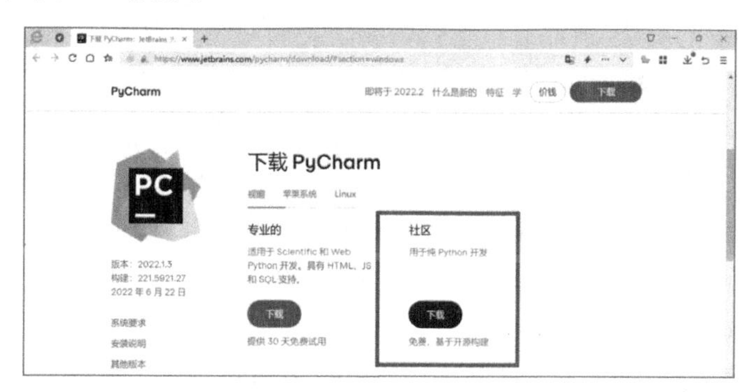

图 15-5　下载 PyCharm 安装包

2）安装 PyCharm。首先双击安装包启动安装程序，单击“Next”；然后使用默认安装路径，单击“Next”（如果要修改安装路径，请自行选择安装位置）；其次进行相关设置，如果无特殊需要，按照图 15-6 所示设置即可；最后，保持默认设置，单击“Install”，等待安装完毕。

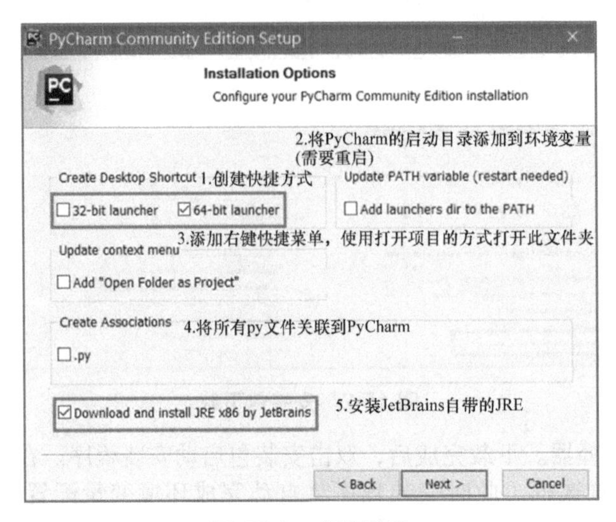

图 15-6　安装设置

3）配置 PyCharm。首次启动 PyCharm，需要先接受相关协议；然后确定是否需要进行数据共享，可以直接选择“Don’t send”；其次选择主题，左边为黑色主题，右边为白色主题，根据需要选择即可；最后下载插件，可以根据需要下载，也可以不下载，建议只安装 Markdown 插件即可，如图 15-7 所示。这时 PyCharm 所有的配置工作就完成了。

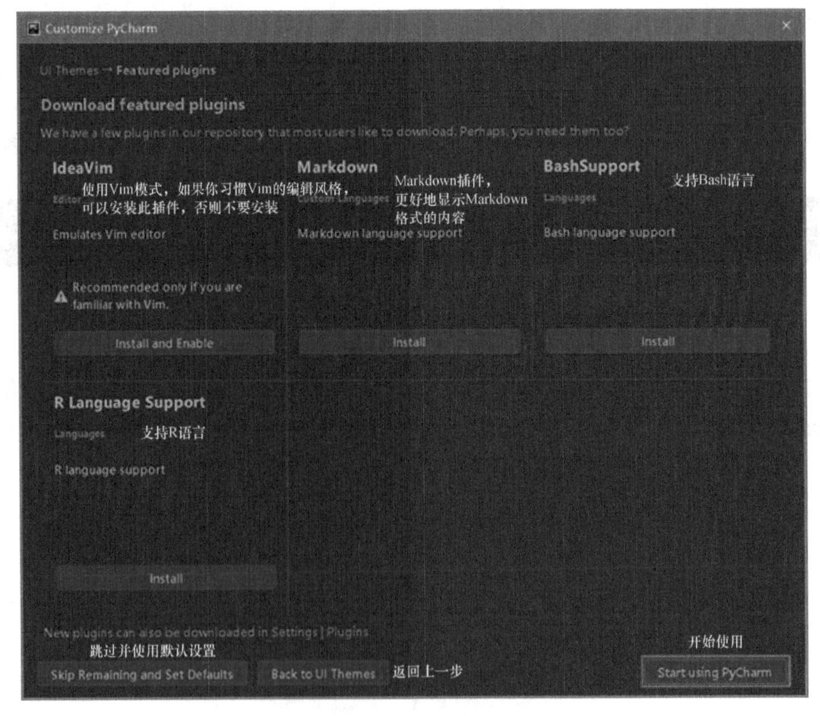

图 15-7　插件安装

3. 编写第一个 Python 程序

PyCharm 配置完成后，就可以先创建一个简单的 Python 项目，来验证是否有问题。

1）如图 15-8 所示，单击“Create New Project”，创建一个新项目。

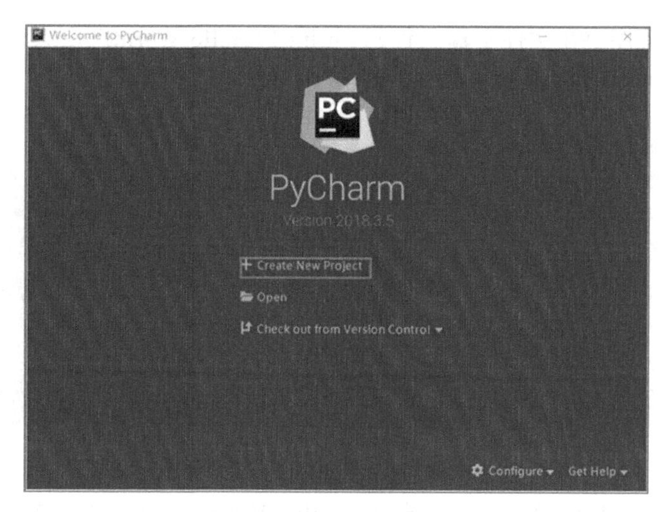

图 15-8 创建一个新项目

2）进入“Create Project”界面，修改项目名称，确认 Python 解释器路径是否正确，单击“Create”创建项目，如图 15-9 所示。

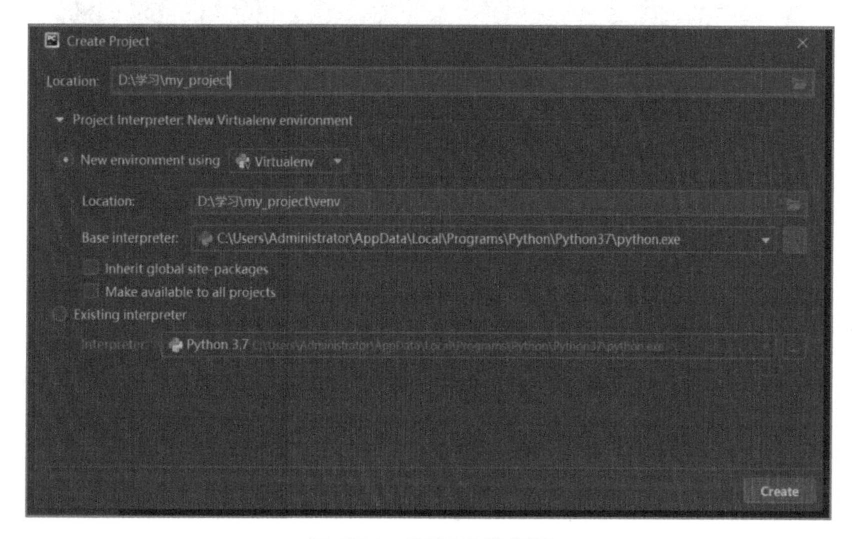

图 15-9 项目参数设置

3）创建 Python 文件。在项目名称处右击，从弹出的快捷菜单中依次选择“New” / “Python File”，如图 15-10 所示。输入 Python 文件名“first_program”，按 <Enter> 键创建 Python 文件。

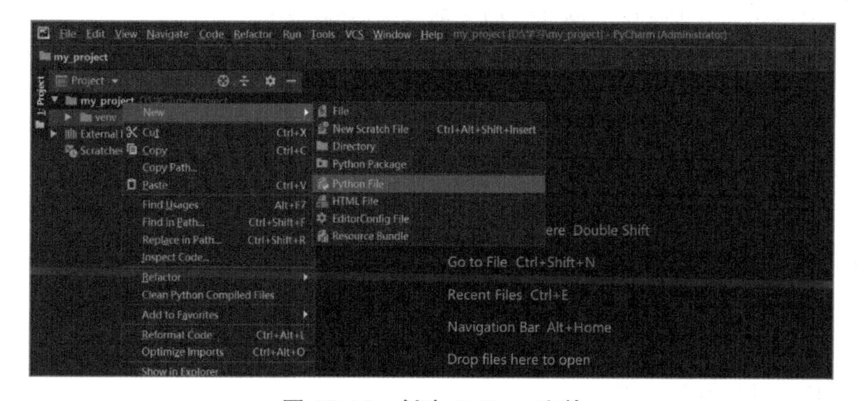

图 15-10 创建 Python 文件

4）编写、运行程序。在文件中输入代码：print（"Hello World!"），然后在文件的任意空白位置右击，选择“Run”，如图 15-11 所示。

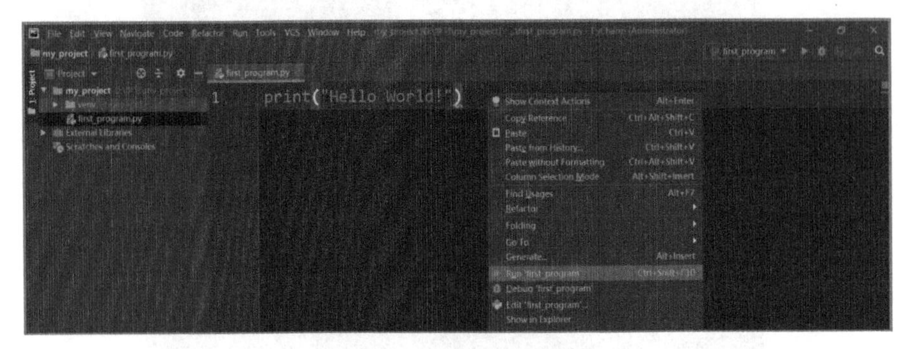

图 15-11　编写、运行程序

5）查看运行结果。程序运行成功，输出“Hello World!”，如图 15-12 所示。

图 15-12　查看运行结果

四、任务扩展

安装 Python 解释器时，在安装界面不勾选“Add Python 3.7 to PATH”复选框，安装完成后手动完成环境变量配置。

实验 2　Python 程序设计

一、实验目标

1. 熟悉 Python 解释器、PyCharm 集成开发环境。
2. 掌握顺序结构、分支结构、循环结构 3 种程序控制结构。
3. 掌握函数的定义和调用。

二、实验准备

1. 已安装 Python 解释器、PyCharm 集成开发环境。
2. 熟悉数据类型、程序控制结构、函数等程序开发相关知识。

三、实验内容及操作步骤

实验内容

1. 编写程序，计算圆的面积。
2. 编写程序，输入身份证号，输出对应的性别、生日。

3. 编写一个猜数字游戏。
4. 编写程序，随机生成 6 位验证码（由大写字母、小写字母和数字组成）。

操作步骤

1. 编写程序，计算圆的面积

（1）问题分析　通过输入一个数作为圆的半径 r，再通过公式 $s = 3.14 \times r \times r$ 求圆的面积。

（2）程序代码

```
#compute_area_circle.py
r = int ( input ( " 请输入圆的半径：" ))
s = 3.14 * r * r
print ( " 圆的半径是：%d，面积是：%f "% ( r，s ))
```

（3）运行结果　程序的运行结果如图 15-13 所示。

```
D:\学习\my_project\venv\Scripts\python.exe D:/学习/my_project/first_program.py
请输入圆的半径:6
圆的半径是：6，面积是：113.040000

Process finished with exit code 0
```

图 15-13　圆的面积运行结果

2. 编写程序，输入身份证号，输出对应的性别、生日

（1）问题分析

1）通过身份证号的第 17 位数字来判断性别：奇数表示男性，偶数表示女性。

2）通过字符串索引和切片来截取指定位置的数据。需要注意的是索引是从第 0 位开始的，如要取身份证号的第 17 位，则应该是身份证号 [16，17]。

（2）程序代码

```
#output_information_personal.py
name = input ( " 请输入你的姓名：" )
id = input ( " 请输入你的身份证号：" )
month = id[10:12]
day = id[12:14]
sex = id[16:17]
sex = int ( sex )
if sex % 2 == 0:
   sex = " 女 "
else:
   sex = " 男 "
print ( "%s:%s，生日是 %s 月 %s 日 " % ( name，sex，month，day ))
```

（3）运行结果　程序的运行结果如图 15-14 所示。

```
D:\学习\my_project\venv\Scripts\python.exe D:/学习/my_project/output_information_pers
请输入你的姓名：张三
请输入你的身份证号：430524198808253232
张三:男,生日是08月25日
```

图 15-14　性别、生日运行结果

3. 编写一个猜数字游戏

两人约定好一个数字范围（1 ~ 100），由其中一人在该范围内随机设置一个数字，另一个人进行猜测。若猜测的数值比谜底小，则提示“很遗憾，猜小了”；若猜测的数值比谜底大，则提示“很遗憾，猜大了”。猜谜的人根据提示继续猜测，猜到正确的数字后游戏结束，并给出最终猜谜的次数。

（1）问题分析

1）可使用 random 模块自动生成随机数，模块的方法 randint（1，100）可随机生成 1 ~ 100 之间的整数。

2）通过 if-elif-else 分支结构将猜测结果与谜底进行比较判断，并给出对应提示。

（2）程序代码

```
#guess_number.py
import random
rand = random.randint（1，100）
count = 0
while True:
count = count +1
i = eval（input（"请猜一个数："））
if i> rand:
     print（"很遗憾，猜大了。"）
elif i<rand:
     print（"很遗憾，猜小了。"）
else:
     print（"恭喜你，猜对了。"）
break
print（"本轮竞猜的次数是：%d"%（count））
```

（3）运行结果　程序的运行结果如图 15-15 所示。

```
请猜一个数：30
很遗憾，猜大了。
请猜一个数：25
很遗憾，猜小了。
请猜一个数：28
恭喜你，猜对了。
本轮竞猜的次数是：6
```

图 15-15　猜数字运行结果

4. 编写程序，随机生成 6 位验证码（由大写字母、小写字母和数字组成）

（1）问题分析　将随机生成大小写字母转换为随机生成 ASCII 码，小写字母 a ~ z 对应 97 ~ 122，大写字母 A ~ Z 对应 65 ~ 90。

（2）程序代码

```
# generate_verification_code.py
import random
# 定义函数
def gen_code（）:
type = random.randint（1，3）
if type == 1:
upper = random.randint（65，90）
```

```
code = chr（upper）
elif type == 2:
lower = random.randint（97，122）
code = chr（lower）
else:
number = random.randint（0，9）
code = str（number）
return code

code_list = []
for i in range（6）:
   code = gen_code（）# 调用函数
code_list.append（code）
code_list = " ".join（code_list）
print（code_list）
```

（3）运行结果　程序的运行结果如图 15-16 所示。

```
D:\学习\my_project\venv\Scripts\python.exe D:/学习/my_project/first_program.py
8HGrzJ

Process finished with exit code 0
```

图 15-16　随机生成验证码运行结果

单元习题

一、单选题

1. 下面不属于程序基本控制结构的是（　　）。

A. 顺序结构　B. 选择结构　C. 循环结构　D. 输入输出结构

2. 下列标识符，在 Python 中合法的是（　　）。

A. 1_myprogram　B. myprogram _1　C. while　D.else

3. 已知 x=2，语句 x*=x+1 执行后，x 的值是（　　）。

A. 2　B. 3　C. 5　D. 6

4 在 Python 中，正确的赋值语句为（　　）。

A. x+y=10　B. x=2y　C. x=y=30　D. 3y=x+1

5. 已知 a=9，b=2，下列条件表达式为真的是（　　）。

A. a>b and b == 2　B. not a>b　C. a<b and b <2　D. a<b or b <2

二、填空题

1. 计算机语言可分为 3 类：________语言、________语言和________语言。

2. 计算机程序设计通常采用 IPO 方法，即________、________和________。

3. Python 程序有两种运行方式：________和________。

4. 注释是指为便于程序理解而添加的说明性文字。Python 单行注释用________表示，多行注释使用________或者________。

5. Python 定义了 6 种标准的数据类型，包括 2 种基本数据类型：数字和字符串，4 种组合数据类型：________、________、________和________。

三、编程题

1. 整数排序。输入 5 个整数，把这 5 个整数由小到大输出。

2. 已知某公司有一批销售员工，其底薪为 3000 元，员工销售额与提成的比例如下：

1）当销售额≤ 5000 时，没有提成。

2）当 5000< 销售额≤ 7000 时，提成为 5%。

3）当 7000< 销售额≤ 10000 时，提成为 15%。

4）当销售额 >10000 时，提成为 25%。

请编写程序，通过输入员工的销售额，计算其薪水总额并输出。

3. 编写程序，输入一个整数 n，用 for 循环、while 循环两种方法求 $n!$ 的结果。

项目 16 Project 16

大 数 据

回复“71331+16”
观看视频

实验 1　Python 大数据分析集成开发环境的部署

一、实验目标

1. 学会在 Windows 系统中安装 Anaconda。
2. 掌握 Jupyter Notebook 的基本使用方法。

二、实验准备

1. 下载 Anaconda 安装包。
2. 熟悉 Anaconda 的基本操作。

三、实验内容及操作步骤

实验内容

1. Python 的 Anaconda 发行版。
2. 在 Windows 系统中安装 Anaconda。
3. Jupyter Notebook 的基本功能。

操作步骤

1. Python 的 Anaconda 发行版

Anaconda 是一个用于科学计算的 Python 发行版，支持 Linux、Mac、Windows 系统，提供了包管理与环境管理的功能，可以很方便地解决多版本 Python 并存、切换以及各种第三方包安装问题。Anaconda 利用“工具 / 命令”conda 来进行包和环境的管理，并且已经预装了 180 多个与 Python 相关的包，使得数据分析人员能够更加顺畅、专注地使用 Python 来解决数据分析的相关问题。因此，推荐数据分析初学者安装此发行版。读者可在 Anaconda 官方网站（https：//www.anaconda.com/）下载合适的安装包。

2. 在 Windows 系统中安装 Anaconda

安装 Anaconda 的具体步骤如下。

1）双击安装包启动安装程序，然后单击“Next”，如图 16-1 所示。

2）单击“I Agree”，如图 16-2 所示。

3）选择“All Users（requires admin privileges）”，单击“Next”，如图 16-3 所示。

4）单击“Browse”，在指定的路径安装 Anaconda，然后单击“Next”，如图 16-4 所示。

5）如图 16-5 所示的两个复选框分别代表了允许将 Anaconda 添加到系统路径环境变量中和 Anaconda 使用的 Python 版本为 3.8。勾选第二个复选框后，单击“Install”，等待安装结束。

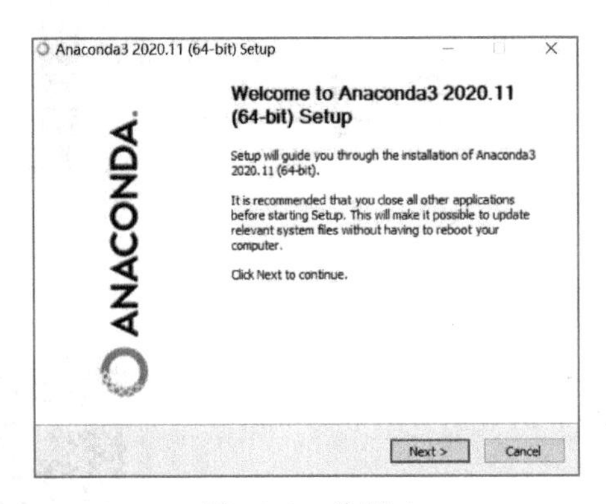

图 16-1　步骤 1

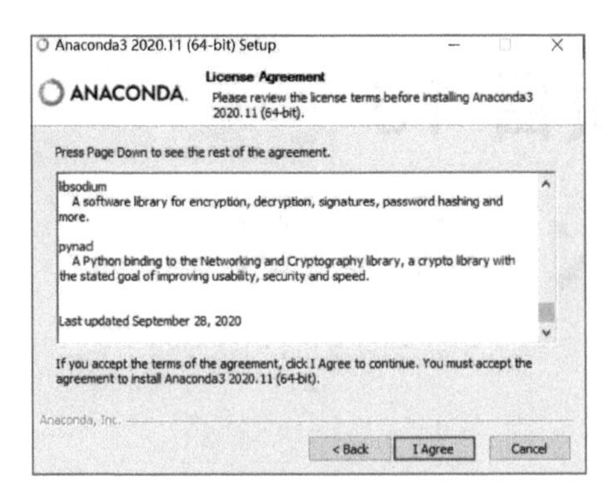

图 16-2　步骤 2

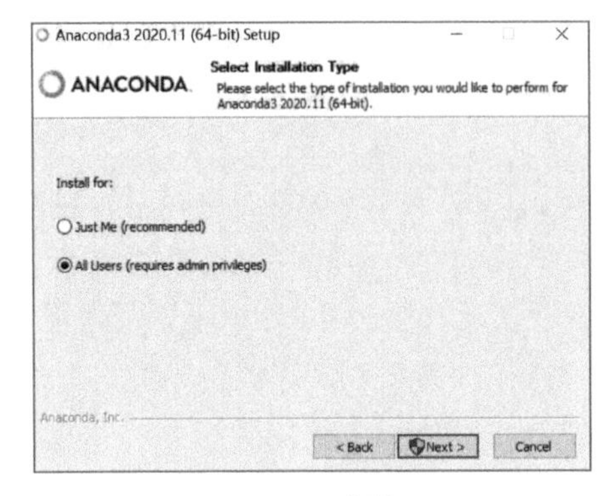

图 16-3　步骤 3

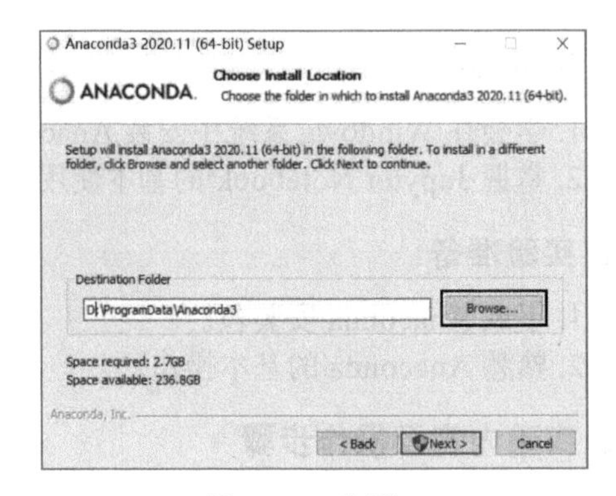

图 16-4　步骤 4

6）单击“Finish”，完成 Anaconda 的安装，如图 16-6 所示。

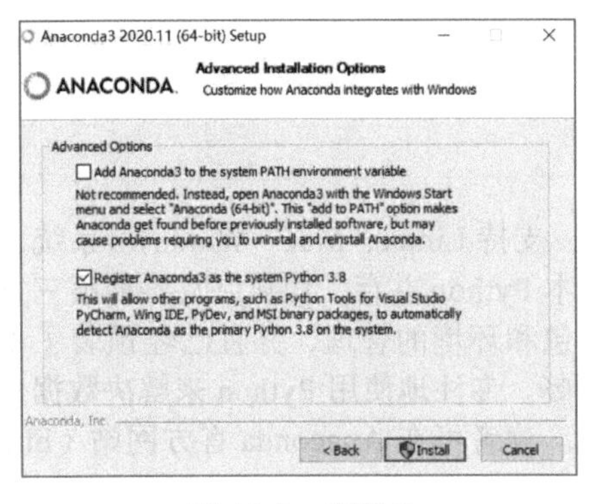

图 16-5　步骤 5

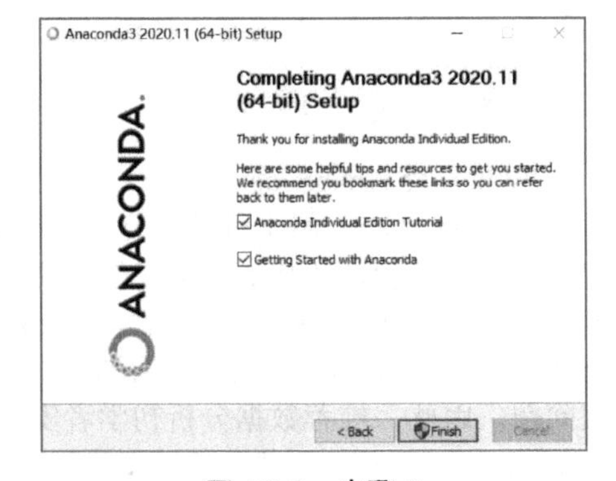

图 16-6　步骤 6

3. Jupyter Notebook 的基本功能

（1）启动 Jupyter Notebook　安装完 Python、配置好环境变量并安装完 Jupyter Notebook 后，在 Windows 系统下单击“开始”菜单中的“Jupyter Notebook（Anaconda3）”即可启动 Jupyter Notebook，如图 16-7 所示。

（2）新建一个 Notebook

1）打开 Jupyter Notebook 后会在系统默认的浏览器中出现如图 16-8 所示的界面。

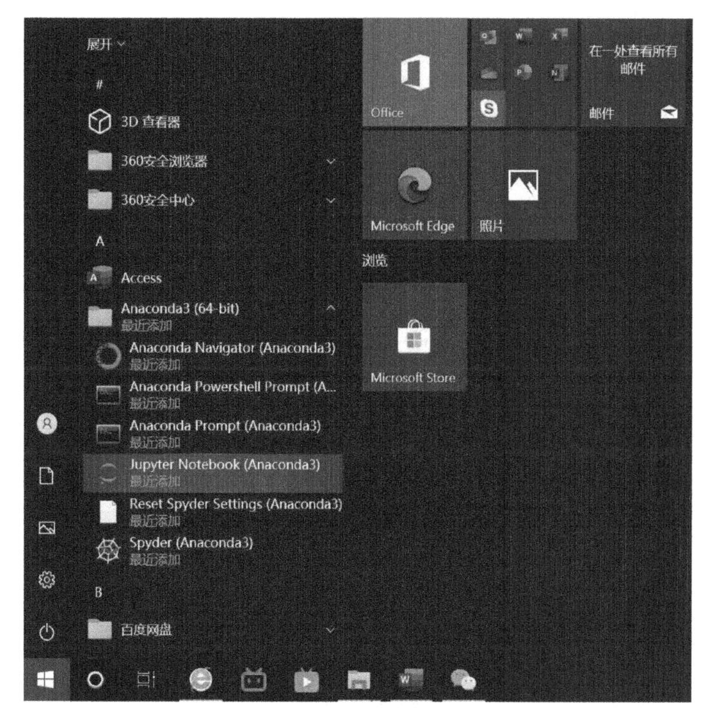

图 16-7　启动 Jupyter Notebook

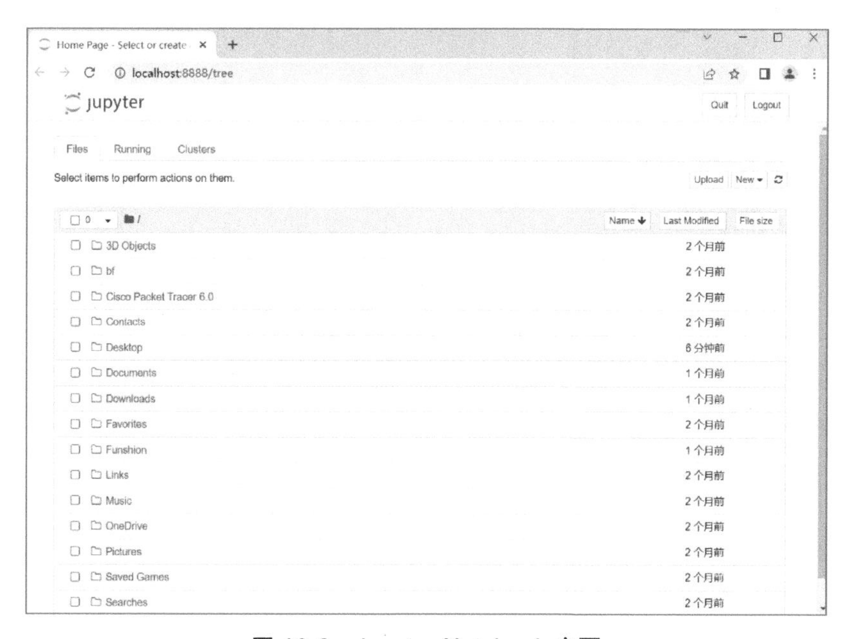

图 16-8　Jupyter Notebook 主页

2）单击右上方的“New”，弹出下拉列表，如图 16-9 所示。

3）在下拉列表中选择需要创建的Notebook类型。其中，“Text File”为纯文本型，“Folder”为文件夹，“Python 3”表示 Python 运行脚本，灰色字体表示不可用项目。选择“Python 3”，进入 Python 3 脚本编辑界面，如图 16-10 所示。

（3）Jupyter Notebook 界面的构成　Notebook 文档是由一系列单元构成的，其中主要有两种形式的单元，如图 16-11 所示。

1）代码单元：此处是用户编写代码的地方。按 <Shift+Enter> 快捷键可运行代码，其结果显示在本单元的下方。代码单元左边有“In[ ]”编号，方便使用者查看代码的执行次序。

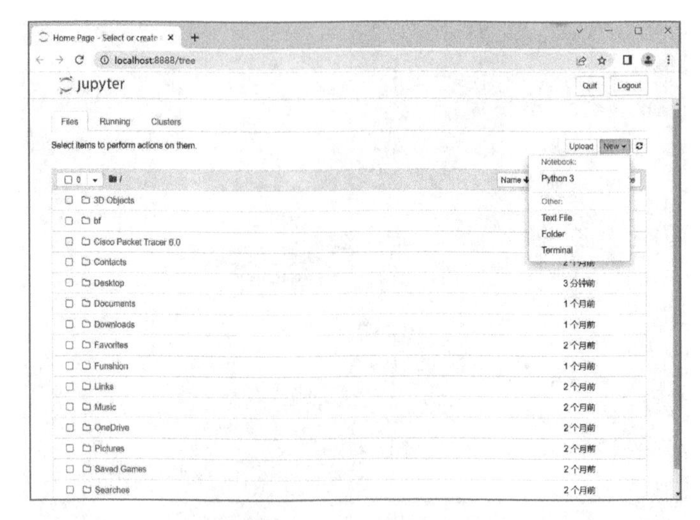

图 16-9 “New”下拉列表

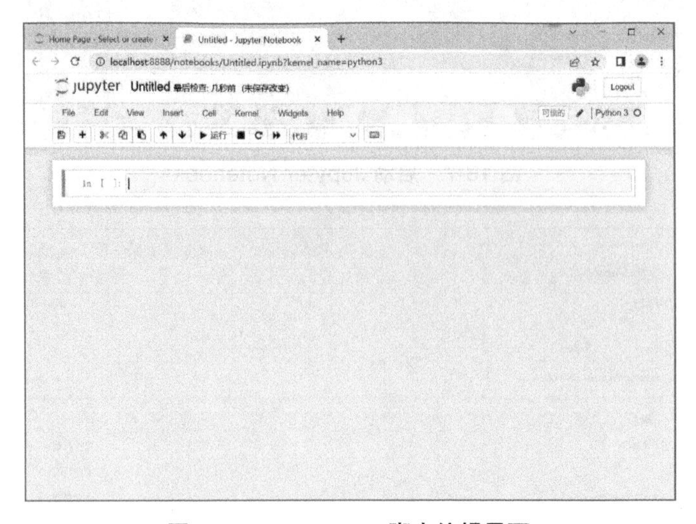

图 16-10 Python 3 脚本编辑界面

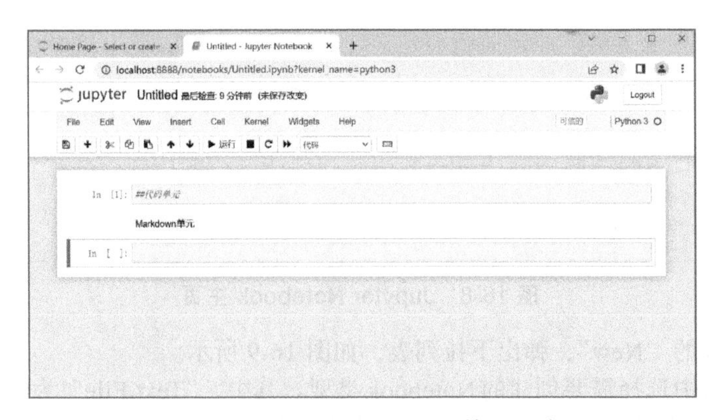

图 16-11 Jupyter Notebook 的两种单元

2）Markdown 单元：在此处可对文本进行编辑。采用 Markdown 的语法规范，可以设置文本格式，插入链接、图片甚至数学公式。同样，按 <Shift+Enter> 快捷键可以运行 Markdown 单元，显示格式化的文本。

Markdown 是一种可以使用普通文本编辑器编写的标记语言。通过简单的标记语法，可以使普通文本内容具有一定的格式。Jupyter Notebook 的 Markdown 单元比基础的 Markdown 的功能更强大。

（4）Jupyter Notebook 绘制直方图示例　在 Jupyter Notebook 的代码单元中编辑如下代码，按 <Shift + Enter> 快捷键即可显示代码的运行结果，如图 16-12 所示。

```
1.import numpy as np
2.import random
3.from matplotlib import pyplot as plt
4.data=np.random.normal(10，20，500)
5.bins=np.arange(−60，60，5)
6.plt.xlim([min(data)−5，max(data)+5])
7.plt.hist(data，bins=bins，alpha=0.5)
8.plt.title('Random Gaussian data (fixed bin size) ')
9.plt.xlabel('variable X (bin size=5) ')
10.plt.ylabel('count')
11.plt.show()
```

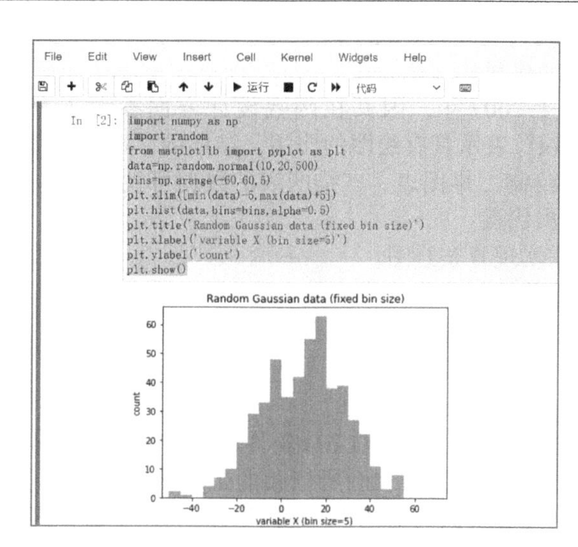

图 16-12　Jupyter Notebook 绘制直方图示例

实验 2　大数据分析

一、实验目标

1. 进一步熟悉 Anaconda 的使用。
2. 认识数据可视化。
3. 学习 Matplotlib 库的使用。
4. 掌握常用大数据分析图形（散点图、折线图、直方图、饼图）的绘制方法。

二、实验准备

1. 准备好 Anaconda 大数据分析集成开发环境。
2. 熟悉 Python 基础编程语法。

三、实验内容及操作步骤

实验内容

1. 认识数据可视化。
2. 学习 Matplotlib 库的使用。
3. 绘制散点图。
4. 绘制折线图。
5. 绘制直方图。
6. 绘制饼图。

操作步骤

1. 认识数据可视化

数据有多种视觉展示方式，但并不是每种方式都能用人们视觉上看得懂、思想上完全理解的模式来刻画数据。良好的可视化不仅能让人们看到优美的静态展示图，还有助于深入挖掘出图表背后的信息变化。在数据分析工作中，人们往往会忽略数据可视化这一步骤的重要性，导致原本很出色的数据分析工作不能完美地展现出来。在实际工作中，数据可视化的实现并不简单，它需要与时俱进的创意及丰富的实践经验。

2. 学习 Matplotlib 库的使用

Matplotlib 首次发布于 2007 年，因其在函数设计方面参考了 MATLAB，所以其名字以“Mat”开头，中间的“plot”表示具有绘图的作用，结尾的“lib”表明它是一个集合。近年来，Matplotlib 库是 Python 中绘制二维图表、三维图表的数据可视化工具，在科学计算领域得到了广泛应用。其具有以下突出优点：

1）使用简单绘图语言实现复杂绘图。
2）以交互式操作实现数据可视化。
3）采用嵌入式 LaTeX 输出图表、表达式及文本。
4）实现对图像元素的精细化控制。
5）可输出 png、pdf、svg、eps 多种格式。

Matplotlib 库的设计充分吸纳了 MATLAB 软件的设计理念及优化经验，大大提升了其在使用方面的简洁性和可推理性。Matplotlib 所依赖的工作模式不论对于业内专家还是首次接触数据可视化的人员来说均具有很强的适用性。除了入门迅速、操作简便等，Matplotlib 还继承了 MATLAB 的交互性，即使用者可以逐条输入语言命令，生成逐渐趋于完整的图表。在创建 Matplotlib 库时，除了兼顾 MATLAB 操作模式的优势，还整合了 LaTeX 用来提升图表的表现力。LaTeX 可以输出具有印刷级别的图表、科学表达式及符号的文本格式，它已经成为绝大多数科学出版物或文档不可或缺的排版工具。Matplotlib 作为编程语言 Python 的一个图表库，可以通过编程来管理构成图表的所有元素，便于在不同环境下重新生成所需图表，实现对图表精细化的掌控。此外，用 Matplotlib 实现绘图功能时，通常与 NumPy 和 Pandas 等库配合使用，输出多种表现形式的图表。

Pyplot 是 Matplotlib 的内部模块，包含各种命令风格函数，它提供了操作 Matplotlib 库的经典 Python 编程接口，具有单独的命名空间。本实验选择使用 Pyplot 模块作为主要工具进行图形绘制，学习使用 Pyplot 绘制各类图表的基础语法是图像绘制的前提。

在 Pyplot 中，各种状态跨函数调用保存，以便观察出当前绘图区域图形与绘图函数之间的关系。大部分 Pyplot 图形绘制都遵循一个固定的流程，通过这个流程就可以完成基础图表的绘制。Pyplot 基本绘图流程如图 16-13 所示。

图 16-13 所示的第一部分的主要作用是创建一个空白画布，并可以选择是否将空白画布划分为多个部分，以便在同一幅图上绘制多个子图。若只需要绘制一个简单的图形，则不需考虑

这一部分的内容。在实际绘图过程中，创建画布及添加子图的函数见表 16-1。

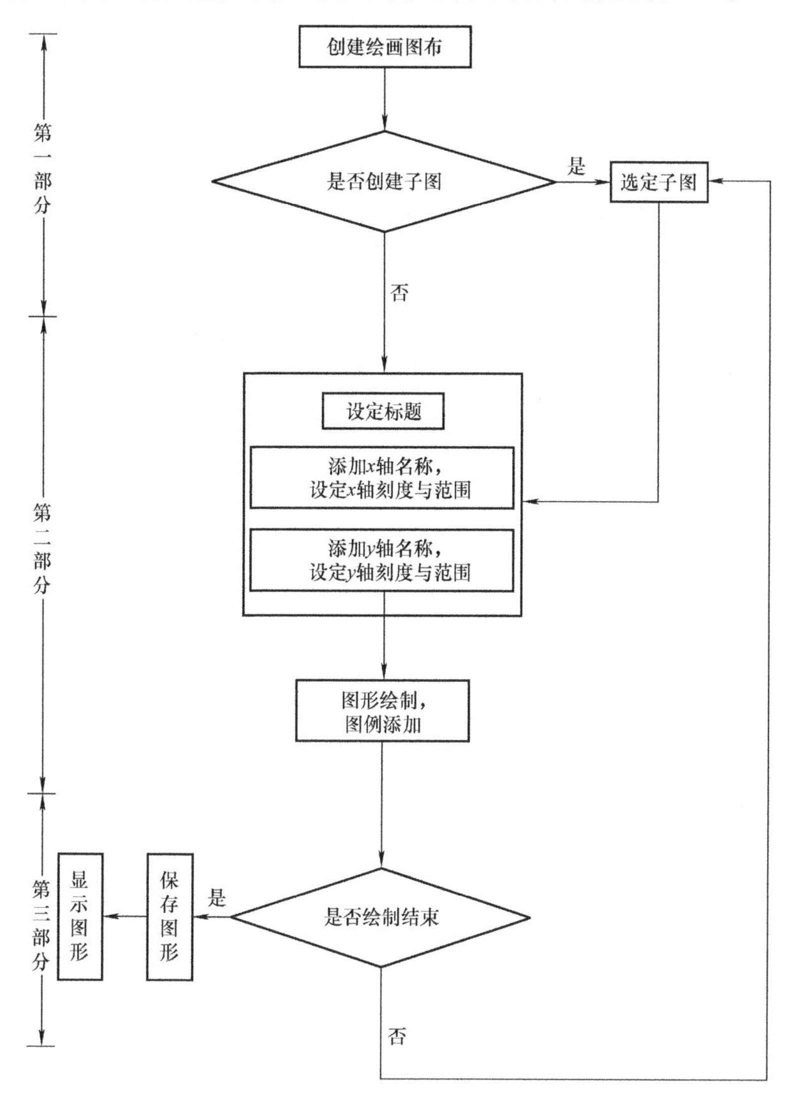

图 16-13 Pyplot 基本绘图流程

表 16-1 Pyplot 创建画布及添加子图的函数

函数名称	函数作用
plt.title	添加标题（设定标题的名称、位置、颜色、字体、大小等参数）
plt.xlabel	添加 x 轴名称（设定标题位置、颜色、字体、大小等参数）
plt. ylabel	添加 y 轴名称（设定标题位置、颜色、字体、大小等参数）
plt. xlim	设定 x 轴范围（数值区间，不能使用字符串标识）
plt. ylim	设定 y 轴范围（数值区间，不能使用字符串标识）
plt. xticks	设定 x 轴刻度的数目与取值
plt. yticks	设定 y 轴刻度的数目与取值
plt. legend	设定当前图形的图例（图例大小、位置、标签等）

图 16-13 所示的第二部分的主要作用是在空白画布上进行绘图。其中，添加标题，添加 x、y 坐标轴及绘制图形不分先后顺序，可以先绘制图形，也可以先添加各类标签。在实际绘图过程

中，绘制图形及添加各类标签的常用函数见表 16-2。

表 16-2　Pyplot 绘制图形及添加各类标签的常用函数

函数名称	函数作用
plt. figure	创建一个空白画布，设定画布大小和像素
figure. add_subplot	创建并选定子图，设定子图行数和列数，选定子图编号

图 16-13 所示的第三部分的主要作用是保存和显示图形。在实际绘图过程中，保存和显示图形的常用函数见表 16-3。

表 16-3　Pyplot 保存和显示图形的常用函数

函数名称	函数作用
plt. savefig	保存图形（设定图形分辨率、边缘颜色等参数）
plt. show	显示绘制图形

按照如下代码，可进行图形的简易绘制，如图 16-14 所示。

```
1.import matplotlib. pyplot as plt
2.import numpy as np
3.x=np.arange(0，1.1，0.01)
4.plt.xlabel('x')        # 添加 x 轴名称
5.plt.ylabel('y')        # 添加 y 轴名称
6.plt.title('y=lines(x)') # 添加标题
7.plt.xlim((0，1))        # 设定 x 轴范围
8.plt.ylim((0，1))        # 设定 y 轴范围
9.plt.xticks([0，0.2，0.4，0.6，0.8，1]) # 设定 x 轴刻度的数目与取值
10.plt.yticks([0，0.2，0.4，0.6，0.8，1]) # 设定 y 轴刻度的数目与取值
11.plt.plot(x，x)              # 绘制 y=x 曲线
12.plt.plot(x，x**3)              # 绘制 y= x**3 曲线
13.plt.legend(['y=x'，'y= x**3'])
14.plt.show()
```

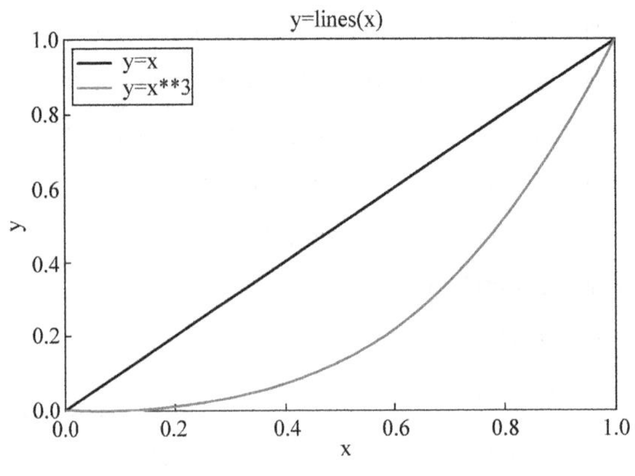

图 16-14　y = lines（x）图形

3. 绘制散点图

散点图（Scatter Diagram）又称散点分布图，是以某一个数据特征为横坐标，另一个数据特征为纵坐标，利用散点的分布形态来反映两种特征之间某种关系（关联性）的数据分析图形之一。通过散点图中散点的位置分布情况可以观察出特征之间是否存在相关性（线性或非线性），通过散点图中散点的疏密分布情况可以观察出特征的集群和离群值。在 Python 中，散点图的绘制常用 scatter（ ）函数，该函数通常用来寻找变量之间的关系，其使用语法及常用参数和使用说明见表 16-4 和表 16-5。

表 16-4　scatter（ ）函数名称及使用语法

函数名称	使用语法
pyplot. scatter	scatter(x，y，s=None，c=None，marker=None，alpha=None，linewidths=None，edgecolors=None，cmap=None，norm=None，vim=None，vmax=None，verts=None，hold=None，data=None，**kwargs)

表 16-5　scatter（ ）函数常用参数及使用说明

参数名称	使用说明
x，y	接收数组 array；表示 *x* 轴和 *y* 轴对应的数据
s	接收数值（或一维 array），默认为 None；设定点的大小（若传入一维 array，则表示每个点的大小）
c	接收颜色（或一维 array），默认为 None；设定点的颜色（若传入一维 array，则表示每个点的颜色）
marker	接收指定 string，默认为 None；设定点的类型
alpha	接收 0~1 的小数，默认为 None；设定点的透明度
cmap	将浮点数映射成颜色映射表

根据上述 scatter（ ）函数的使用语法及常用参数和使用说明，编写如下代码，绘制相关散点图，如图 16-15 所示。

```
1.import matplotlib. pyplot as plt
2.import numpy as np
3.x=np.linspace（0.05，10，100）
4.y=np.random.rand（100）
5.plt. scatter（x，y，label='scatter figure'）
6.plt.title（'scatter figure'）
7.plt.xlim（0.05，10）
8.plt.ylim（0，1）
9.plt.show（）
```

4. 绘制折线图

折线图（Line Chart）可以看作是散点图中的数据点按 *x* 轴坐标顺序连接起来的图形。通过折线图可以查看因变量 *y* 随着自变量 *x* 改变的趋势以及数量差异，通常适用于显示随时间（*x*）变化的连续数据（*y*），是数据分析结果图形化显示的重要表达方式之一。在 Python 中，折线图的绘制直接使用 pyplot（ ）函数，该函数的使用语法及常用参数和使用说明见表 16-6 和表 16-7。

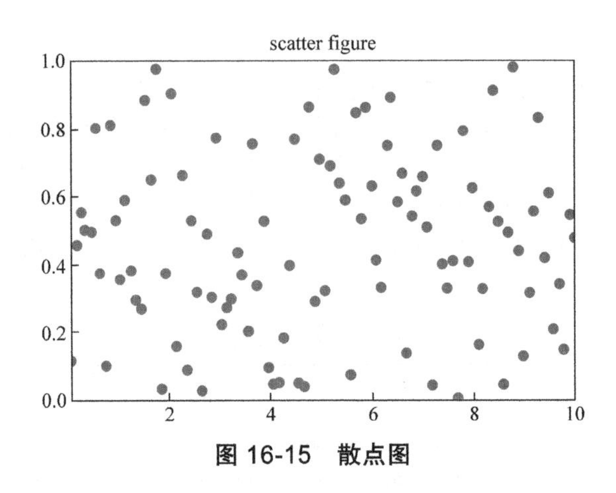

图 16-15 散点图

表 16-6 pyplot ( ) 函数名称及使用语法

函数名称	使用语法
matplotlib. pyplot	pyplot（ * args，** kwargs）

表 16-7 pyplot ( ) 函数常用参数及使用说明

参数名称	使用说明
x，y	接收数组 array；表示 x 轴和 y 轴对应的数据
color	接收指定 string，默认为 None；设定线条颜色
linestyle	接收指定 string，默认为 “-”；设定线条类型
marker	接收指定 string，默认为 None；设定点的类型
alpha	接收 0~1 的小数，默认为 None；设定点的透明度

根据上述 pyplot ( ) 函数的使用语法及常用参数和使用说明，编写如下代码，绘制相关折线图，如图 16-16 所示。

```
1.import matplotlib.pyplot as plt
2.import numpy as np
3.x=np.linspace(0.0，10，40)
4.y=np.random. randn(40)
5.plt.plot(x，y，ls='-'，lw=2，marker='o'，ms=10，mfc='red'，alpha=0.5)
6.plt.show()
```

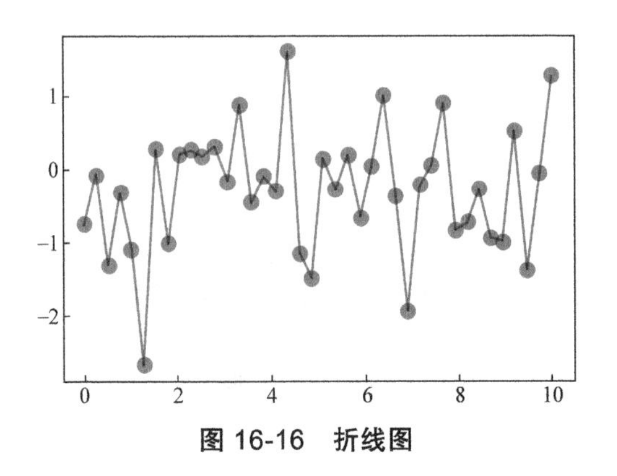

图 16-16 折线图

在简易折线图的绘制原理基础上，通过绘制不同数据集的折线图衍生出一种统计图形，这种图形称为堆叠折线图。堆叠折线图是按照垂直方向上相互堆叠又不相互覆盖的排列顺序，绘制出若干条折线图形成的组合图形。

通过“plt.stackplot（x，y，yl，y2，labels=labels，colors=colors）”语句，可绘制堆叠折线图。堆叠折线图的本质就是将多条折线放在同一个图形界面内，以每条折线下部和下方边界作为填充边界，不同颜色代表不同折线的数值区域，从而形成“地表断层”的视觉效果。

编写如下代码，绘制堆叠折线图，如图 16-17 所示。

```
1.import matplotlib. pyplot as plt
2.import numpy as np
3.x=np.arange(1，6，1)
4.y=[0，5，2，6，7]
5.y1=[1，3，4，2，8 ]
6.y2=[3，4，1，6，5]
7.labels=['Orange'，'Blue'，'Green']
8.colors=['#fc8d62'，'#8da0cb'，'#66c2a5']
9.plt.stackplot(x，y，y1，y2，labels=labels，colors=colors)
10.plt. legend(loc='upper left')
11.plt.show()
```

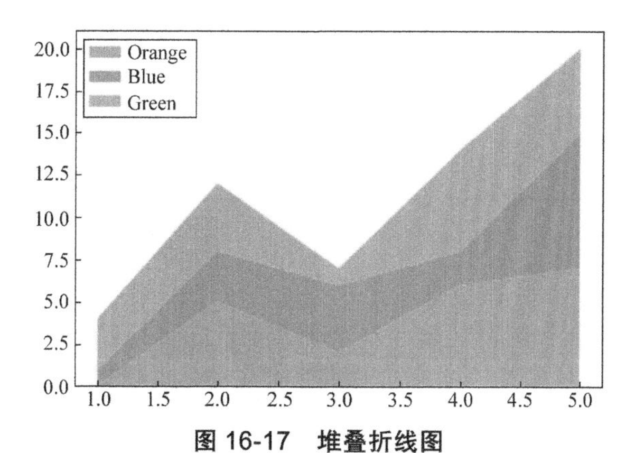

图 16-17　堆叠折线图

5. 绘制直方图

直方图（Histogram）又称质量分布图，是由一系列高低不等的纵向条状或线段表示数据分布情况的图形。直方图中通常采用横轴表示数据所属类别，纵轴表示数据数量或所占百分比。绘制直方图，可以比较直观地描述连续型数据分布特征，并挖掘出分布表无法清晰展示的数据模式。在 Python 中，直方图的绘制常用 pyplot.bar（ ）函数，该函数使用语法及常用参数和使用说明见表 16-8 和表 16-9。

表 16-8　pyplot. bar（ ）函数名称及使用语法

函数名称	使用语法
pyplot. bar	pyplot.bar（left，height，width=0.8，bottom=None，hold=None，data= None，**kwargs）

表 16-9　pyplot.bar ( ) 函数常用参数及使用说明

参数名称	使用说明
left	接收数组 array；表示 x 轴数据
height	接收数组 array；表示 x 轴所代表数据的数量
width	接收 0 ~ 1 的小数，默认为 0.8；设定直方图的宽度
color	接收指定 string 或包含颜色字符串的 array，默认为 None；设定直方图的颜色

根据上述 pyplot.bar ( ) 函数的使用语法及常用参数和使用说明，编写如下代码，绘制相关直方图，如图 16-18 所示。

```
1.import matplotlib. pyplot as plt
2.import matplotlib as mp
3.mp.rcParams['font.sans-serif']=['SimHei']
4.mp.rcParams['axes.unicode_minus']=False
5.x=[1，2，3，4，5，6，7，8]
6.y=[2，1，4，5，6，8，5，3]
7.plt.bar(x，y，align='center'，color='green'，tick_label=['a'，'b'，'c'，'d'，'e'，'f'，'g'，
'h'])
8.plt.xlabel(' 编号 ')
9.plt.ylabel(' 数量 ')
10.plt. show()
```

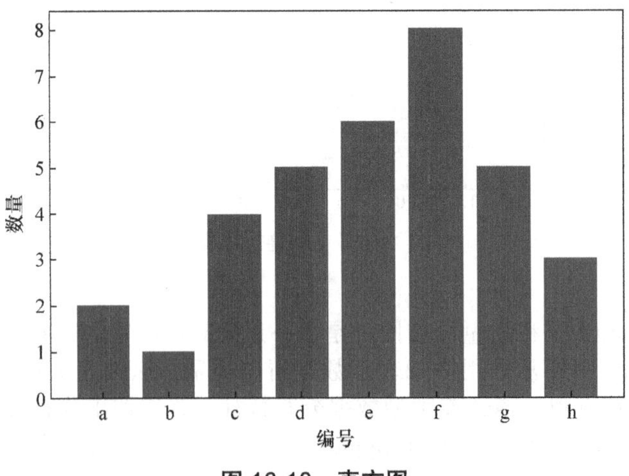

图 16-18　直方图

6. 绘制饼图

饼图（Pie Graph）是在一张饼状图形中直观地显示出各项数据的大小占总数的比例。饼图可以清晰地反映出局部之间、局部与整体之间的比例关系，便于显示每组数据相对于总数的大小。在 Python 中，饼图的绘制常用 pyplot. pie ( ) 函数，该函数的使用语法及常用参数和使用说明见表 16-10 和表 16-11。

表 16-10　pyplot.pie（ ）函数名称及使用语法

函数名称	使用语法
pyplot. pie	pyplot.pie（x，explode=None，colors =None，autopct= None，pctdistance =0.6，shadow = None，labeldistance=1.1，startangle =None，radius=1，counterclock=True，wedgeprops =None，textprops==None，center=（0，0），frame=False，hold=None，data=None）

表 16-11　pyplot.pie（ ）函数常用参数及使用说明

参数名称	使用说明
x	接收数组 array；表示用于绘制饼图的数据
explode	接收数组 array；表示指定项距离饼图圆心 n 个半径
labels	接收数组 array，默认为 None；设定每一项的名称
colors	接收指定 string 或包含颜色字符串的 array，默认为 None；设定饼图的颜色
autopct	接收指定 string，默认为 None；设定数值的显示方式
pctdistance	接收浮点型数据，默认为 0.6；设定每一项的比例 autopct 和距离圆心的半径
labeldistance	接收浮点型数据，默认为 1.1；设定每一项的名称 labels 和距离圆心的半径
radius	接收浮点型数据，默认为 1；设定饼图的半径

根据上述 pyploy.pie（ ）函数的使用语法及常用参数和使用说明，编写如下代码，绘制相关饼图，如图 16-19 所示。

```
1.import numpy as np
2.import matplotlib.pyplot as plt
3.plt.rcParams['font.family'] = 'SimHei'
4.plt.rcParams['axes.unicode_minus']=False
5.x = [1，2，3，4]
6.plt.subplot(121)
7.plt.title(' 正常 ')
8.plt.pie(x)
9.plt.subplot(122)
10.plt.title(' 添加 explode')
11.plt.pie(x，explode=[0.1，0.2，0.1，0.2])
12.plt.show()
```

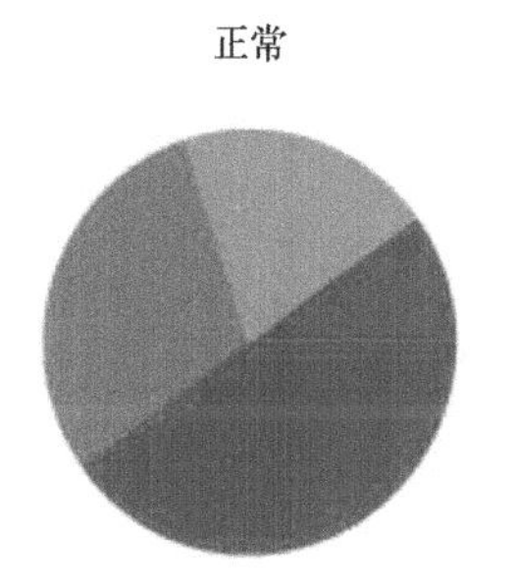

图 16-19　饼图

单元习题

一、单选题

1. 下列关于数据和数据分析的说法正确的是（　　）。

A. 数据就是数据库中的表格

B. 文字、声音和图像都是数据

C. 数据分析只能是对过去发生事情的描述和分析

D. 数据分析的数据只能是结构化的

2. 下列关于数据分析流程的说法错误的是（　　）。

A. 需求分析是数据分析最重要的一部分

B. 数据预处理是能够建模的前提

C. 模型评估能评价模型的优劣

D. 声音和图像无法用数据分析

3. 数据清洗的方法不包括（　　）。

A. 缺失值处理　　B. 噪声数据清除　C. 一致性检查　　D. 重复数据记录处理

4. 大数据的本质是（　　）。

A. 洞察　　B. 搜集　　C. 联系　　D. 挖掘

5. 大数据时代，数据使用的关键是（　　）。

A. 数据收集　　B. 数据存储　　C. 数据分析　　D. 数据再利用

二、填空题

1. 大数据具有 4V 特征，即________、________、________、________。

2. 数据挖掘的总体流程包括________、________、________、________。

3. 数据挖掘的算法主要包含以下 4 种类型，即________、________、________、________。其中________、________属于有监督学习，________、________属于无监督学习。

4. 常用的分类算法包括________、________、________、________、________、________、________。

5. 大数据最核心的技术就在于对海量数据进行________、________、________和________。

三、简答题

1. 在数据分析算法中，有监督学习、无监督学习的定义和区别是什么？

2. 请列举大数据技术在日常生活中的应用。

3. 大数据技术的不规范应用带来了哪些社会问题？我们应该怎么解决这些问题？

项目 17 人工智能

Project 17

回复“71331+17”观看视频

实验 1 使用 AI 开放平台构建人工智能

一、实验目标

1. 认识 AI 开放平台。
2. 使用 AI 开放平台。

二、实验准备

1. 一台可以上网的计算机。
2. 平台网址。

三、实验内容及操作步骤

实验内容

1. 进入 AI 开放平台页面。
2. 选择搭建项目进行搭建。
3. 资源学习。

操作步骤

1. 进入 AI 开放平台

1）在浏览器中输入网址“https://ai.baidu.com”，打开百度 AI 开放平台页面。

2）选择“AI 市场”选项，展示 AI 市场提供的服务项目，如图 17-1 所示。

Bai度大脑 | AI开放平台　开放能力　开发平台　大模型　行业应用　客户案例　生态合作　AI市场

AI市场 >	硬件产品 >	解决方案 >	软件服务 >	数据服务 >
硬件产品 热门	EdgeBoard边缘AI计算盒	智慧酒店解决方案 热门	Wy.Smart社区安全识别...	全量车型识别算法
解决方案 热门	人脸识别IC卡门禁考勤...	明厨亮灶餐厨解决方案	云蝠智能销售线索挖掘...	打电话手机识别算法
软件服务	人脸识别USB摄像头	智慧校园人脸识别考勤...	电话机器人本地化部署...	高质量图像采集标注
数据服务	生产安全分析盒EM-4S ...	智慧社区大数据可视化...	车牌识别一体机识别系统	智慧AI医疗影像标注
全部产品	全部硬件商品	全部解决方案	全部软件服务	全部数据服务

图 17-1 AI 市场的服务项目

2. 选择搭建项目进行搭建

1）单击“控制台”登录 AI 开放平台。

2）选择项目，根据需求选择购买相应的产品。

3）在“买家控制台”下对已购买服务进行维护和使用。和淘宝购物类似，图 17-2 所示为购买“WEGO 摄像头 O 系列 + 百度人脸识别 SDK 序列码套装”界面。

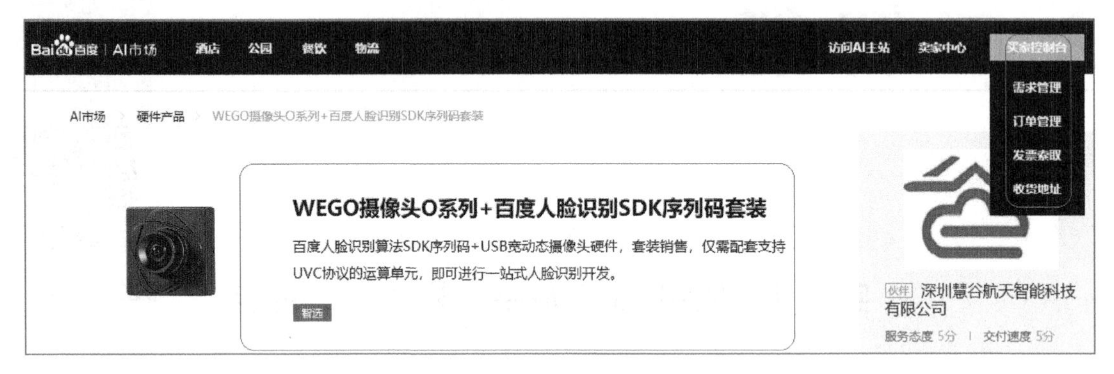

图 17-2　购买界面

3. 资源学习

1）单击“AI 开放平台”下的“新手入门”，打开图 17-3 所示的初学者学习界面。

图 17-3　新手入门

2）单击图 17-3 中的“体验中心”进入体验中心，可以体验各类产品的功能、场景、演示、价格等内容。

3）单击图 17-3 中的“接入指南”，可以学习到 5 步开启 AI 之旅的接入方法。

4）单击图 17-3 中“教学视频”，可以通过视频学习各类应用的搭建指南。图 17-4 所示为“人脸离线识别 SDK 授权分配的方法”讲解视频界面。

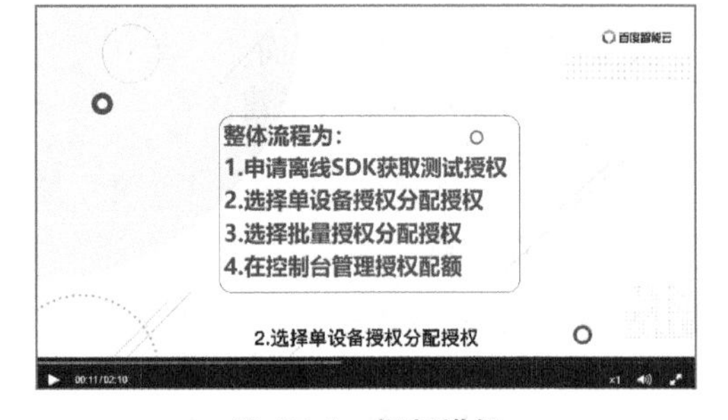

图 17-4　视频讲解

实验 2　人工智能与智慧农业

一、实验目标

1. 建立病虫害模型库。
2. 使用坐标原理识别害虫。
3. 定位查杀害虫。

二、实验准备

1. 一台可以上网的计算机。
2. 害虫数据存储表（见表 17-1）

表 17-1 害虫数据存储表

序号	害虫名称	长 / 像素	宽 / 像素	长宽比	查杀位置坐标	
1	害虫 1	y_1	x_1	$\Delta y_1/\Delta x_1$	$x_1-\Delta x_1$	$y_1-\Delta y_1$
2	害虫 2	y_2	x_2	$\Delta y_2/\Delta x_2$	$x_2-\Delta x_2$	$y_2-\Delta y_2$
3	害虫 3	y_3	x_3	$\Delta y_3/\Delta x_3$	$x_3-\Delta x_3$	$y_3-\Delta y_3$
4	害虫 4	y_4	x_4	$\Delta y_4/\Delta x_4$	$x_4-\Delta x_4$	$y_4-\Delta y_4$
5	害虫 5	y_5	x_5	$\Delta y_5/\Delta x_5$	$x_5-\Delta x_5$	$y_5-\Delta y_5$
6	害虫 6	y_6	x_6	$\Delta y_6/\Delta x_6$	$x_6-\Delta x_6$	$y_6-\Delta y_6$

三、实验内容及操作步骤

实验内容

1. 建立识别查杀页面坐标系。
2. 建立识别系统。
3. 建立查杀点位置坐标。

操作步骤

1. 建立识别查杀页面坐标系

按照查杀要求，在诱捕查杀平台建立像素点识别坐标系，用于定位识别害虫的所在位置像素，如图 17-5 所示。

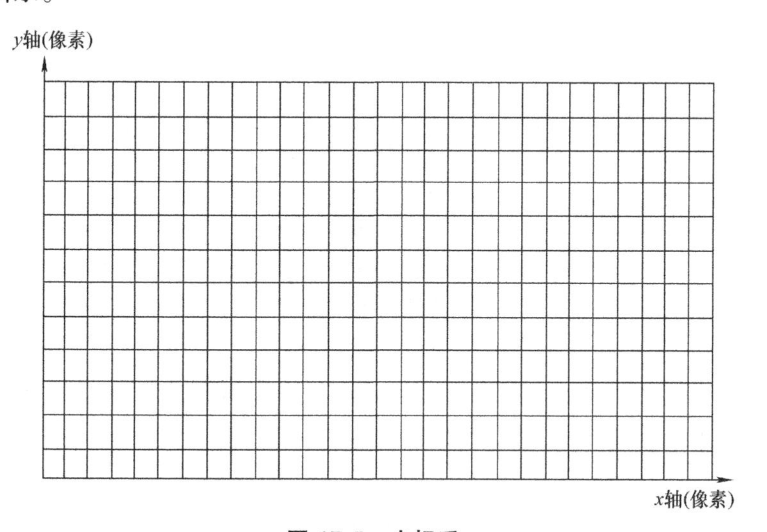

图 17-5 坐标系

2. 建立识别系统

（1）害虫定位　害虫一旦进入诱捕查杀平台，根据识别坐标定位系统识别出害虫所在的坐标位置，通过快速定位，确定害虫所在位置的 x 轴坐标像素值和 y 轴坐标像素值。

（2）害虫计算　根据害虫定位确定的 x 轴坐标像素值和 y 轴坐标像素值，用公式 $\Delta y/\Delta x$ 快速计算出害虫图像的长宽比，如图 17-6 所示。

（3）害虫识别　将计算出的长宽比与表 17-1 所示的害虫数据存储表中数据进行比对，若图像比对值相似度高度重合则确定识别为害虫。

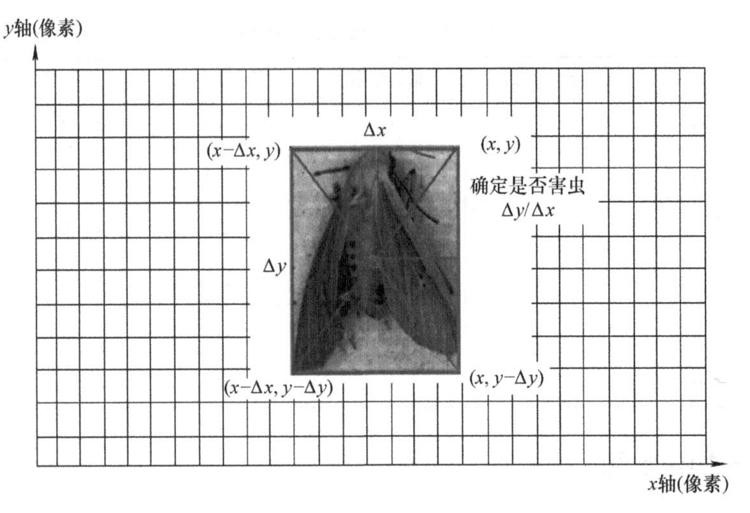

图 17-6　识别计算

> **提示：** 因为同类害虫的大小不一致，所以害虫的识别以长宽比为依据，而不是以单一的长度或者宽度来识别害虫，长度和宽度坐标仅仅是为了计算长宽比而采用的数据。

3. 建立查杀点位置坐标

（1）查杀位置坐标定位　对识别为害虫的昆虫进行再次定位，并按照表 17-1 所示的查杀位置坐标，确定害虫的查杀位置中心点坐标。

一般以害虫的中心位置坐标为查杀点坐标，所以查杀点坐标为（$x-\Delta x/2$，$y-\Delta y/2$），如图 17-7 所示。

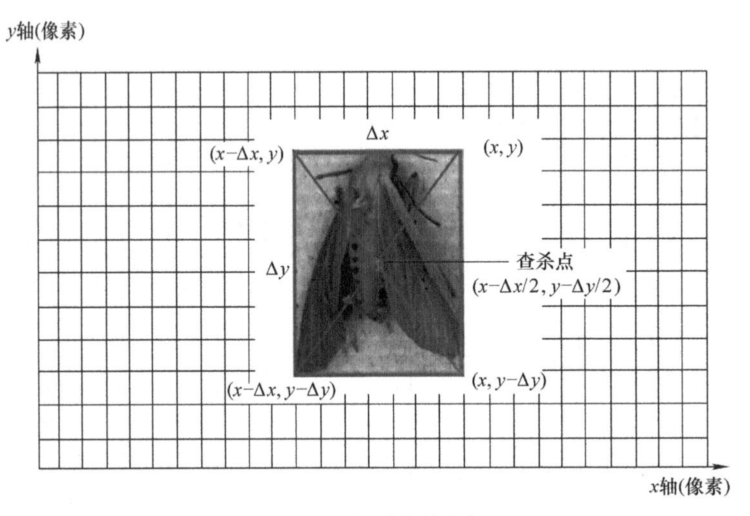

图 17-7　识别查杀坐标

（2）启动查杀　查杀坐标确定后，立即启动查杀，将害虫杀灭。

单元习题

一、单选题

1. KNN 算法中的 K 代表的是（　　）。

A. 最终的类别数量　　B. 一般取较大的数

C. 距离未知样本最近的邻居数量　　D. 距离未知样本最近的 K 个概率

2. KNN 算法默认的距离计算方式中 p 的值为（　　）。

A. 1　　B. 2　　C. 3　　D. 4

3. KNN 决策方法为（　　）。

A. 投票策略　　B. 距离策略　　C. 概率策略　　D. 数量策略

4. KNN 中 K 的取值说法错误的是（　　）。

A.K 值的选择会对 KNN 模型的结果产生重大影响

B. 当选择较大的 K 值时，会导致预测效果变差

C. 当选择较小的 K 值时，模型变得敏感，受噪声点影响较小

D. 在实际应用中，K 一般取比较小的数值

5. 对数据进行归一化处理的好处是（　　）。

A. 避免噪声影响　　B. 加快模型运行速度

C. 简化图像颜色差别　　D. 缩小图像类别差异性

6. 网格搜索交叉验证的作用为（　　）。

A. 辅助调参，查找模型最优参数　　B. 加快模型运行速度

C. 提高模型准确率　　D. 使用多种模型测评得分

7. SVM 的分类原理为（　　）。

A. 让距离分类线最近的样本距离分类线最远

B. 使用 Sigmoid 函数判定样本的概率

C. 使用二叉树原理进行分类

D. 使用距离判定，如果距离某个类别样本越近，就属于哪一个类别

8. 灰度的取值范围是（　　）。

A. 0 ~ 1　　B. 0 ~ 9　　C. 0 ~ 255　　D. 0 ~ 100

二、简答题

1. 人工智能的分类有哪些？

2. 请对人工智能的核心技术进行简要概述。

18 Project

项目 18 云计算

实验 1 部署 VMware 虚拟机

一、实验目标

1. 了解 VMware Workstation 的基本工具。
2. 熟悉 VMware Workstation 虚拟机的硬件部署。
3. 熟悉 VMware Workstation 虚拟机的其他部署。

二、实验准备

1. 安装有 VMware Workstation 虚拟机的计算机。
2. 虚拟机中安装有 Windows7 操作系统的客户机。

三、实验内容及操作步骤

实验内容

1. 虚拟机主界面。
2. 虚拟机的硬件配置。
3. 虚拟机的其他配置。

操作步骤

1. *虚拟机主界面*

开启虚拟机，切换到 Windows 7 客户机系统界面，可以看到宿主机的硬件及其他配置，如图 18-1 所示。

2. *虚拟机配置*

在虚拟机主界面中，单击“虚拟机”/“设置”，打开图 18-2 所示的“虚拟机设置”对话框，该对话框包括“选项”和“硬件”两个选项卡。

（1）虚拟机的硬件设置　在“硬件”选项卡下，可以设置虚拟机的内存、处理器、硬盘、光驱、网络适配器和声卡等硬件设备。下面将从内存、处理器、硬盘、网络 4 个方面进行部署实验。

1）内存。单击左侧的“内存”，在右侧会看到内存配置界面，可以直接在“此虚拟机的内存”中输入数值，或者拖动界面上的滑块增加或者减少虚拟机内存，如图 18-3 所示。

2）处理器。单击左侧的“处理器”，在右侧会看到处理器配置界面，可以对虚拟化引擎和处理器进行配置，如图 18-4 所示。

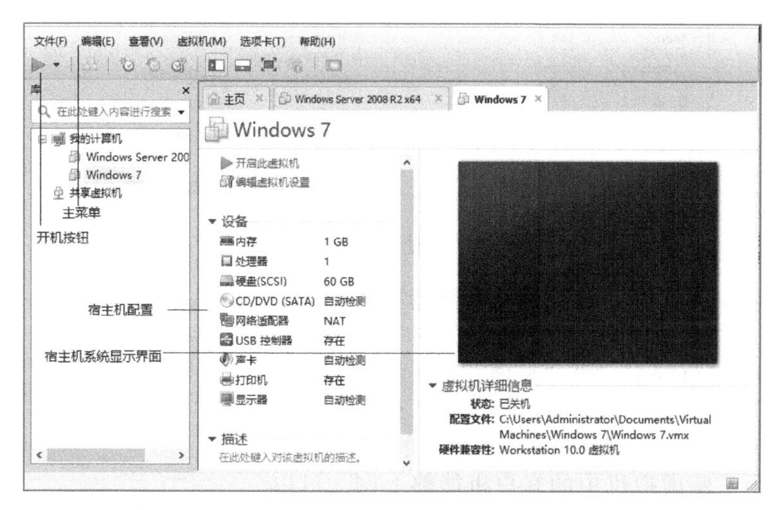

图 18-1　虚拟机主界面

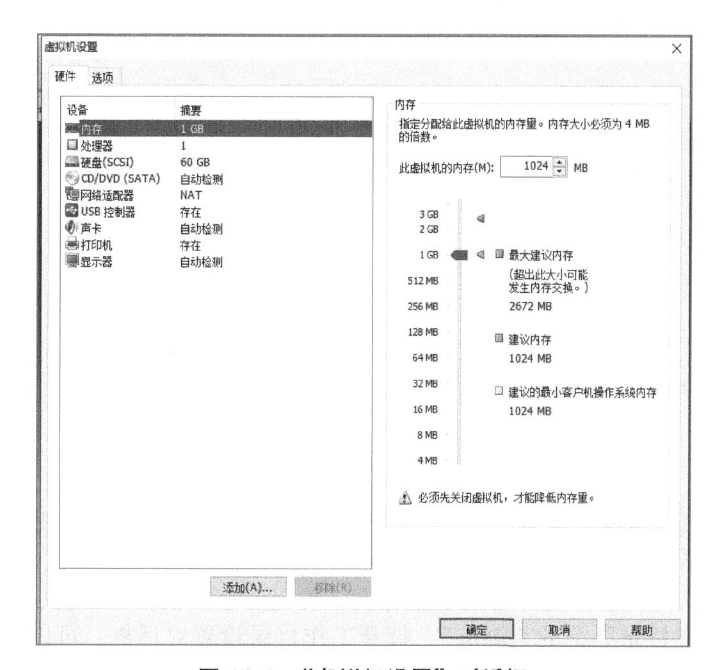

图 18-2　“虚拟机设置”对话框

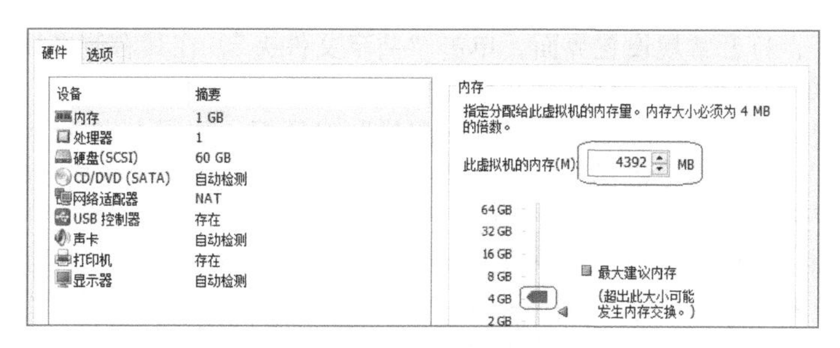

图 18-3　内存配置界面

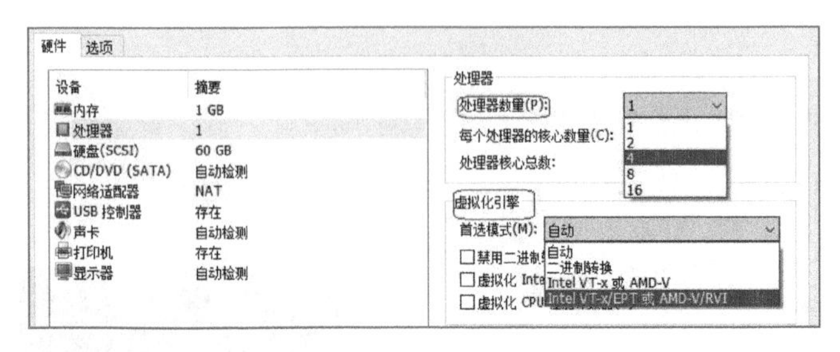

图 18-4　处理器配置界面

3）硬盘。单击左侧的“硬盘”，在右侧会看到硬盘配置界面，在界面右侧靠下位置单击“实用工具”打开下拉菜单，可以对磁盘进行映射、碎片整理、扩展和压缩。选择“扩展”，打开图 18-5 所示的对话框，在“最大磁盘大小”中输入或调整数值，即可改变虚拟机硬盘的大小。

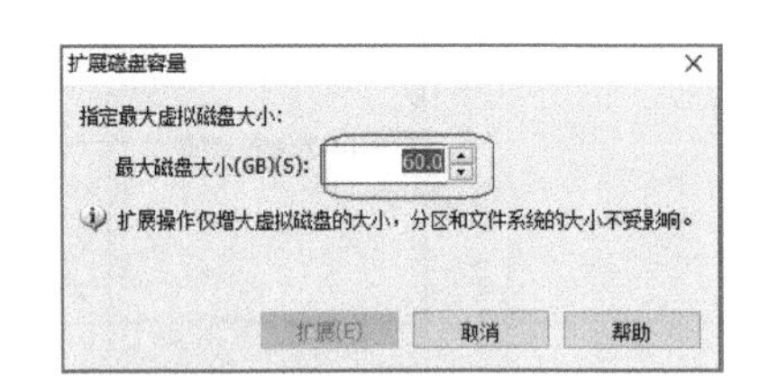

图 18-5　“扩展磁盘容量”对话框

4）网络。为了使虚拟机中的客户机能够上网，可以采用不同的网络适配方式对虚拟机进行配置，然后让虚拟机中的客户机具备和普通计算机一样的上网功能。

单击左侧的“网络适配器”，打开右侧的网络配置界面，可以对网络连接进行配置，如图 18-6 所示。

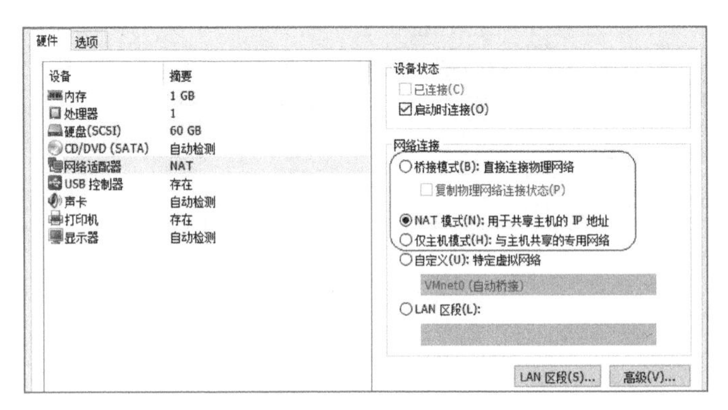

图 18-6　网络配置界面

（2）虚拟机的其他配置　单击“选项”选项卡，选项设置界面中有常规、电源、共享文件夹、自动保护高级等其他选项。本实验将对常规、共享文件夹、客户机隔离 3 个内容进行配置。

1）常规。单击“常规”，打开常规设置界面，可以对客户机操作系统、版本、工作目录进行设置。单击“工作目录”下的“浏览”，打开工作目录设置对话框，可以设置工作目录，如图 18-7 所示。

2）共享文件夹。在使用虚拟机客户机的时候，为了方便使用宿主机资源，可以通过设置文件夹共享的方式设置客户机和宿主机共享文件。

- 单击“常规”，打开常规设置界面，单击“共享文件夹”，在其右侧选择“总是启用”。
- 在界面下侧单击“添加”，打开“共享文件夹”对话框。
- 单击“下一步”，打开“添加共享文件夹向导”对话框，如图 18-8 所示。
- 单击“浏览”，打开宿主机树形目录，选择需要共享的文件夹，单击“确定”。
- 在图 18-8 所示界面中会自动显示主机路径和名称，选择名称内容，可以修改共享名称。

3）客户机隔离。在使用虚拟机客户机的时候，可以对客户机隔离模式进行个性化设置。

单击“常规”，打开常规设置界面，单击“客户机隔离”，根据需要在其右侧勾选“启用拖放”和“启用复制粘贴”复选框，进行相应的隔离设置。

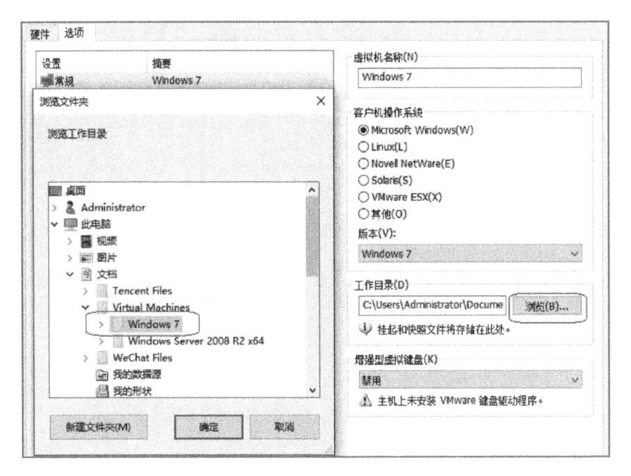

图 18-7　工作目录设置

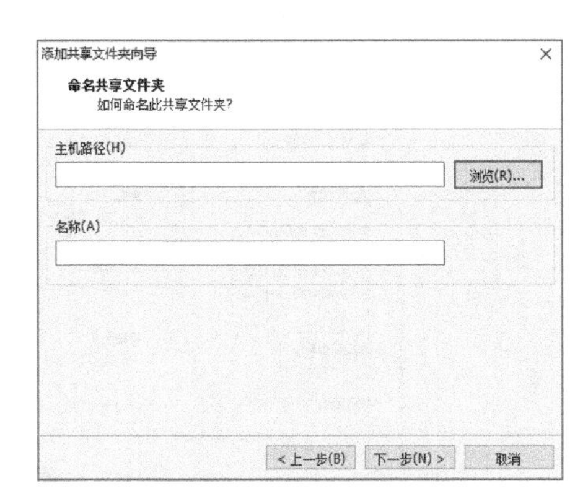

图 18-8　共享文件夹向导

实验 2　华为云计算平台应用

一、实验目标

1. 了解云计算的使用方法。
2. 了解华为云计算服务。
3. 试用华为云免费服务平台。

二、实验准备

1. 一台能上网的计算机。
2. 适当版本的浏览器。

三、实验内容及操作步骤

实验内容

1. 理解云计算的特点。
2. 了解华为云学习。
3. 了解华为云应用。

操作步骤

1. 华为云计算

1）在浏览器中输入网址“https://www.huaweicloud.com”进入华为云市场主界面，光标移到“云市场”，预览华为云市场提供的系列服务，如图 18-9 所示。

2）单击“进入云市场”，进入华为云市场主界面，光标移到左侧应用目录，就会在右侧展开相关云计算提供的服务项目。图 18-10 所示为华为云市场“企业应用”展示的应用项目，在右侧可以看到推荐应用的名称和价格。我们发现云计算就像水和电一样按需、付费、自取，云计算的应用和我们在淘宝购物几乎一致。

2. 华为云学习

1）在图 18-9 中，将光标移到“支持与服务”，界面展开图 18-11 所示的支持与服务界面。我们可以从这里学习华为云提供的系列学习服务项目。

2）在图 18-11 中单击“在线课程”，打开图 18-12 所示的在线课程学习项目，可以根据需要选择学习。除此之外，还可以选择图 18-11 中的其他相应项目打开并学习。

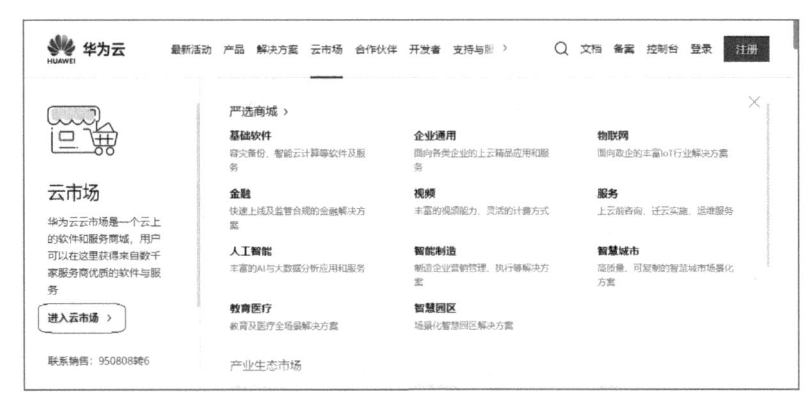

图 18-9 华为云市场

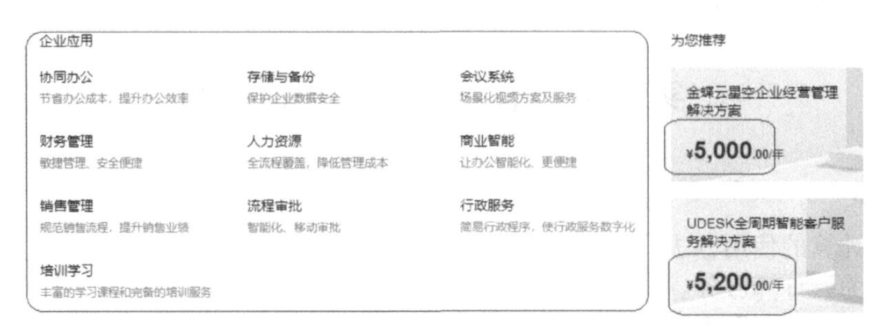

图 18-10 华为云企业应用界面

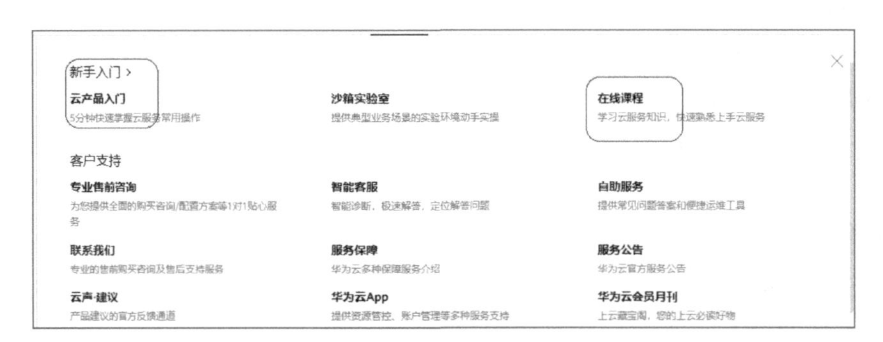

图 18-11 支持与服务界面

图 18-12 华为云在线课程

3. 华为云应用

1）单击图 18-9 中的“控制台”，打开控制台登录界面，如图 18-13 所示。

如果已有华为账号，则输入密码和账号，即可登录控制台；如果没有，则需单击登录界面的“注册”进行用户注册。

图 18-13　登录界面

2）登录后进入控制台界面，在控制台上有默认的“产品管理”“资源管理”“自定义控制台”3 个选项卡，在这里可以对你使用的华为云计算服务进行管理和使用，如图 18-14 所示。

图 18-14　控制台界面

单元习题

一、单选题

1. 云计算就是把计算资源放到（　　）上。

A. 对等网　　B. 因特网　　C. 广域网　　D. 局域网

2. IaaS 是（　　）即服务。

A. 基础设施　　B. 平台　　C. 软件　　D. 数据

3. 云计算是对（　　）技术的发展与应用。

A. 并行计算　　B. 网格计算　　C. 分布计算　　D. 以上选项都是

4. 下列特性中不是虚拟化特征的是（　　）。

A. 高扩展性　　B. 高安全性　　C. 高可用性　　D. 高简单性

5. 公有云计算基础架构的主要技术是（　　）。

A. 虚拟化　　B. 分布式　　C. 集中化　　D. 并行计算

6. 下列不属于云计算特征的是（　　）。

A. 资源高度共享　　B. 虚拟化　　C. 紧耦合　　D. 商业性质强

7. 从研究技术上看，下列特性中不是云计算特征的是（　　）。

A. 超大规模　　B. 虚拟化　　C. 私有化　　D. 可靠性

8. 下列不是 VLAN 划分方法的是（　　）。

A. 基于端口的划分方法　　B. 基于 MAC 地址的划分方法

C. 基于协议的划分方法　　D. 基于地理位置的划分方法

9. 不属于 IP QoS 技术的四要素的是（　　）。

A. 丢包率　　B. 延迟　　C. 安全　　D. 抖动

10. 形成堆叠的两台交换机，逻辑上可以看作一台交换机，下面不属于它的优点的是（　　）。

A. 负载分担　　B. 异地流量优先转发

C. 增加带宽　　D. 提高可靠性

二、填空题

1. 云计算（Cloud Computing）是________和________融合发展的产物。

2. 2010 年 7 月，美国国家航空航天局和包括 Rackspace、AMD、Intel、戴尔等支持厂商共同宣布________开放源代码计划。

3.________是把一个需要巨大的计算能力才能解决的问题分成多个小部分，分配给多个________进行处理，最后综合这些计算结果得到最终结果。

4. 基于云的业务系统采用虚拟机批量部署，人工操作少，以________为主，可实现短时间大规模资源部署，缩短业务部署周期。

5. 云计算的商业模式可以划分为 3 类，分别是基础设施即服务、________和________。

三、简答题

1. 虚拟机的虚拟化特征有哪些？分别对各种特征进行简单描述。

2. 什么是 VLAN？ VLAN 的优点有哪些？

3. 对智居云的特性、部署模式、付费模式进行简单描述。

项目 19 现代通信技术

Project 19

实验 1 WLAN 组网实验

一、实验目标

1. 加载华为模拟器 WLAN 组网实验项。
2. 建立 WLAN 拓扑。
3. 测试 WLAN 连接。

二、实验准备

1. Windows 操作系统。
2. 安装有华为模拟器。

三、实验内容及操作步骤

实验内容

1. 安装加载项“Security Authentication.topo”。
2. 新建 WLAN 拓扑。
3. 移动设备连接 WiFi。

操作步骤

1. 安装加载项

1）打开华为模拟器 eNSP 客户端。

2）在工具栏中单击“打开”图标，如图 19-1 所示。

图 19-1 “打开”图标

3）在“\example\Security Authentication”文件夹下，选择“Security Authentication.topo”并单击“打开”，如图 19-2 所示。

4）安装完成并自动部署 WLAN 拓扑，如图 19-3 所示。

2. 启动设备

在工具栏中单击“开启设备”图标，启动所有设备，如图 19-4 所示。

3. 设备 STA1 连上 WiFi

1）双击“STA1”，弹出“STA1”对话框，如图 19-5 所示。

2）在“Vap 列表”区域，在“SSID”下选择名称为“huawei”的 WiFi，单击“连接”，如图 19-5 所示。

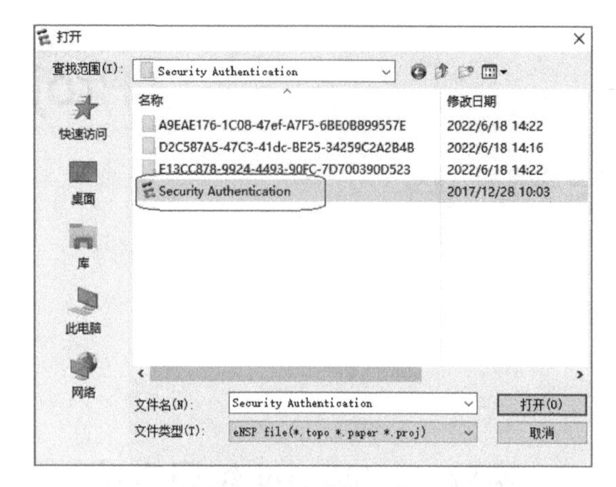

图 19-2　选择文件

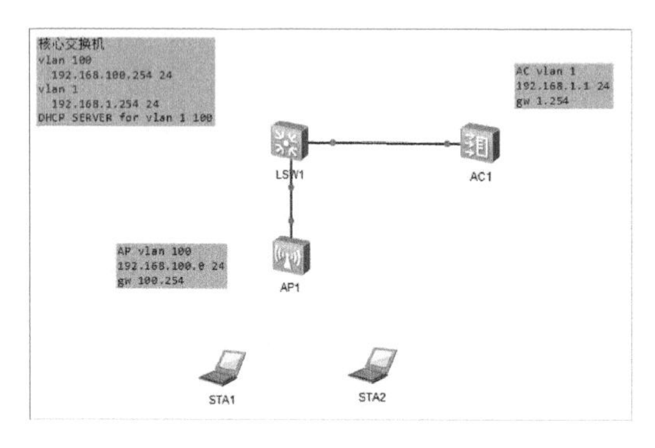

图 19-3　WLAN 拓扑

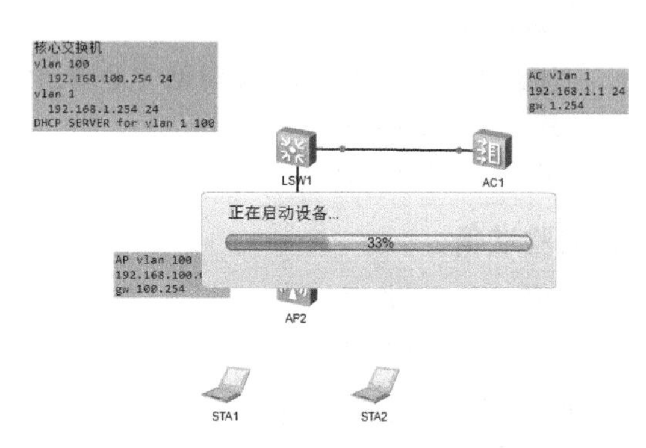

图 19-4　启动设备

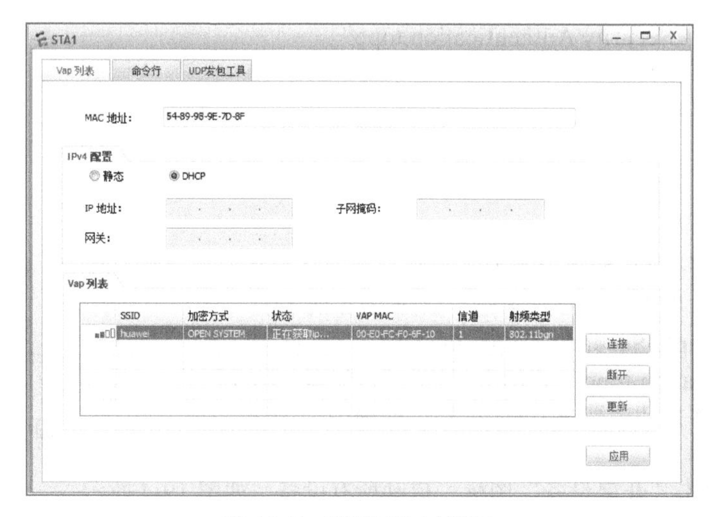

图 19-5　“STA1”对话框

3）从拓扑图上可以看出，STA1 成功连接上了 WiFi，如图 19-6 所示。

提示： 如果启动设备时出现图 19-7 所示的错误提示信息，单击“启动设备失败了，戳这里看看！”，进入帮助文档，按照帮助提示进行修复即可继续本实验。

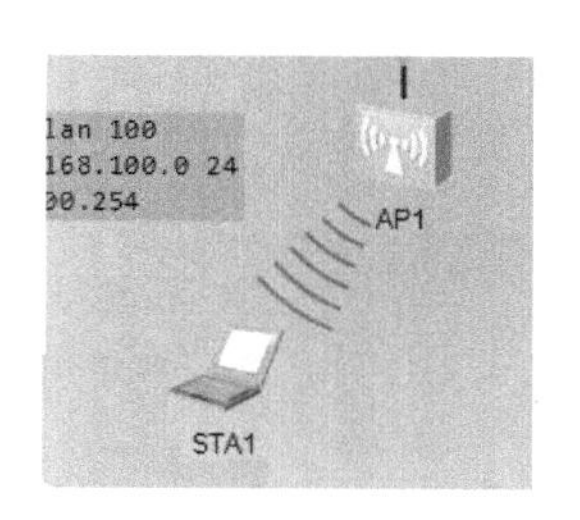

图 19-6　成功连接

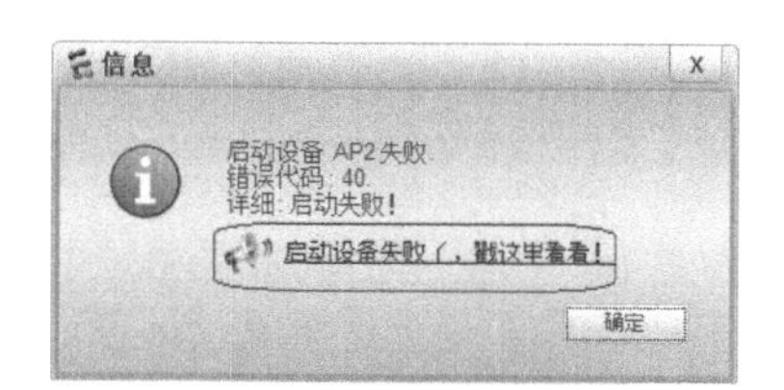

图 19-7　错误提示信息

实验 2　无线路由器配置实验

一、实验目标

1. 无线路由器基本配置。
2. 无线路由器工具。
3. 无线路由器 WiFi 配置。

二、实验准备

1. 一台家用普通无线路由器。
2. 一台笔记本计算机或台式计算机（台式计算机则需准备一条双绞线）。

三、实验内容及操作步骤

实验内容

1. 打开无线路由器配置地址。
2. 登录无线路由器配置界面。
3. 配置无线路由器。

操作步骤

> **提示：**路由器配置信息请参照路由器背面说明或者内封里面的配置说明，各个厂家生产的路由器稍有不同。

1. 登录无线路由器配置界面

1）无线路由器默认配置地址为 192.168.10.1。

2）在浏览器地址栏输入“192.168.10.1”，按下 <Enter> 键，打开路由器登录界面，如图 19-8 所示。

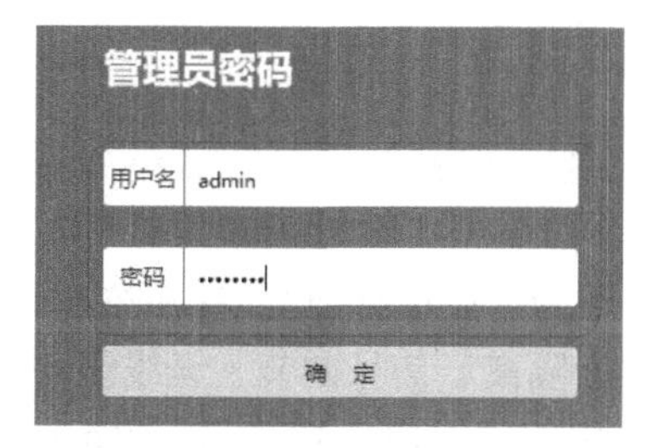

图 19-8　路由器登录界面

3）输入用户名和密码（用户登录账号和密码在包装盒内的说明书里面或者设备外封可以找

到），单击“确定”进入路由器配置界面，如图 19-9 所示。

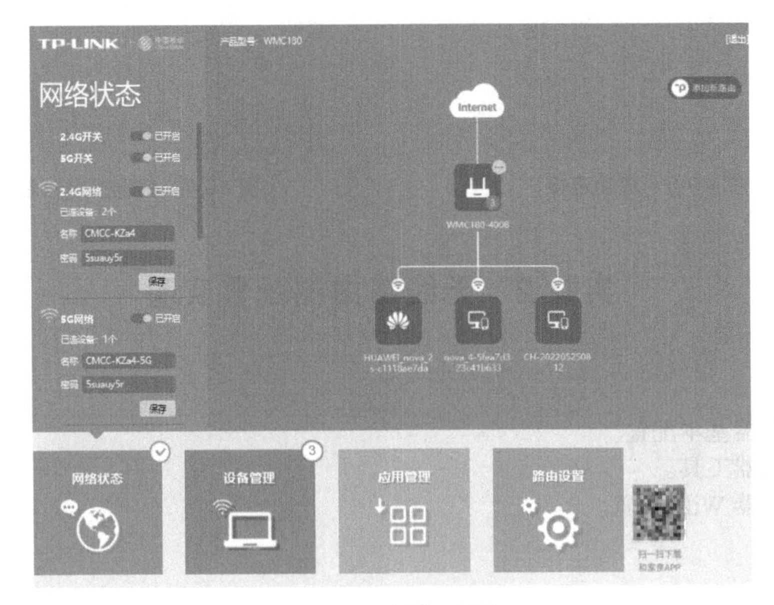

图 19-9　路由器配置界面

2. 配置无线路由器

登录到图 19-9 所示界面后，可以看到有“网络状态”“设备管理”“应用管理”“路由设置”4 个基本选项图标按钮，其中“网络状态”可显示当前路由器的联网基本信息。

（1）网络状态

1）配置网络。单击图 19-9 中的“网络状态”，展开无线路由器配置状态界面，包括 2.4G 和 5G 网络名称、密码配置以及网络状态设置。

2）访问网络配置。单击图 19-9 中的“网络状态”，拖动滑块，展开无线路由器配置状态界面下半部分，其中的 2.4G 和 5G 访客网络配置可以进行访客网络配置。

（2）设备管理　单击图 19-9 中的“设备管理”，打开图 19-10 所示的路由器设备管理界面，可以对各个访问设备、上网时间规则、禁止访问网站进行管理。

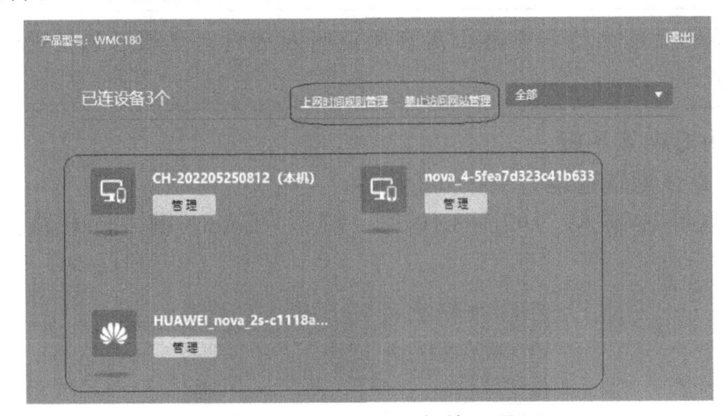

图 19-10　路由器设备管理界面

（3）应用管理　单击图 19-9 中的“应用管理”，打开图 19-11 所示的应用管理界面，可以对路由器的访客网络、无线桥接、AP 隔离、信号调节、无线设备接入控制等多个应用进行管理。

（4）路由设置　单击图 19-9 中的“路由设置”，打开路由设置界面，可以对路由器上网设置、无线设置、LAN 口设置、硬件 NAT、IPv6 设置和 DHCP 服务器等路由器相关内容进行设置。图 19-12 所示为上网设置界面。

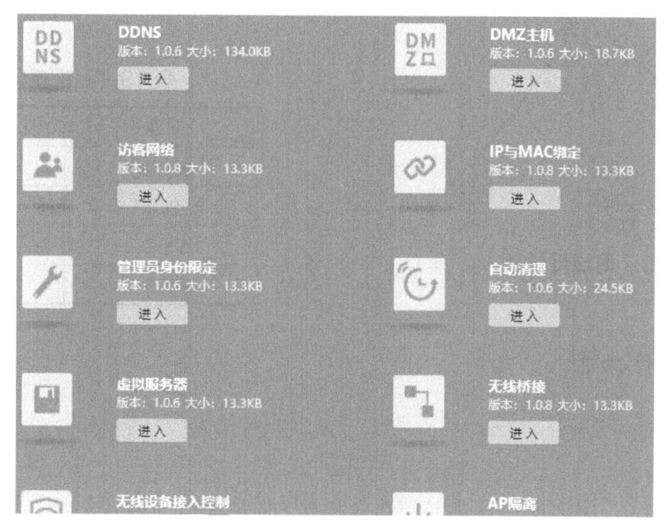

图 19-11　应用管理界面

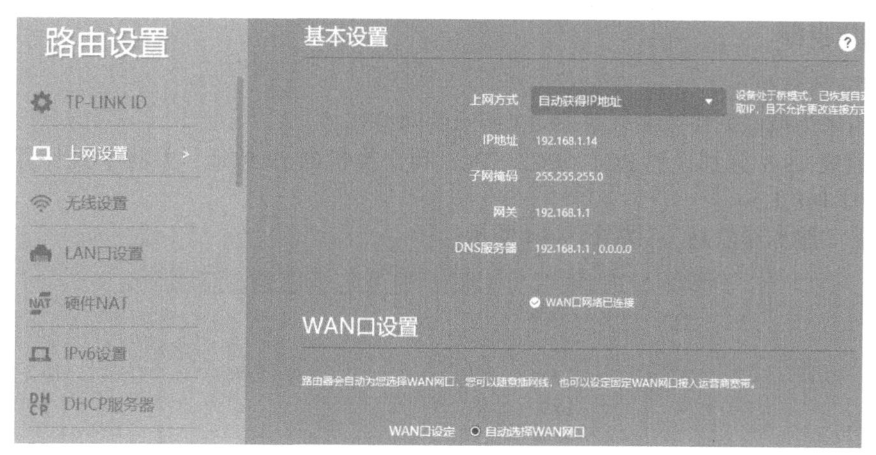

图 19-12　上网设置界面

实验 3　常用网络命令

一、实验目标

1. 了解常用 TCP/IP 网络命令。
2. 使用常用 TCP/IP 网络命令。

二、实验准备

1. 一个简单的局域网结构如图 19-13 所示。
2. 局域网中所有设备设置的对应 IP 地址见表 19-1。
3. 能连接外网的计算机。
4. 安装有华为模拟器。

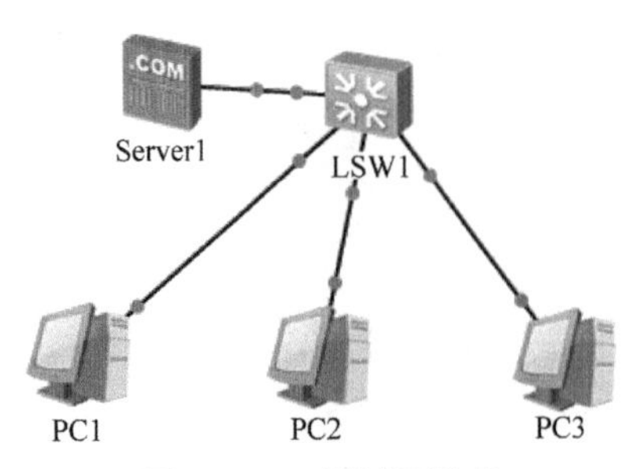

图 19-13 局域网结构

表 19-1 设备的 IP 地址

设备	IP 地址
服务器	192.168.1.5
PC1	192.168.1.6
PC2	192.168.1.7
PC3	192.168.1.8

三、实验内容及操作步骤

实验内容

1. 组建局域网。
2. 配置客户机。
3. 配置服务器。

操作步骤

1. 部署网络结构

1）使用华为模拟器快速部署图 19-13 所示的网络拓扑。

2）按照表 19-1 分别设置 PC1、PC2、PC3 和交换机的 IP 地址，并将个人计算机的 DNS1 地址设为 192.168.1.5。

3）部署“服务器信息”，如图 19-14 所示。

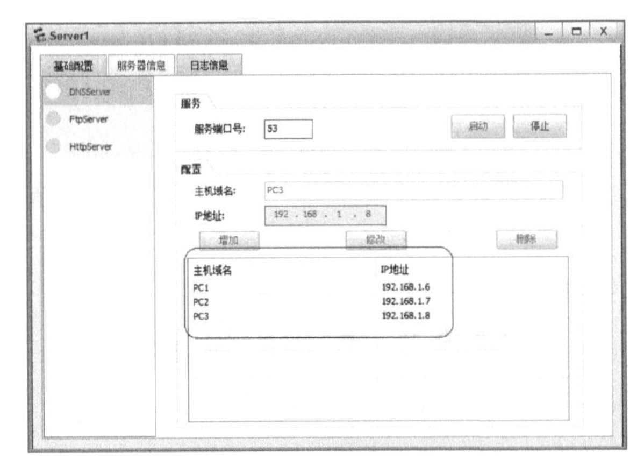

图 19-14 服务器信息设置

2. 网络命令

（1）ping 命令

1）启动所有设备。

2）双击设备 PC1，单击“命令行”，分别 ping 服务器和 PC2、PC3，显示结果如图 19-15 所示。

（2）ipconfig 命令　双击设备 PC1，单击“命令行”，输入“ipconfig”命令并按下 <Enter> 键，显示结果如图 19-16 所示。

（3）tracert 命令

1）回到操作系统。

2）打开 cmd 命令提示符窗口。

3）输入“tracert www.126.com”命令并按下 <Enter> 键，测试本机到 126 邮箱服务器的路由，测试结果如图 19-17 所示。

PC1
基础配置
命令行
组播
UDP发包工具
串口
PC>ping 192.168.1.5
Ping 192.168.1.5: 32 data bytes, Press Ctrl_C to break
From 192.168.1.5: bytes=32 seq=1 ttl=255 time=16 ms
From 192.168.1.5: bytes=32 seq=2 ttl=255 time=47 ms
From 192.168.1.5: bytes=32 seq=3 ttl=255 time=16 ms
From 192.168.1.5: bytes=32 seq=4 ttl=255 time=31 ms
From 192.168.1.5: bytes=32 seq=5 ttl=255 time=32 ms
--- 192.168.1.5 ping statistics ---
5 packet(s) transmitted
5 packet(s) received
0.00% packet loss
round-trip min/avg/max = 16/28/47 ms
PC>ping 192.168.1.6
Ping 192.168.1.6: 32 data bytes, Press Ctrl_C to break
From 192.168.1.6: bytes=32 seq=1 ttl=128 time<1 ms
From 192.168.1.6: bytes=32 seq=2 ttl=128 time<1 ms
From 192.168.1.6: bytes=32 seq=3 ttl=128 time<1 ms
From 192.168.1.6: bytes=32 seq=4 ttl=128 time<1 ms
From 192.168.1.6: bytes=32 seq=5 ttl=128 time<1 ms
--- 192.168.1.6 ping statistics ---
5 packet(s) transmitted

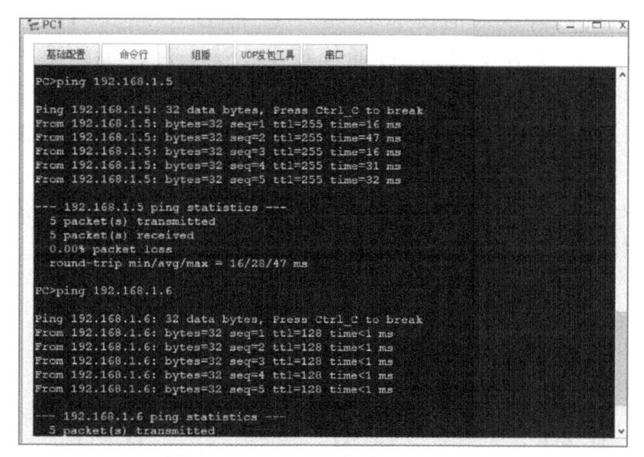

图 19-15 ping 命令显示结果

PC1
基础配置
命令行
组播
UDP发包工具
串口
Ping 192.168.1.6: 32 data bytes, Press Ctrl_C to break
From 192.168.1.6: bytes=32 seq=1 ttl=128 time<1 ms
From 192.168.1.6: bytes=32 seq=2 ttl=128 time<1 ms
From 192.168.1.6: bytes=32 seq=3 ttl=128 time<1 ms
From 192.168.1.6: bytes=32 seq=4 ttl=128 time<1 ms
From 192.168.1.6: bytes=32 seq=5 ttl=128 time<1 ms
--- 192.168.1.6 ping statistics ---
5 packet(s) transmitted
5 packet(s) received
0.00% packet loss
round-trip min/avg/max = 0/0/0 ms
PC>ipconfig
Link local IPv6 address..........: fe80::5689:98ff:fe76:51f
IPv6 address.....................: :: / 128
IPv6 gateway.....................: ::
IPv4 address.....................: 192.168.1.6
Subnet mask......................: 0.0.0.0
Gateway..........................: 0.0.0.0
Physical address.................: 54-89-98-76-05-1F
DNS server.......................: 192.168.1.5
PC>

图 19-16 ipconfig 命令显示结果

管理员: 命令提示符
Microsoft Windows [版本 10.0.19044.1415]
(c) Microsoft Corporation。保留所有权利。
C:\Users\Administrator>tracert www.126.com
通过最多 30 个跃点跟踪
到 www.126.com [123.126.96.181] 的路由:
1 4 ms 7 ms 1 ms 192.168.1.1 [192.168.1.1]
2 8 ms 8 ms 8 ms 10.115.0.1 [10.115.0.1]
3 4 ms 4 ms 7 ms 183.224.89.81
4 18 ms 4 ms 4 ms 221.183.49.69
5 52 ms 50 ms 50 ms 221.183.40.37
6 * * 56 ms 221.183.94.42
7 56 ms 62 ms 63 ms 221.183.95.54
8 49 ms 59 ms 50 ms 219.158.3.65
9 * * 66 ms 124.65.194.2
10 * * * 请求超时。
11 * * * 请求超时。
12 * * * 请求超时。
13 53 ms 53 ms 53 ms mail-m96181.mail.126.com [123.126.96.181]
跟踪完成。

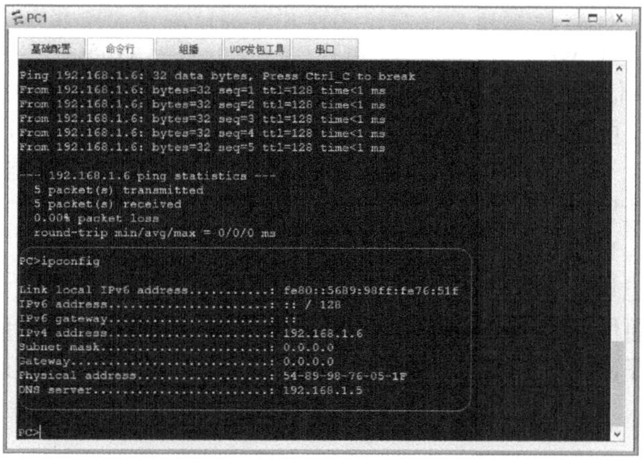

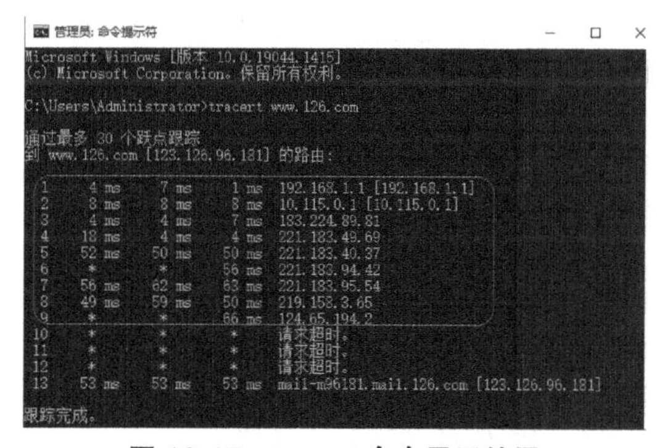

图 19-17 tracert 命令显示结果

单元习题

一、单选题

1. 新一代通信技术有移动通信技术、光纤通信技术、无线通信技术和（　　）等通信技术。

A. 现代 5G 通信技术　　B. 云计算技术

C. 物联网技术　　D. 区块链技术

2. 无线通信技术是现代通信技术的主要技术之一，包括移动通信技术、卫星通信技术、微波通信技术和（　　）等。

A. 移动电话　　B. 红外线通信技术　　C. PAD　　D. 遥感技术

3. 移动通信从蜂窝通信技术发展到5G通信技术，这一过程中，第一代移动通信（1G）到第三代移动通信（3G）都仅仅能实现话音移动通信，到了第四代移动通信（4G）和第五代移动通信（5G），从（　　）开始就已经实现了移动通信与Internet的无缝对接。

A. 1G　　B. 2G　　C. 3G　　D. 4G

4. 双向交替通信又称为（　　）通信，即通信双方都可以发送信息或者接收信息，但不能双方同时发送，也不能同时接收。

A. 单工　　B. 半双工　　C. 全双工　　D. 双工

5. 在1G时代使用的大哥大手机属于（　　）通信。

A. 单工　　B. 半双工　　C. 全双工　　D. 双工

6. 移动通信技术从（　　）开始，就实现了全球漫游功能。

A. 1G　　B. 2G　　C. 3G　　D. 4G

7. 第（　　）代移动通信技术可以把蓝牙、无线局域网（WiFi）、3G技术等技术融合在一起，形成无缝通信解决方案。

A. 2G　　B. 3G　　C. 4G　　D. 5G

8. 红外线（IR）通信分为3种技术，下列选项中不是红外线通信技术的是（　　）。

A. 定向红外光束，可以用于点对点链路连接　　B. 全方向广播红外线

C. 全反射红外线　　D. 漫反射红外线

9. 下列选项中不是无线个人网范畴的是（　　）。

A. 紫蜂　　B. 蓝牙　　C. 热点　　D. VLAN

10.（　　）不是卫星通信的优点。

A. 传输距离远，通信成本与距离无关　　B. 通信容量大，业务种类多

C. 卫星通信质量好，可靠性高　　D. 覆盖无死角

二、填空题

1. 通信是指人与人之间、人与自然之间、人与物之间或者物与物之间按照约定进行信息的传递与交流，通信有________、________、________三要素。

2. 根据通信双方信息交互模式的不同，将通信模式分为单工、________和________3种通信模式。

3. 1978年，美国贝尔实验室开发了高级移动电话系统，________标志着移动通信技术的开启，该技术采用模拟制式的技术进行信息传输。

4. 第五代移动通信技术（5th Generation Mobile Communication Technology）简称5G，是具有________、________和________特点的新一代宽带移动通信技术，5G通信设施是实现人、机、物互联的网络基础设施。

5. 无线局域网（Wireless Local Area Network，WLAN）中，________通过无线通信技术将计算机终端互联起来，从而实现网络资源共享和信息传输的。

三、简答题

1. 简述紫蜂（ZigBee）技术。

2. 简述无线城域网（WMAN）。

3. 简述5G通信技术的特点。

项目 20 物联网

Project 20

回复“71331+20”观看视频

实验 1 物联网应用系统的安装与配置

一、实验目标

让学生能够自主安装 Huawei LiteOS 物联网操作系统。

二、实验准备

一台能正常上网的计算机。

三、实验内容及操作步骤

实验内容

安装和配置 Huawei LiteOS 物联网操作系统。

操作步骤

1）打开网站 https://gitee.com/LiteOS/LiteOS_Studio。
2）下载完成后双击图 20-1 所示文件进行安装。

图 20-1 选择安装文件

3）单击“我接受协议”，单击“下一步”，如图 20-2 所示。

4）选择安装路径，单击“下一步”，如图 20-3 所示。

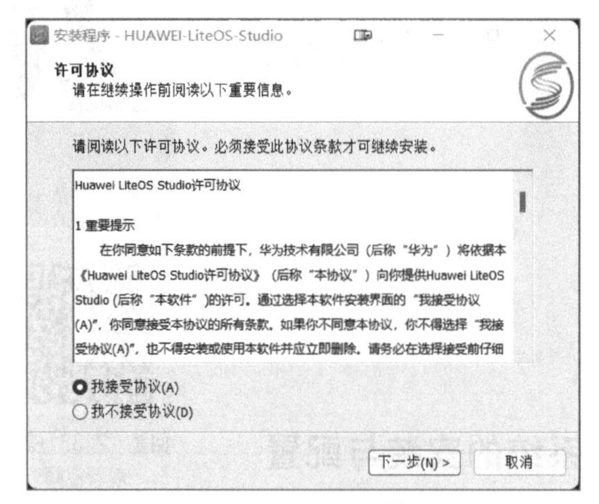

图 20-2　接受许可协议

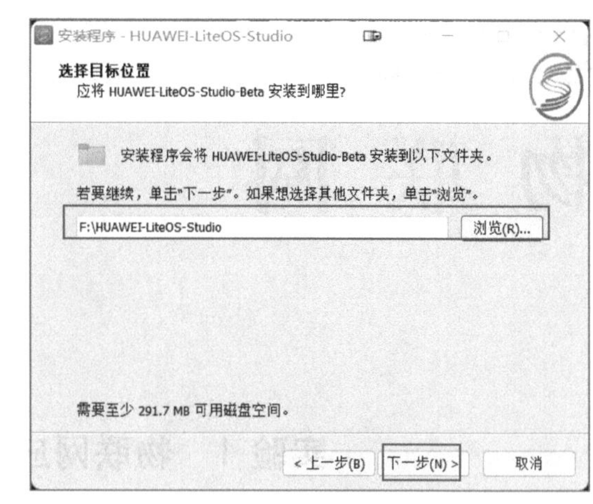

图 20-3　选择安装路径

5）勾选所有复选框，单击“下一步”，如图 20-4 所示。

6）单击“安装”，如图 20-5 所示。

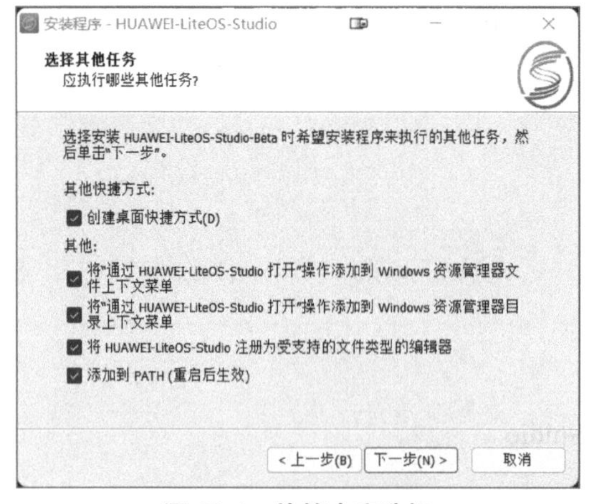

图 20-4　快捷内容选择

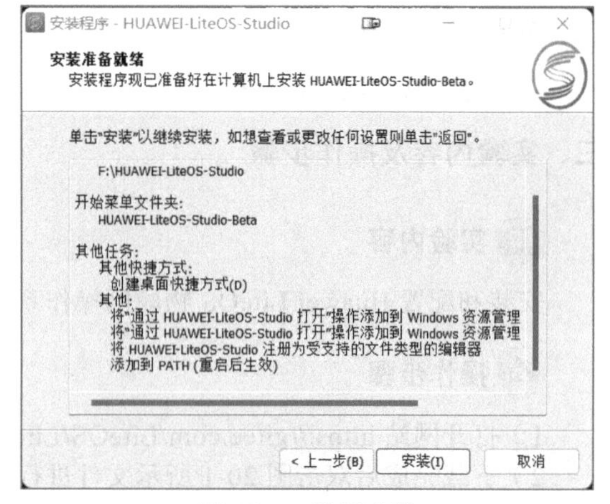

图 20-5　选择安装

7）安装成功后，即可进入操作界面，如图 20-6 所示。

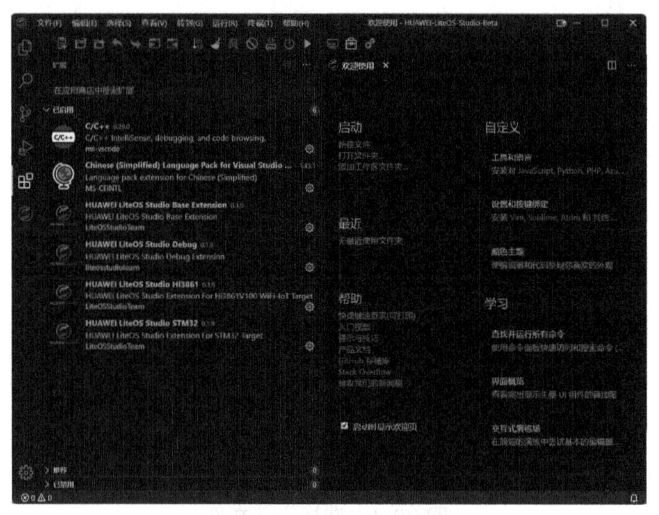

图 20-6　操作界面

实验 2 物联网仿真实验

一、实验目标

让学生能够自主了解 Huawei LiteOS 物联网操作系统。

二、实验准备

一台能正常上网的计算机。

三、实验内容及操作步骤

实验内容

自主操作了解 Huawei LiteOS 物联网操作系统。

操作步骤

1）认识物联网设备的多样性。物联网设备终端种类多样，存在芯片和硬件的差异，对于不同平台的开发应用，需要适配到不同的硬件接口和通信协议，如图 20-7 所示。

2）分小组讨论 Huawei LiteOS 物联网操作系统平台中的 3 个智能功能，并在表 20-1 中填写每个智能功能所代表的含义。

在 Huawei LiteOS 物联网操作系统中对智能水表方案进行部署（见图 20-8），并对比传统的 OS 方案，小组讨论不同方案中的优缺点。

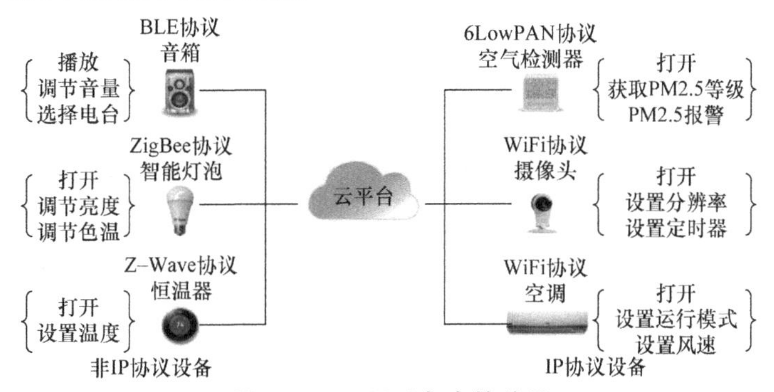

图 20-7 不同设备中的差异

表 20-1 物联网开发平台所具备的含义

序号	智能功能	含义
1	连接智能	不同类型的通信协议的互联互通
2	组网智能	自发现、自连接、自组网网络可快速自愈
3	管理智能	不同类型传感器的接入管理和算法管理、云端管理能力

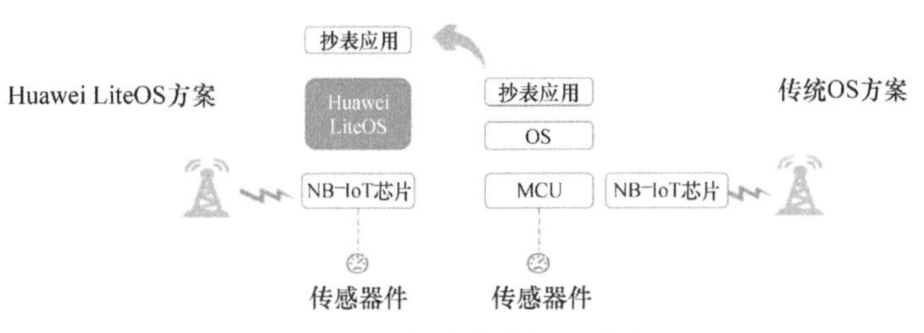

图 20-8 智能水表部署方案

单元习题

一、单选题

1. 物联网具有全面感知、智能（　　）、可靠传输 3 个主要特征。

A. 感知　　B. 了解　　C. 处理　　D. 可靠

2. 全面感知用于解决人和（　　）之间的联系。

A. 数字世界　　B. 物理世界　　C. 感官世界　　D. 虚拟世界

3. 物联网的体系结构由（　　）、网络层和应用层构成。

A. 感知层　　B. 设备层　　C. 软件层　　D. 系统层

4. RFID 设备处在物联网的（　　）。

A. 感知层　　B. 网络层　　C. 业务层　　D. 应用层

二、填空题

1. 物联网的起源概念最早出现于____。

2. 传感器的作用是将________转换成电量输出。

3.RFID 设备由________、________和________组成。

三、简答题

1. 为什么说物联网具有“智能性”？

2. 举例说明身边的传感器（3 项以上）。

3. 物联网目前应用在哪些方面？

项目 21 数字媒体

Project 21

回复“71331+21”观看视频

实验 1　屏幕录制

一、实验目标

1. 录制设置。
2. 输出设置。

二、实验准备

1. 喀秋莎视频录制软件。
2. 需要录制的视频文件。

三、实验内容及操作步骤

实验内容

1. 录制设置。
2. 输出设置。

操作步骤

1. 录制设置

1）打开喀秋莎软件“Camtasia 9”，进入播放界面。

2）新建录制，并设置录制为“录制系统声音”和“不录制麦克风”，如图 21-1 所示。

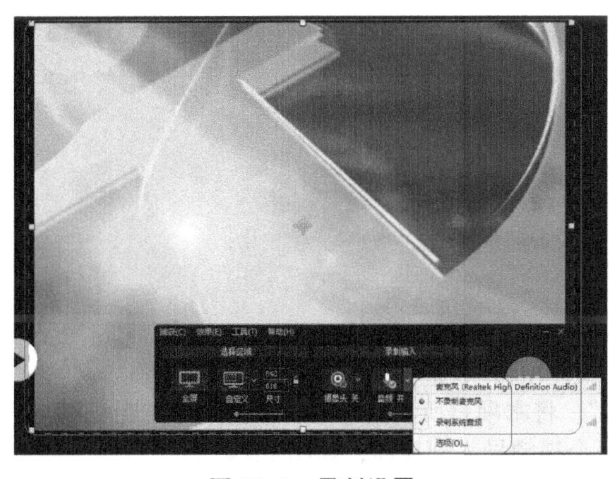

图 21-1　录制设置

3）设置录制区域为“自定义”，并将区域框选在视频播放区域。

2. 输出设置

1）录制完毕后，单击菜单栏的“分享”/“本地文件”，打开分享界面，如图 21-2 所示。

2）选择需要输出的媒体格式，单击“下一步”进行输出内容其他设置。

3）设置完后，进行存储位置和名称设置，如图 21-3 所示，单击“完成”，文件即开始输出。

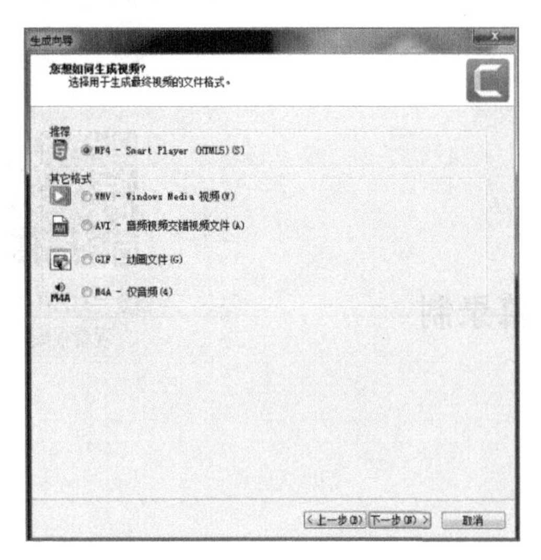

图 21-2　输出设置

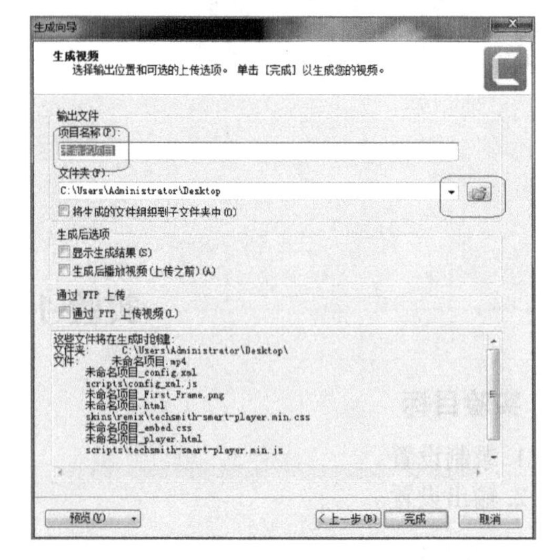

图 21-3　存储设置

实验 2　影片剪辑

一、实验目标

1. 剪辑视频文件。

2. 合并视频文件。

二、实验准备

1. 喀秋莎视频录制软件。

2. 找到本实验所给素材——两段视频文件。

三、实验内容及操作步骤

实验内容

1. 导入视频。

2. 视频剪辑。

3. 合并视频。

操作步骤

1. 导入媒体

1）打开软件“Camtasia 9”。

2）单击界面上的“新建项目”，进入新建项目界面。

3）单击“导入媒体”，将本项目所给素材“巴山蜀水的革命先驱 - 杨闇公”和“中国工人运动的杰出领袖 - 邓发”两个视频导入到界面，如图 21-4 所示。

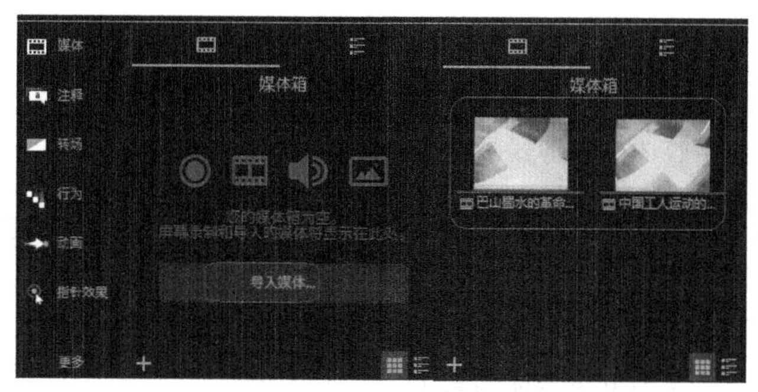

图 21-4　导入媒体

2. 视频剪辑

1）将导入的媒体“巴山蜀水的革命先驱 - 杨闇公”拖到“轨道 1”里面。

2）单击“缩小时间轴”符号“–”，将视频在时间轴上全面展示出来，如图 21-5 所示。

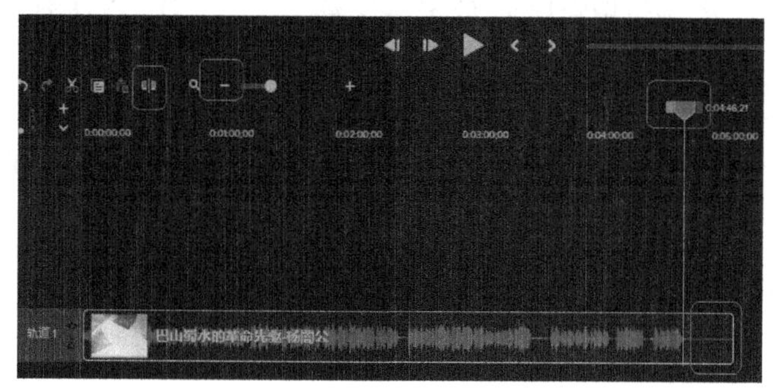

图 21-5　缩放

3）将时间轴滑块拖到轨道 1 的右边没有音频显示的部分，如图 21-5 所示。

4）单击图 21-5 中左上角的“分割”图标，将没有声音的部分切割开。

5）选中轨道上最右边被“分割”出来的部分。

6）按 <Delete> 键将这部分删掉。

3. 合并视频

1）将界面上的视频“中国工人运动的杰出领袖 - 邓发”拖到“轨道 1”右侧，放置在“巴山蜀水的革命先驱 - 杨闇公”视频后面，如图 21-6 所示。

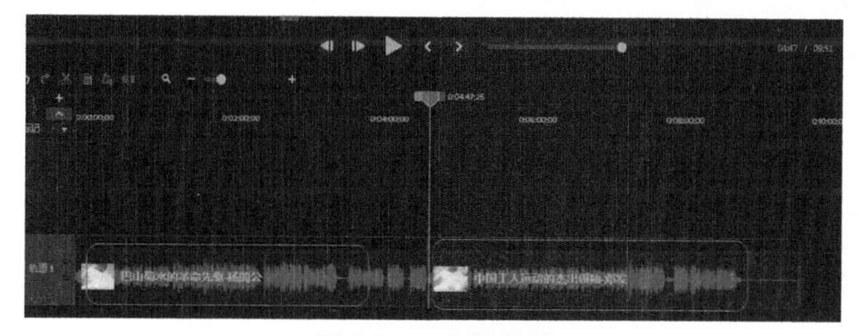

图 21-6　合并视频

2）以 MP4 格式分享输出，输出名称为“永远的丰碑”，效果请参阅本项目实验效果文件。

单元习题

一、单选题

1. 下列选项中不是数字媒体分类方式的是（　　）。

A. 按照时间属性分类　　　　B. 按照来源属性分类

C. 按照扩展名分类　　D. 按照感知属性分类

2. 下列选项中不是数字媒体特征的是（　　）。

A. 数字化　　B. 交互性　　C. 集成性　　D. 单一性

3. 下列选项不是数字媒体产品形式的是（　　）。

A.Word 文档　　B. 动漫　　C. 游戏　　D. VR

4. 虚拟现实技术有 3 个基本特征，下面特征中不是其 3 个特征之一的是（　　）。

A. 沉浸　　B. 交互　　C. 构想　　D. 融合

5. 下列选项中不是全媒体特征的是（　　）。

A. 融合性　　B. 系统性　　C. 开放性　　D. 随机性

6. 下列选项中不是数字图书馆特征的是（　　）。

A. 信息储存空间大，不易损坏　　B. 信息查阅检索方便

C. 远程迅速传递信息　　D. 同一信息可多人同时使用

7. 常见的融合数字新媒体有数字图书馆、移动短视频、视频直播、楼宇电视、户外媒体等，下列不属于融合数字新媒体技术内容的是（　　）。

A. 3D 打印　　B. 虚拟增强现实　　C. 智能穿戴　　D. DVD 刻录光盘

8. 下列选项中不是数字网络电视特点的是（　　）。

A. 多屏互动，融合传输　　B. 跨越区域限制，传播范围更广泛

C. 智能化及分享功能　　D. 节目内容数字化

9. 常见的自媒体平台有抖音、博客及各种论坛等，下列选项中不属于自媒体平台的是（　　）。

A. 微信　　B. 微博　　C. QQ 邮箱　　D. 天涯社区

10. 按照感知属性分类，数字媒体可分为视觉媒体、听觉媒体和（　　）。

A. 广播媒体　　B. 视听媒体　　C. 音频媒体　　D. 视频媒体

二、填空题

1. 数字媒体是指以二进制数的形式记录、处理、传播、获取过程的信息载体，包括数字化的文字、图形、图像、声音、视频影像和动画等________及________等。

2. 随着云计算技术、5G 通信技术、虚拟化技术、物联网、大数据等系列技术的不断融合发展，未来的数字媒体将会向________、________融媒体方向不断地发展。

3. 手机的普及性、信息传达的有效性、丰富的表现手法使得手机具备了成为大众传媒的理想条件，手机继而成为报纸、广播、电视、网络之外公认的“________”。

4. 移动短视频是一种基于智能手机、IPad 等移动终端的全新社交应用，依托于微视、秒拍、美拍等短视频应用，以形式________为主，视频主要由终端使用用户提供，并支持快速编辑美化功能，主要代表有抖音、快手、美拍等。

5. 3D 打印技术又称为________，它是一种以文件为基础，运用粉末状金属或塑料等可黏合材料，通过逐层打印的方式来构造物体的技术。

三、简答题

1. 数字媒体的构成要素有哪些？

2. 虚拟现实技术的概念是什么？

3. 简述 HTML5 音视频的发展趋势。

项目 22 Project 22

虚拟现实

回复“71331+22”
观看视频

实验 1　利用 3ds Max 再现基本体建模场景

一、实验目标

1. 熟悉并掌握 3ds Max 的界面操作与视口控制方法。
2. 熟悉并掌握物体的修改操作方法。
3. 熟悉并掌握物体的各种创建方法和成组操作方法。
4. 熟悉并掌握建筑构建的创建调节方法。
5. 熟悉并掌握复制和对齐工具的使用方法。

二、实验准备

1. 一台能正常上网的计算机。
2. 安装好 Windows 操作系统。
3. 下载 3ds Max 安装程序。
4. 标准基本体和扩展基本体的应用准备。

三、实验内容及操作步骤

实验内容

1. 新建一个场景文件。

2. 单击“创建”面板上的“扩展基本体”中的切角长方体按钮，在顶视口中绘制一个切角长方体来作为沙发的“坐垫”，并设置相应参数。

3. 使用相同的方法创建沙发的“扶手”“靠背”以及“沙发脚”。

操作步骤

1. 打开 3ds Max 界面（见图 22-1）。

2. 制作沙发底座

1）选中顶视口，在命令面板中单击“几何体”/“扩展基本体”/“切角长方体”。

2）在顶视口中做出一个长方体，并自定义参数，如图 22-2、图 22-3 所示。

这里选择切角长方体的原因是可以使长方体有钝角感，更加接近现实生活中的沙发，而选择在顶视口作图，这样是最容易让长方体处在水平面上。

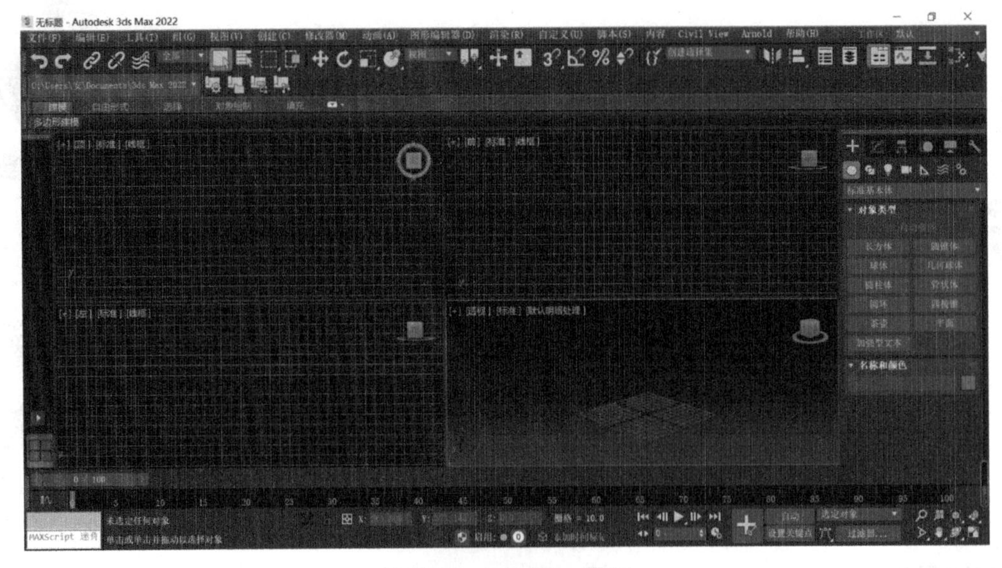

图 22-1　3ds Max 界面

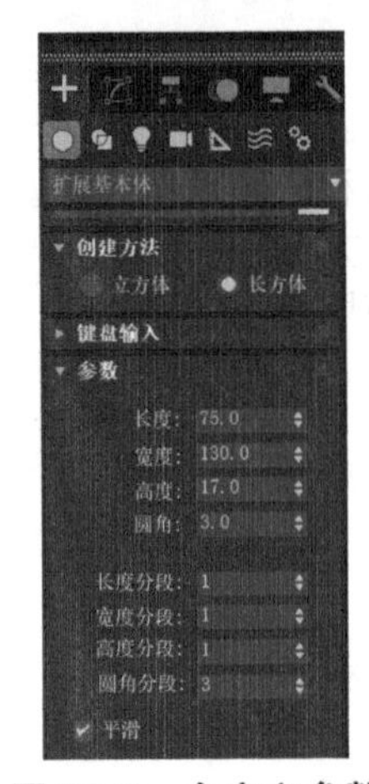

图 22-2　自定义参数

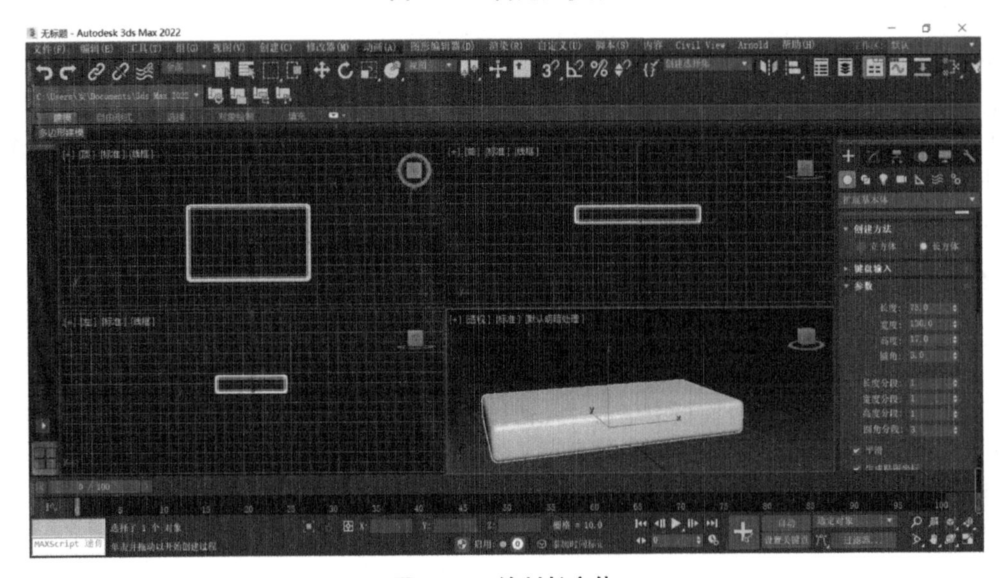

图 22-3　绘制长方体

3. 制作沙发扶手

1）和刚才制作沙发底座的方法一样，在顶视口制作沙发扶手，如图 22-4 所示。

在制作的同时观察不同视口的图形，对最终参数的设置有很大的帮助。

2）在进行另一边扶手的制作时可以利用复制的方式。按住 <Shift> 键沿 X 轴进行拖移，这时屏幕会出现图 22-5 所示的画面。

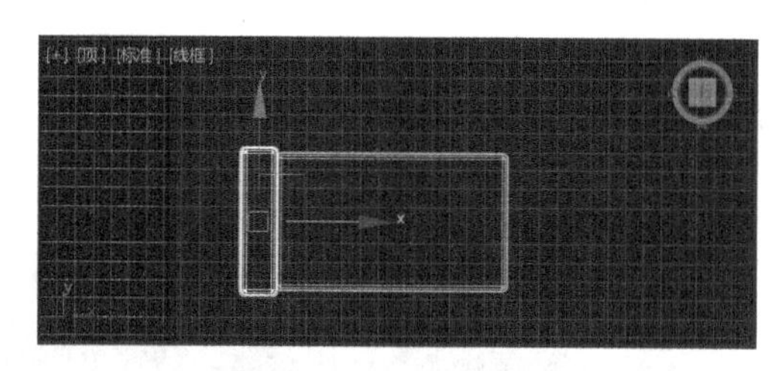

图 22-4　制作沙发扶手

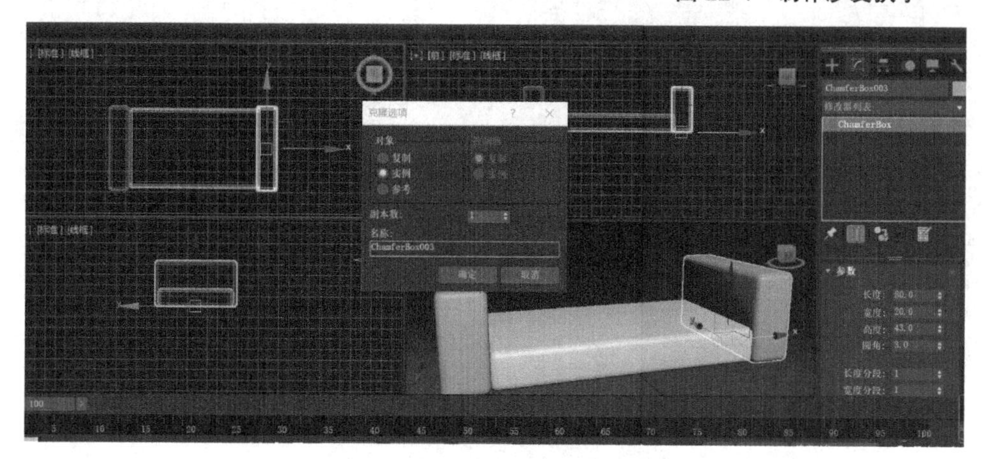

图 22-5　制作沙发扶手

- 复制：得到的两个物体是独立的，修改一个物体不影响另一个。
- 实例：得到的两个物体是关联的，修改其中一个另一个也会发生改变。
- 参考：得到的两个物体是主次关系，修改源物体会影响复制体，而修改复制体则不会影响源物体。

为了方便，这里我们选择“实例”，单击“确定”。

4. 制作沙发靠背

制作方法和前面一样，参数设置如图 22-6 所示。

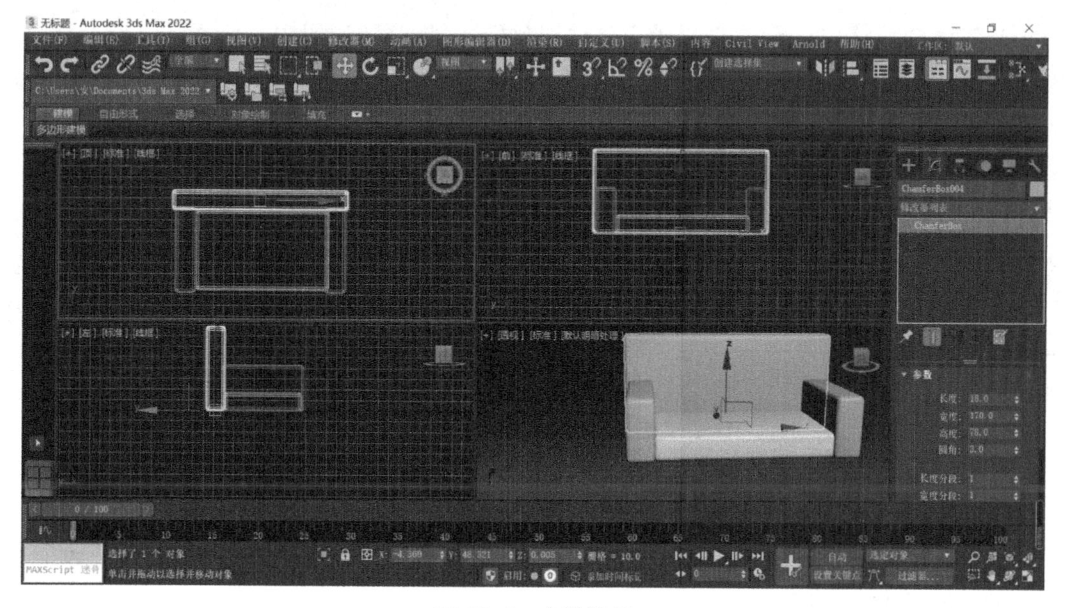

图 22-6　参数设置

5. 制作沙发坐垫

1）在顶视口中选择切角长方体制作，并用右键切换到透视口中同时观察其他视口，调整坐垫的位置，如图 22-7 所示。

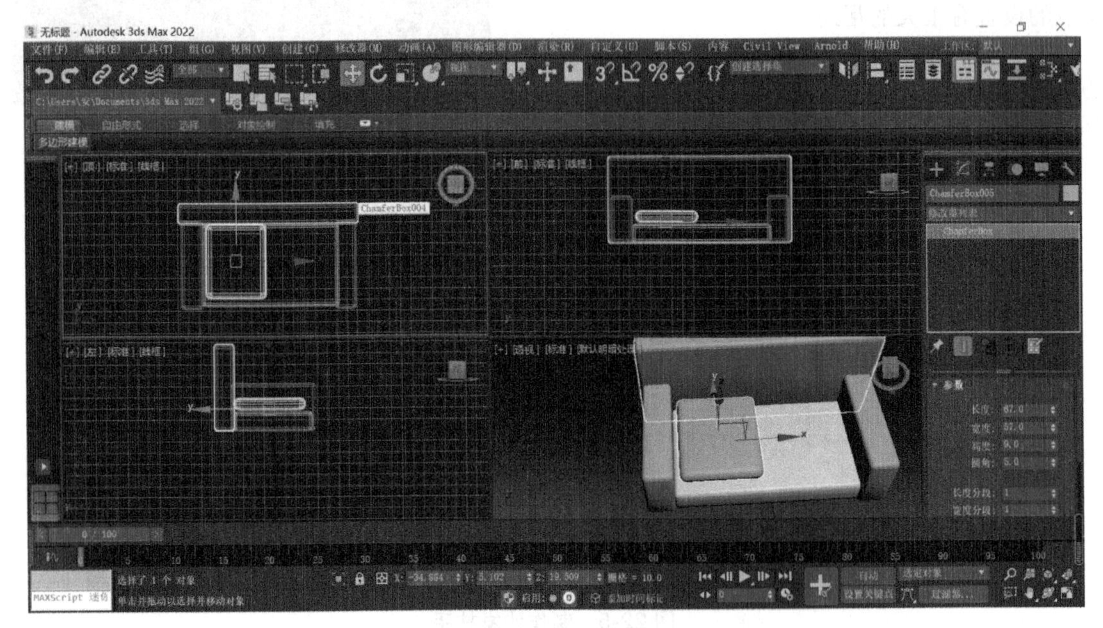

图 22-7 调整位置

2）使用鼠标右键切换视口，然后利用复制方式制作另一个坐垫，如图 22-8 所示。

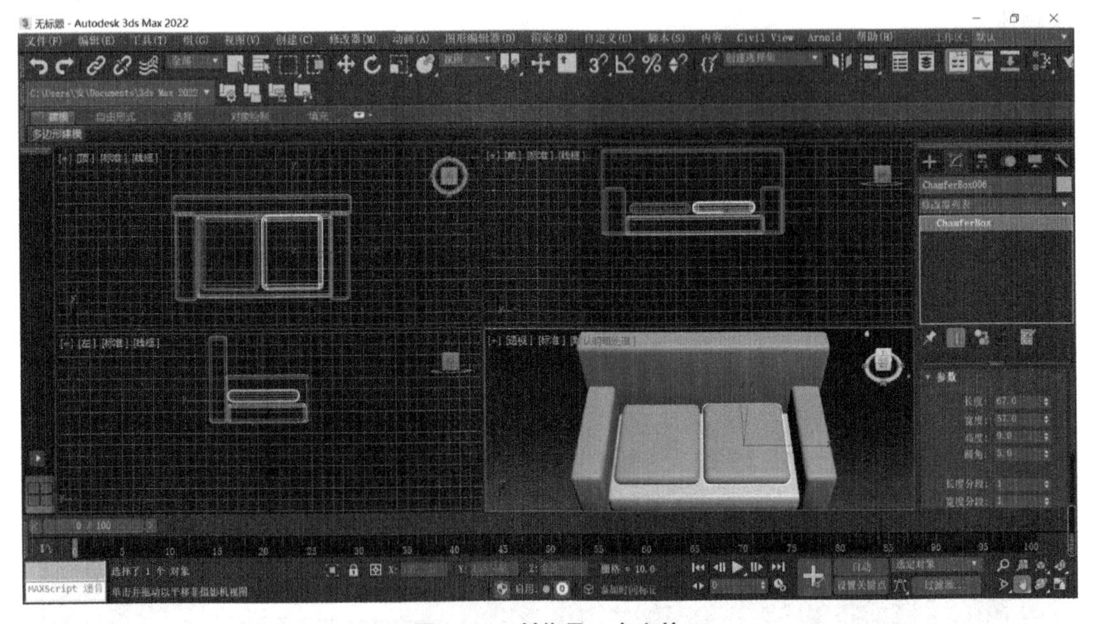

图 22-8 制作另一个坐垫

3）进行渲染，如图 22-9 所示。

简易沙发就制作完成了，有兴趣的同学还可以制作出沙发靠垫，使沙发更完整，看上去更舒适一些，如图 22-10 所示。

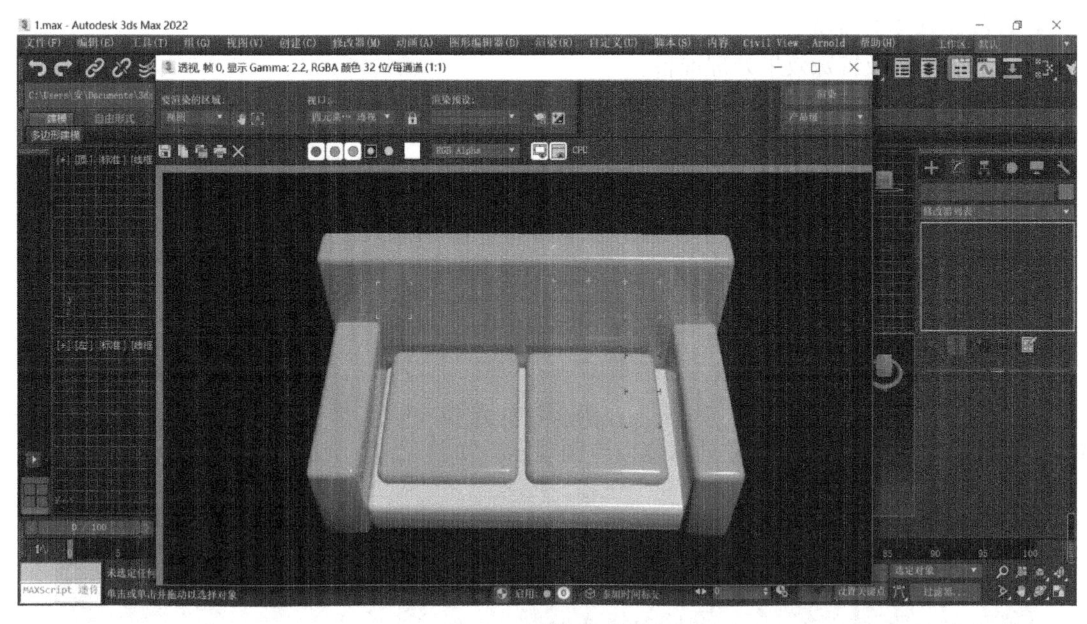

图 22-9 进行渲染

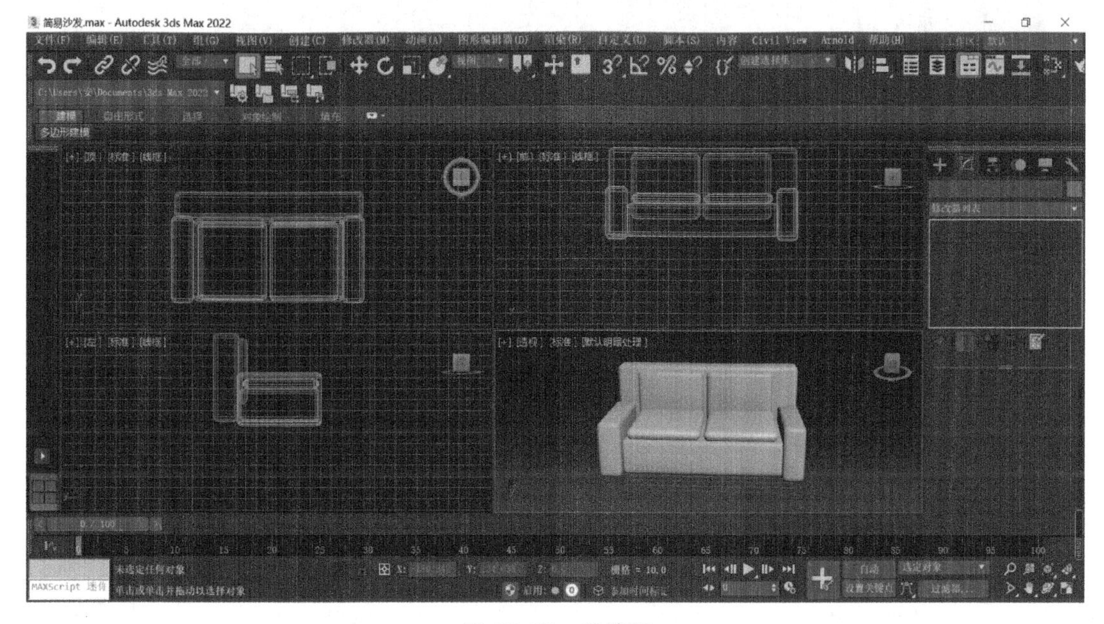

图 22-10 效果图

实验 2 利用 3ds Max 制作天空背景

一、实验目标

利用 3ds Max 制作天空背景。

二、实验准备

1. 一台能正常上网的计算机。
2. 下载 3ds Max 安装程序。

3. 着色计算及平面绘图。
4. 合成、编辑及特殊效果处理准备。

三、实验内容及操作步骤

实验内容

1. 创建场景模型。
2. 创建天空效果。

操作步骤

1）在 3ds Max 6.0 界面中单击，在场景中建立一个半径为 120 的球体，并设置“Hemisphere”相应选项，让创建的球体以半圆显示，如图 22-11 所示。

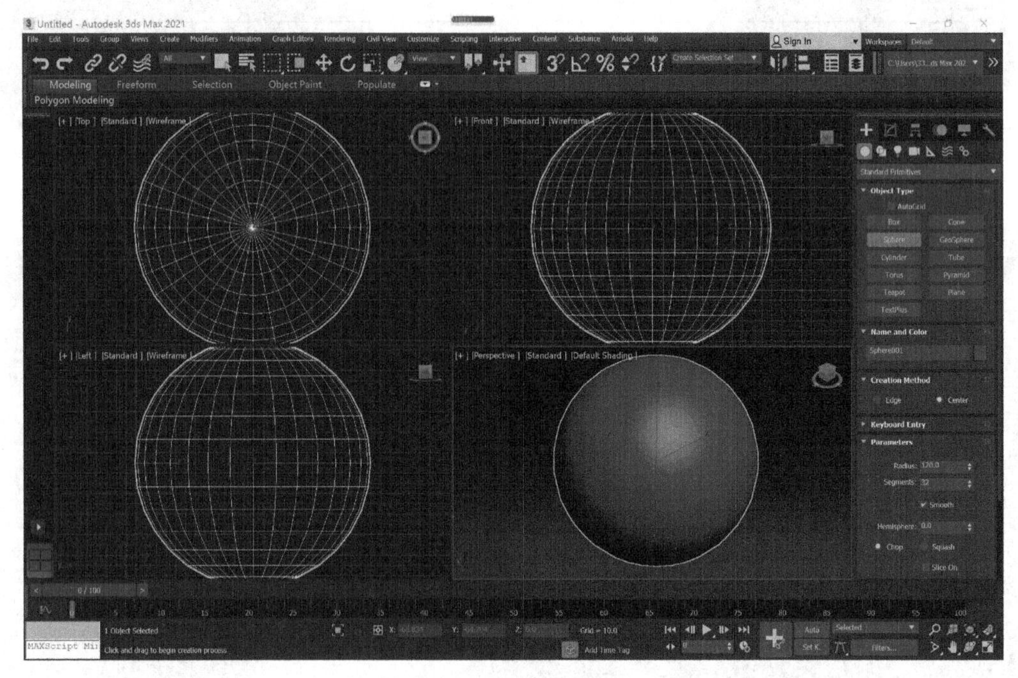

图 22-11　创建球体

2）单击工具栏里的“Select and Non-uniform Scale”，对所创建的球体做 X 轴向和 Y 轴向的变形调整，这个压扁的造型就是要用来模拟天空云层的。

3）通过“Rendering/Environment”命令打开“Environment and Effects”对话框，如图 22-12 所示，在“Atmosphere”展卷栏单击“Add”，在打开的“Add Atmosphere Effect”对话框中选择“Fire Effect”，单击“OK”。

4）在“Fire Effect Parameters”展卷栏中单击“Pick Gizmo”，接着在窗口中单击刚才创建的“Sphere Gizmo”。

提示：如果场景的物体太多，一时不好选择时，可以通过 <H> 快捷键打开“Select Object”（选择物体）对话框根据名字进行选择。

5）设置“Colors”选项下的颜色：“Inner Color”设为 R:40，G:90，B:220；“Outer Color”设为 R:255，G:255，B:255；“Smoke Color”颜色不变，如图 22-13 所示。

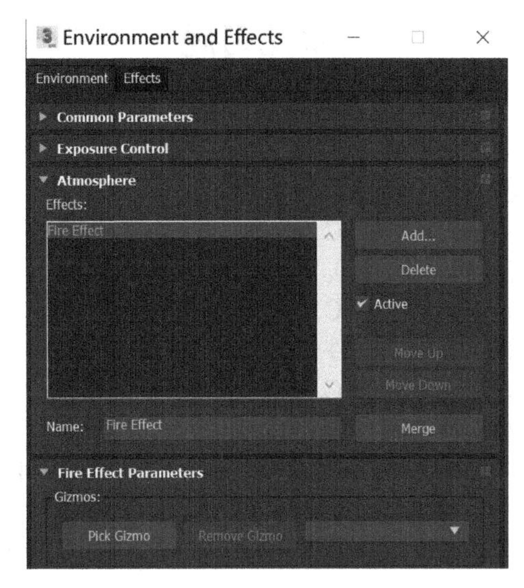

图 22-12 “Environment and Effects”对话框

6）在“Shape”中，“Flame-Type”选择“Fireball”；“Stretch”为 1.0 ；“Regularity”为 0.2，如图 22-14 所示。在“Characteristics”中，设置“Flame Size”为 15.0 ；“Density”为 3.0 ；“Flame Detail”为 10.0 ；“Samples”为 6。在“Motion”中，设置“Phase”为 0.0 ；“Drift”为 0.5。设置好云层后，还要设置背景颜色来配合云层产生天空的效果。

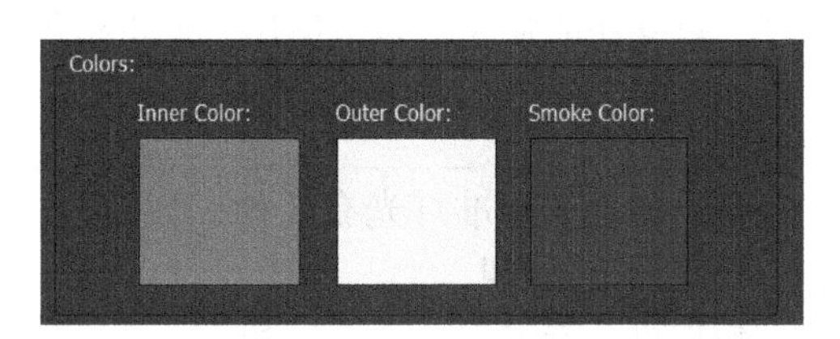

图 22-13 设置“Colors”选项

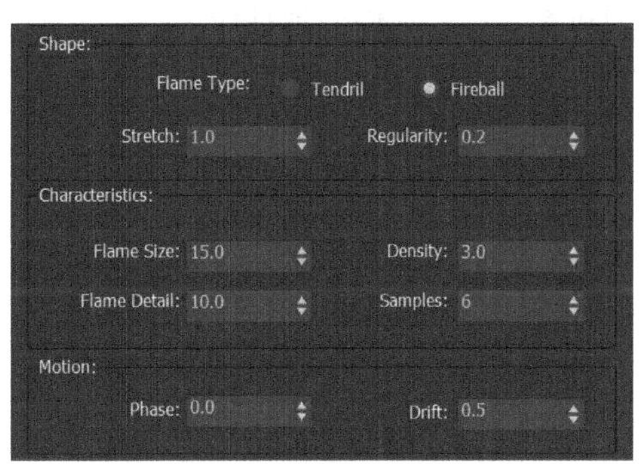

图 22-14 设置“Shape”选项

7）在“Environment”窗口的“Common Parameters”展卷栏下单击“Environment Map”下的“Noner”，在打开的“Material/Map Browser”窗口中选择“Gradient”渐变效果，单击“OK”。

8）不要关闭“Environment”窗口，单击工具栏中的材质编辑器按钮或是按 <M> 快捷键，打开材质编辑器，将在“Environment”窗口下设置的渐变样本直接拖到材质编辑器的样本球中，在弹出的对话框中选择“Instance”进行复制。

9）在“Coordinates”展卷栏下选择“Environ”，在“Mapping”下选择“Screen”。展开“Gradient Parameters”展卷栏，设置其颜色块内的颜色：Color#1 设为 R:0，G:60，B:140 ；Color#2 设为 R:15，G:95，B:185 ；Color#3 设为不变。

10）调整透视图，渲染效果，得到天空效果，保存其效果。

单元习题

一、单选题

1. 3ds Max 的三原色颜色模式中不包含的颜色是（　　）。

A. 红色　　B. 蓝色　　C. 绿色　　D. 黄色

2. 3ds Max 中透视图的名称是（　　）。

A. Left　　B. Top　　C. Perspective　　D. Front

3. 3ds Max 中可以使用的声音格式文件是（　　）。

A. MP3　　B. WAV　　C. MID　　D. RAW

4. 将二维和三维的图形结合在一起运算的命令名称是（　　）。

A. Connect　　B. Morph　　C. Boolean　　D. Shape Merge

5. 在保留原场景的情况下，导入 3ds Max 文件时应选择的命令名称是（　　）。

A. Group　　B.Divide　　C.Editspline　　D.Collagse

二、填空题

1. 3ds Max 是________公司推出的在计算机上应用的具有突破性的造型、渲染和动画的套装软件，以其功能强大、易于使用、低价格和高性能而倍受青睐，得到了广泛的推广和普及。

2. 3ds Max 的 4 个默认视图窗口分别是________、________、________和________，其对应的快捷键为________、________、________和________。

3. 3ds Max 的标准灯光有 8 种，分别是________、________、________、________、________、________、________和________。

4. 摄像机主要分为________和________两种。

三、简答题

三维标准基本体造型的创建有几种？它们分别是什么？

项目 23 区块链

Project 23

实验 1 区块链平台

一、实验目标

1. 认识区块链服务平台。
2. 了解区块链服务平台的使用。

二、实验准备

一台能正常上网的计算机。

三、实验内容及操作步骤

实验内容

1. 了解星火·链网。
2. 了解蚂蚁开放联盟链。

操作步骤

1. 星火·链网

1）在浏览器中输入网址“https：//www.bitfactory.cn”进入星火·链网官网，在官网首页可以看到星火·链网提供的链网数据、平台服务、解决方案等内容。在星火·链网官网主页单击“开源开放”，打开图 23-1 所示的“开源开放”选项界面。

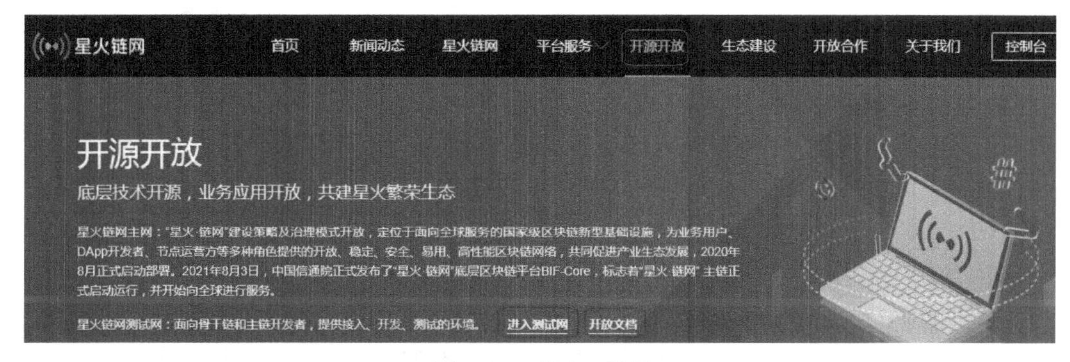

图 23-1 星火·链网

2）单击图 23-1 中的“进入测试网”，可以看到星火·链网目前的国家主链相关数据。图

23-2 所示为 2022 年 6 月 20 日的数据。

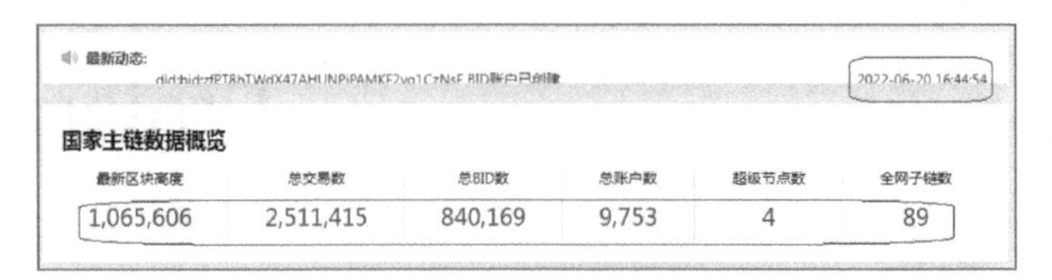

图 23-2　国家主链数据

3）单击图 23-1 中的“开放文档”，进入“星火·链网开放文档”，可以通过该页面对星火·链网相关内容进行学习，如图 23-3 所示。

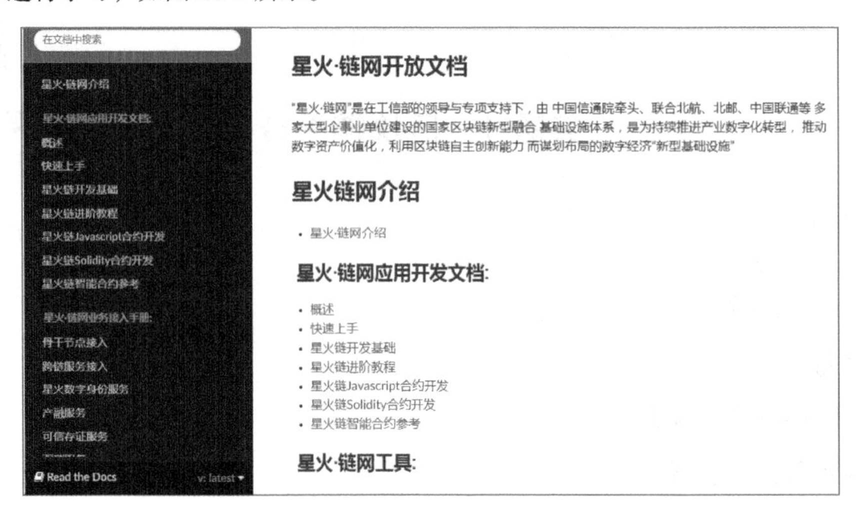

图 23-3　星火 · 链网开放文档

2. 蚂蚁开放联盟链

1）在浏览器地址栏中输入网址“https：//antchain.antgroup.com”进入蚂蚁链首页。图 23-4 所示为“技术产品”选项下面提供的服务显示界面。

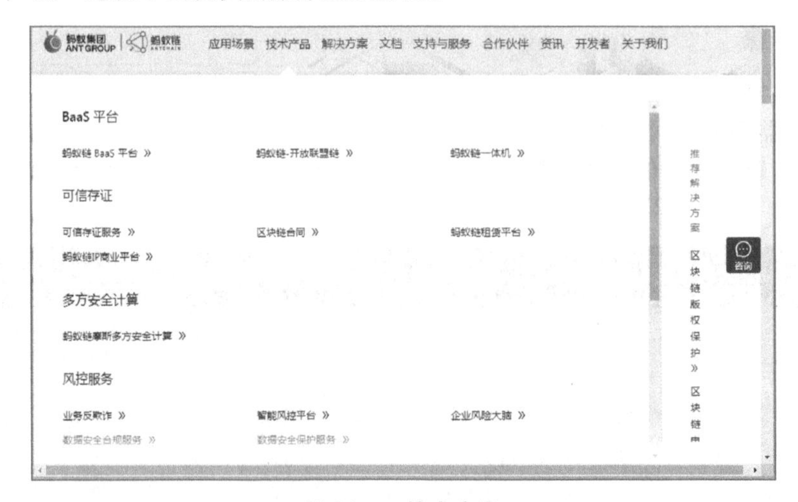

图 23-4　技术产品

2）单击图 23-4 所示的“蚂蚁链 · 开放联盟链”进入联盟链页面，在联盟链页面上可以看到产品详情、产品特性、三步上链、典型场景等内容。图 23-5 所示为三步上链说明。

3）光标从图 23-5 所示位置移到其他位置返回开放联盟链页面，单击图 23-6 所示的“视频介绍”，可以学习到关于开放联盟链相关知识介绍。

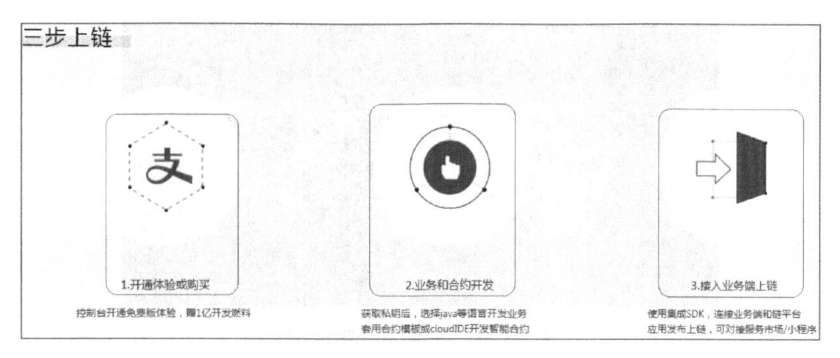

图 23-5　三步上链

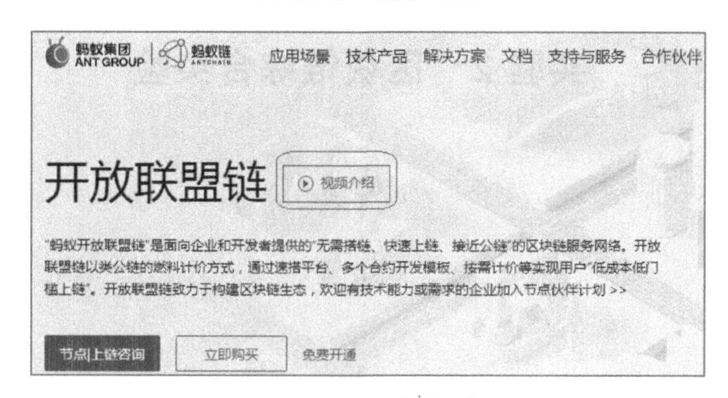

图 23-6　开放联盟链

• 通过视频介绍学习，可以了解到开放联盟链有五大能力、自主研发区块链引擎、低成本高效率、高融合等优点。图 23-7 所示为开放联盟链五大能力。

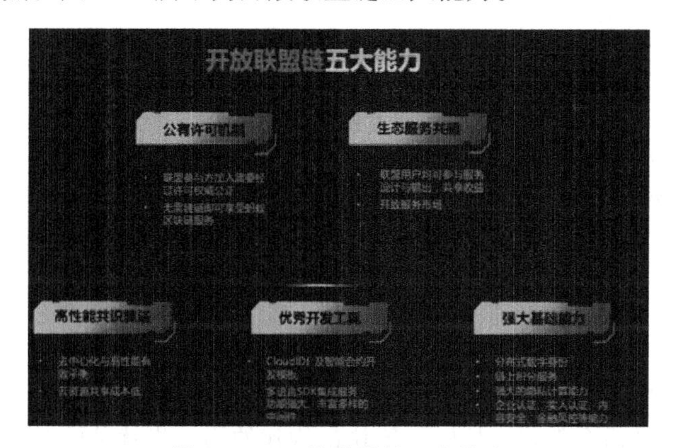

图 23-7　开放联盟链五大能力

• 自主研发区块链引擎如图 23-8 所示。

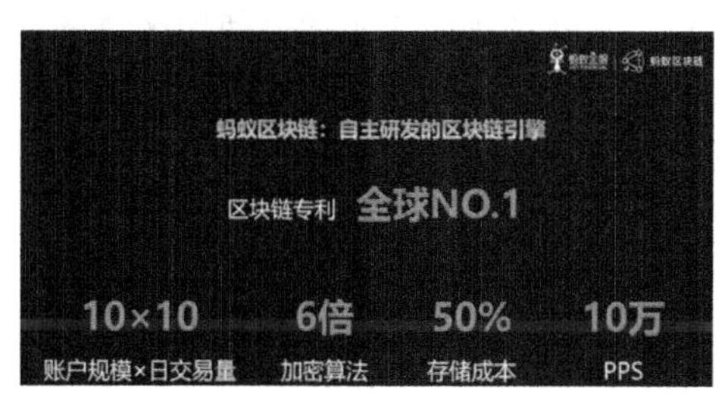

图 23-8　自主研发区块链引擎

• 低成本、高效率如图 23-9 所示。

图 23-9　低成本、高效率

实验 2　区块链综合实验

一、实验目标

1. 区块链构建。
2. 区块链上链。
3. 区块链运维。

二、实验准备

1. 通过查阅资料和学习教材，学习华为区块链应用极速构建基本流程。
2. 以华为区块链应用平台为例进行实验准备。

三、实验内容及操作步骤

实验内容

1. 区块链场景分析。
2. 区块链实体模型构建。
3. 区块链上链。
4. 区块链运维。

操作步骤

1. 区块链场景分析

1）并非所有场景都适合部署区块链，区块链构建的第一步就是要对区块链应用场景进行分析，看是否适合使用区块链。

2）根据区块链应用判断准则，确定场景是否适合使用区块链，如图 23-10 所示。

3）按照图 23-10 所示准则，判断场景属于不适合使用区块链、适合使用联盟链、适合使用公有链 3 种方式中的哪一种。如果适合，则进行区块链应用下一步的工作。

2. 区块链实体模型构建

对于适合使用区块链的场景，类似于数据库中关系数据库模型的建立，需要对区块链实体模型进行构建，建立一个数据库模型。

3. 购买区块链服务

1）区块链数据库模型建立完毕后，上链的第一个工作就是选择平台购买服务。

2）在浏览器中输入网址“https：//www.huaweicloud.com”登录华为云官网。

3）单击页面右上角“控制台”，打开注册 / 登录界面，注册或登录（如果已有账号）华为云账号。

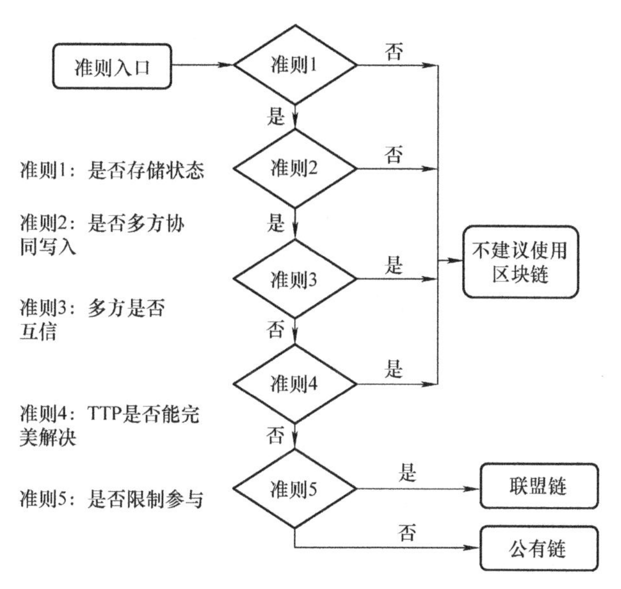

图 23-10　区块链应用判断准则

4）进入控制台，如图 23-11 所示。控制台有产品管理、资源管理、自定义控制台几个选项卡管理栏目。

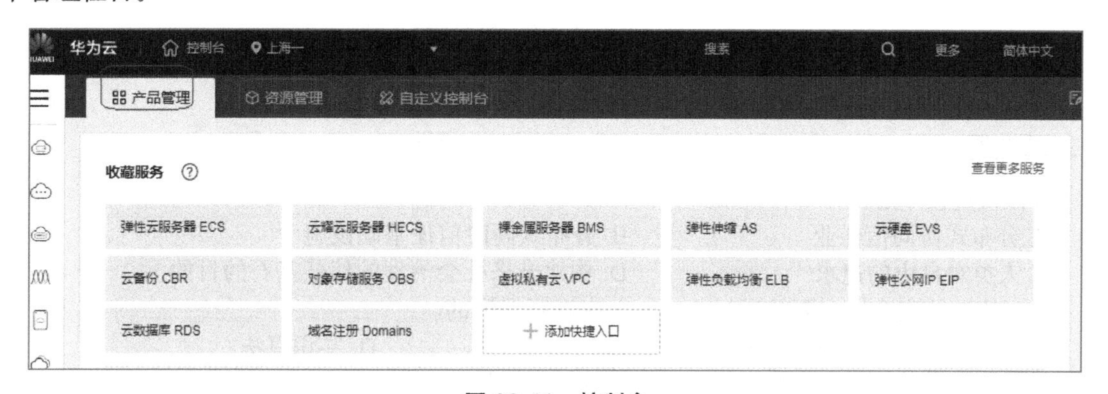

图 23-11　控制台

5）进入区块链服务 BCS。在华为云官网首页“产品”菜单中“区块链”右侧界面，单击“区块链服务 BCS”即可进入，如图 23-12 所示。

图 23-12　区块链产品

6）进入区块链服务 BCS 后，即可根据需要购买相应的区块链服务，如图 23-13 所示。

图 23-13　区块链服务

4. 部署区块链

购买产品后，进入控制台，即可对产品进行区块链上链部署。

5. 区块链运维

区块链上链后需要后期的相应运维，在运维管理控制台进行相应的操作即可。

单元习题

一、单选题

1. 区块链技术起源于（　　）。

A. 分布式协同信任业　　B. 分布式高阶信任基础设施

C. 人类对自由的追求　　D. 构建未来社会治理的信任基石的目的

2. 区块链的安全性主要是通过（　　）来进行保证的。

A. 签名算法　　B. 密码学算法　　C. 哈希算法　　D. 共识算法

3. 区块链的技术分类包括公有链、联盟链与（　　）。

A. 区域链　　B. 社会链　　C. 私有链　　D. 数据链

4. 区块链的密码技术有数字签名算法与（　　）。

A. 签名算法　　B. 验证算法　　C. 哈希算法　　D. 共识算法

5. P2P 网路节点的同步传输指的是以（　　）为单元的同步传输。

A. 区块链　　B. 区块头　　C. 区块体　　D. 区块

6.（　　）的同步传输指的是以区块为单元的同步传输。

A. 密码技术　　B. 共识算法　　C. 智能合约　　D. P2P 网络

7. 数字货币对国家利益最重要的影响就是（　　）。

A. 市场　　B. 科技　　C. 经济　　D. 监管

8. 为了增强数据在各个 Peer 节点间高效传输，区块链引入（　　）技术实现区块数据在不同节点间高效同步传输。

A. PoW　　B. PBFT　　C. P2P　　D. BFT

9. 合约层是指在图灵完备模型基础上引入（　　），利用 EVM、Docker、WASM 等虚拟机，实现数据的存储传输与调用。

A. 传输合约　　B. 协议合约　　C. 数字合约　　D. 智能合约

10. 默克尔树是指（　　）。

A. 二叉树　　B. 多义树　　C. 有叶子节点　　D. 有非叶子节点　　E. 以上都是

二、填空题

1.2019 年 11 月 3 日，诞生________，最初的 50 个比特币宣告问世。

2. 区块链是多种已有技术的集成，主要解决________与________问题。

3. 区块链发展经历了________、________和________三个阶段。

4. 比特币转账与续费是奖给________的。

5. 共识由多个参与节点按照一定机制确认或验证数据，保证数据的正确性和________。

三、简答题

1. 什么是区块链？它由几部分组成？

2. 区块链由哪些关键技术组成？

3. 目前区块链技术的标准体系中能够依据的标准规范主要有哪些展现形式？

参考文献

[1] 舒望皎，訾永所．大学计算机基础教程 [M]. 北京：中国水利水电出版社，2017.
[2] 雷震甲．网络工程师教程 [M].5 版．北京：清华大学出版社，2021.
[3] 董明，罗少甫．计算机网络技术基础与实训 [M].2 版．北京：北京邮电大学出版社，2020.
[4] 眭碧霞．信息技术基础 [M].2 版．北京：高等教育出版社，2021.
[5] 传智播客高教产品研发部．HTML5 + CSS3 网站设计基础教程 [M]. 北京：人民邮电出版社，2019.
[6] 华为区块链技术开发团队．区块链技术及应用 [M].2 版．北京：清华大学出版社，2021.
[7] 王津．计算机应用基础 [M].2 版．北京：高等教育出版社，2017.
[8] 张洪明，龙丹，等．大学计算机基础实训教程 [M]. 昆明：云南大学出版社，2021.
[9] 王宁．信息素养 [M]. 昆明：云南大学出版社，2020.